湛庐 CHEERS

与最聪明的人共同进化

HERE COMES EVERYBODY

U0222262

CHEERS
湛庐

[美] 彼得·伽里森(Peter Galison) 著　杜秋颖 译

爱因斯坦的时钟与庞加莱的地图

Einstein's Clocks and Poincare's Maps

浙江科学技术出版社·杭州

你了解科学家的"时空观"吗?

扫码加入书架
领取阅读激励

扫码获取全部测试题及答案,
一起解开时间之谜

- 要谈论时间,谈论远程同时性(simultaneity),则必须进行时钟同步。爱因斯坦和庞加莱建议使用( )来进行时钟同步。(单选题)

  A. 电磁信号

  B. 机械装置

  C. 电信号

  D. 光信号

- 爱因斯坦和庞加莱都认为可以通过( )来定义时间。(单选题)

  A. 技术和政治

  B. 实用主义和公约

  C. 永恒的真理和神学

  D. 自然规律和科学法则

- 爱因斯坦和庞加莱有很多相同之处,除了( )。(单选题)

  A. 年轻时对动体的电动力学问题着迷

  B. 认同并强调洛伦兹变换的群结构

  C. 把相对性原理作为物理学的基础

  D. 致力于用力学原理推导出自己的新理论

萨姆和萨拉教会了我如何正确地利用时间，
谨以本书向他们表示感谢

爱因斯坦审阅了许多有关时间同步的专利申请，这为他提供了一种从实验观测角度理解时间的视角。经纬度和时间制度的争论及解决为庞加莱提供了鲜活的例子，并引导他更多地从实际操作的角度理解时间。本书将相对论的发现置于一个更易理解的历史背景之下，以广阔的视角展示了这段复杂而又有趣的科技史。

陈学雷

中国科学院国家天文台宇宙暗物质与暗能量研究团组研究员

本书是一本引人入胜的科普读物，它不仅揭示了狭义相对论的起源，还展示了爱因斯坦和庞加莱这两位伟大科学家在时间和空间观念上的非凡贡献。通过生动的叙述，伽里森带领读者穿越物理学、哲学和技术的交叉领域，深入了解时钟同步和地图绘制背后的故事。无论是学生、教育工作者，还是科学爱好者，都可以从中获得启发和乐趣。

苟利军

中国科学院国家天文台研究员，中国科学院大学教授伽里森提供了对现代时间起源的独特且具启发性的视角，阅读本书是一种美妙的享受。科学家、历史学家、科学哲学家以及许多非专业人士都会发现这本书令人愉悦、发人深省。

哈索克·张
剑桥大学科学史和科学哲学系教授

这就是 20 世纪科学真正开始的方式——不仅是抽象层面的，而且是机器层面的；不仅在爱因斯坦的大脑中，而且在煤矿和火车站中。彼得·伽里森的书引人入胜、独具创意，而且绝对精彩。

詹姆斯·格雷克
畅销书《混沌》作者

部分历史，部分科学，部分冒险，部分传记，部分对现代主义的沉思……在伽里森博士对科学的叙述中，仪表、电线、环氧树脂和焊锡都栩栩如生，与物理学家、工程师、技术人员一样鲜活生动。

丹尼斯·奥弗拜
《纽约时报》

伽里森运用他在多个层面和多个视角描绘历史事件的独特能力，以及他独特的历史、科学和哲学修养，为我们所熟知的"相对论"革命带来了全新的启示。

希拉里·帕特南
哈佛大学名誉教授

伽里森将爱因斯坦和庞加莱置于物理学、哲学和技术的交叉路口，在那里，协调远程时钟的问题在新物理学和新技术中都起着至关重要的作用。

大卫·格罗斯
加州大学圣巴巴拉分校理论物理研究所主任

伽里森轻松且自信地穿越物理学、技术和哲学的众多层面，真是太棒了！

芭芭拉·费舍尔

《波士顿环球报》

《爱因斯坦的时钟与庞加莱的地图》是对科学史的重要补充，它提供了令人兴奋、引人入胜并值得热情推荐的内容。

《图书馆书评》

伽里森提供了一个非常引人入胜且富有洞察力的叙述……这本出色的科学史读物揭示了一个物理学、工程学、哲学、殖民主义和商业相互碰撞的故事。强烈推荐这本书。

T. 伊斯特曼

《选择》杂志

伽里森认为，时钟同步理论的发展是抽象思想和具体应用之间相互作用的结果，这为解释科学史上的其他事件提供了一个新的模式。

马克·罗森伯格

塞勒姆出版社

本书对科学与技术的交织提供了丰富且翔实的描述。

《柯克斯书评》

通过提供新的观点，伽里森激发我们重新思考现代物理学的基本问题。

彼得·佩西克

《泰晤士报文学增刊》

本书可能是有史以来尝试探索科学史的最复杂的作品之一，它深入探讨了影响现代世界形成的一个关键因素，呈现出丰富的知识和深刻的思考，给读者留下了深刻的印象。

乔恩·特尼

《卫报》

爱因斯坦与庞加莱，驯服时间的人

陈学雷

中国科学院国家天文台宇宙暗物质与暗能量研究团组研究员

　　每个学习相对论的人，都不免产生这样一种疑问：相对论的发明者最初是怎样打破直觉中根深蒂固的"绝对时间"观念的？爱因斯坦曾回答说，一般人小时候就搞懂了时间是怎么回事，此后就不再考虑它了，而他本人却始终搞不明白，于是持续地思索时间的本质，最终获得了更深刻的认识。这一大智若愚的回答固然非常励志，但也使这一发现更显得神秘和遥不可及。

　　《爱因斯坦的时钟与庞加莱的地图》一书将相对论的发现置于一个更易理解的历史背景之下。爱因斯坦确实在持续地思考时间的本质，但并非仅仅是面壁坐禅式的冥思苦想，而是在专利局中审阅了许多有关时间同步的专利申请，这为他提供了一种从实验观测角度理解时间的视角。实际上，在相对论被提出前的半个世纪里，随着火车和电报的大量使用，究竟怎样定义时间、如何同步不同地区的时间，是一个有重要的现实意义并被广泛研究和讨论的问题。我们今天习以为常的经纬度、统一时间制度和时区制度，并非唯一的选择，而是经过人们在对许多不同方案的激烈争论和许多妥协后才被采纳的，这些争论既涉及科学、技术、历史和方便实用性，又牵扯到国家影响力、政治和商业利益。相对论的另一位发明者数学家——庞加莱，以他在动力学理论中提出的"庞加莱映射"方法和发现混沌现象而著名。不过，一语双关，英文中"映射"和"地图"是同一个词（map），而作为法国经度局的局长，庞加莱也面临着如何划定经纬度和绘制地图的问题。当庞加莱在哲学上提出约定论思想的时候，经纬度和时间制度的争论及解决为他提供了鲜活的例子，并同样引导他更多地从实际操作的角度去理解时间。

基于这些历史背景，爱因斯坦和庞加莱能取得这种革命性的突破，就不那么难以理解了。本书以广阔的视角展示了这段复杂而又有趣的科技史，是一本非常值得一读的科普读物。

第 6 章

第 1 章

探寻时间的本质

Einstein's Clocks and Poincare's Maps

原则上，让一名观察者拿着时钟，站在坐标系原点，对事件进行计时，当收到该事件的光信号后，观察者对手里的时钟进行调时，以这种方法来实现时钟的远程同步……

——爱因斯坦

规则不能普遍适用，何谈严谨；很多小规则适用于特定的情形。这些规则并不是强加给我们的，我们可以根据意愿制定其他规则；如果这些规则没有使物理学、力学和天文学的规律变得更加复杂，那我们就不应该取缔这些规则。我们之所以选择这些规则，不是因为它们是真理，而是因为它们能够给我们提供最大方便。

——庞加莱

真正的时间永远不会仅仅通过时钟来揭示，牛顿对此深信不疑。即使是出自钟表大师之手的顶级时钟，也只能以更高级的方式苍白地反映绝对时间，因为绝对时间不属于人类世界，而是属于"上帝的感觉"。牛顿认为，潮汐、行星、卫星等宇宙中的万事万物都处在单一的、不断流动的时间之河里，它们在这一普遍背景下运动或变化着。在爱因斯坦的光电世界中，不存在这样一种"全球都能听到的嘀嗒声"，也就是我们所说的"时间"，除非参照关联时钟的确定性系统，否则我们没有办法以有意义的方式定义时间。当一个时钟系统相对于另一个时钟系统运动时，两个系统中的时间以不同的速率流逝：在相对静止的时钟系统中的观察者看来同时发生的两件事，在相对运动的时钟系统中的观察者看来却并非如此。这时，times（许多个时间）取代了 time（单一的时间）。这一结论冲击了牛顿物理学的坚实基础，爱因斯坦也清楚地认识到了这一点。因此，他在自己晚年所撰写的《爱因斯坦自述》（*Autobiographical Notes*）中，诚挚地向牛顿致歉，对自己的相对论打破了时空的绝对性进行了反思。他写道："牛顿啊，请原谅我吧！在您的时代，您找到了唯一的道路，一条只有思想境界崇高、富有创造力的人才有可能找到的道路。"[1]

在这一场时间观念的剧变中，存在着一个非同寻常但又很容易表述的观点。自此以后，这个观点一直在物理学、哲学和技术领域处于核心地位。这个观点认为，要谈论时间，谈论远程同时性（simultaneity），则必须进行时钟同步，而要想使两个时钟同步，只能先启动其中一个，向另一个时钟发出信号，根据信号到达的时间进行调时。还有什么比这更简单的呢？有了这种程序上的时间定义，相对论的最后一个难题就迎刃而解了，从而永远地改变了物理学。

本书讲述的就是这种时钟同步程序。虽然看起来很简单，但我们的主题，即时钟同步，既非常抽象，又非常具体。当时的世界正处在世纪之交，时间的同时性和物质性是理论物理学关注的焦点，这与我们当前的世界大不相同。在那个世界里，理论物理学的最高目标被迫切追求现代化的野心所驱动，要在全球铺设传输时间信号的电缆，进而设计火车线路和绘制世界地图。在那个世界里，工程师、哲学家和物理学家相互碰撞；纽约市市长谈论着时间传统，巴西的皇帝在大洋彼岸等待着按欧洲时间发出的电报的到来；两位顶尖科学家——亨利·庞加莱和阿尔伯特·爱因斯坦，将同时性推向了物理学、哲学和技术领域的十字路口。

爱因斯坦的时间

1905 年，爱因斯坦发表了狭义相对论论文《论动体的电动力学》（ *On the Electrodynamics of Moving Bodies* ）。这篇论文引起了持续反响，成为 20 世纪最著名的物理学论文。这篇论文最为瞩目的特点是爱因斯坦推翻了绝对时间。按照人们通常的理解，爱因斯坦的论点从根本上偏离了古老而实用的经典力学的轨道。这篇论文也因此成为革命性思想的典范，论文中的观点被认为在本质上脱离了与世界的实际的、直观的联系。爱因斯坦从哲学和物理学的双重角度重新思考了同时性的概念，爱因斯坦的理论揭示了现代物理学与经典物理学在时空观念上存在无法调和的分歧。

在这篇论文的开篇，爱因斯坦就宣称，当时经典力学对电动力学的解释存在不对称性，但这种不对称性并不存在于自然现象中。1905 年前后，几乎所有物理学家都认同这样一种观点：光波就像水波或声波一样，一定是某种物质的波。就光波或者构成光的、振荡的电场和磁场而言，所谓的某种物质就是无所不在的"以太"，即爱因斯坦在狭义相对论论文中提到的"光媒介"。

19 世纪末，大多数物理学家认为以太是他们那个时代伟大的思想之一。他们期待着一旦人们能正确地理解以太，并使其直觉化和数学化，那么以太将能引导科学对热、光、磁和电现象形成统一的认识。然而，爱因斯坦正是因为以太的概念才反对不对称性的。[2]

爱因斯坦写道，根据物理学家通常的解释，一块移动的磁铁接近在以太中静止的线圈时所产生的电流，与移动的线圈接近以太中静止的磁铁时所产生的电流是无法区分的。由于以太本身是无法观察到的，所以在爱因斯坦看来，在这个实验中，只能观察到一种现象：当线圈和磁铁靠近时，线圈中产生了电流，连在一起的灯被点亮了就是证据。根据当时的理论，电动力学提供了两种不同的解释，但关键在于线圈或磁铁相对于以太是否发生运动。这两种解释的理论基础是麦克斯韦方程组。麦克斯韦方程组是描述电场和磁场行为的基本方程组，还可以预测带电粒子在电磁场中如何运动。如果线圈移动而磁铁在以太中保持静止，根据麦克斯韦方程组，线圈中的电流在穿过磁场时受力，这股力驱动电流点亮了电灯。反之，如果磁铁移动而线圈保持静止，那么解释就会不同。当磁铁接近线圈时，线圈附近的磁场变强。根据麦克斯韦方程组，不断变化的磁场产生了电场，静止线圈有电流通过，点亮了灯。由此看来，到底属于哪一种解释，具体取决于人们是从磁铁的角度还是从线圈的角度来看待这一场景。

爱因斯坦重新审视了这一实验，他发现实验中只有一种现象：线圈和磁铁相互接近，点亮电灯。在他看来，能观察到的现象必然需要解释。爱因斯坦的目标是提出一个独特的解释，这种解释根本不涉及以太，而是描述了两个参照系，其中一个参照系与线圈一起移动，另外一个参照系与磁铁一起移动，即从两种不同的角度观察同一现象。爱因斯坦认为，这种解释关系到物理学的根本原则：相对性原理。

大约 300 年前，伽利略也曾对参照系提出过类似的质疑。假设有一名观察者身处封闭的船舱里，平稳地在海上航行，伽利略推断，在甲板下的实验室里进行任何机械实验都无法判断船是否在运动：当船匀速行驶时，鱼会在碗里游动，就像碗在陆地上一样；水瓶里的水会一滴一滴地滴到下面的宽口罐里，不会偏离轨迹滴落到地上。人们根本没有办法通过任何力学知识来判断一个房间的状态是"真正"的静止还是"真正"的运动。伽利略断定，这正是他一直想要创造的自由落体定律的基本特征。

在 1905 年发表的论文中，爱因斯坦以相对性原理在传统力学中的应用为基础，将相对性原理上升为一种基本假设，断言研究对象的物理过程与其发生匀速运动所处的参照系无关。爱因斯坦希望相对性原理不仅包括滴落的水珠、球的弹跳和弹簧的弹跳等力学现象，还包括电、磁和光的各种效应。

爱因斯坦对相对性原理的假设，即"无法判断哪个非加速参照系处于'真正'的静止状态"，产生了一个额外假设。事实证明，这个额外假设更加令人难以置信。爱因斯坦指出，实验表明光速始终是每秒 30 万千米，没有其他速度。然后，他假设光的传播速度不变，也就是说，无论光源的运动速度有多快，光经过我们身边时的速度不变，光速始终是每秒 30 万千米。当然，日常物体是达不到这个速度的。一列火车驶来，列车员将一个邮包扔向车站站台，显然，相对于站台而言，邮包的速度等于火车的速度加上列车员习惯性地扔出邮包所产生的速度。爱因斯坦断定光的情况是不同的。举例来说，当你举着灯笼站在与我有一定距离的地方，我会看到光以每秒 30 万千米的速度从我身边经过。如果你乘坐火车向我驶来，即使火车以每秒 15 万千米的速度（光速的一半）行驶，我仍然会看到，灯笼的光以每秒 30 万千米的速度从我身边经过。这就是爱因斯坦的第二个假设，光速与光源运动的速度无关。

与爱因斯坦同时代的人认为，这两个假设似乎都是合理的（至少在某种程度上是合理的）。在力学中，相对性原理不仅自伽利略以来就一直存在，而且多年来庞加莱和其他科学家也对相对性原理应用于电动力学中的问题和前景进行了分析。[3] 此外，如果光只不过是精确的、无处不在的以太中激发出的一种波，那么在静止于以太的参照系中，光速与光源的运动速度无关，这一假设就是合理的。毕竟，当声源以合理的速度运动时，声速并不取决于声源的速度，因为声波开始传播后就以固定的速度在空气中移动。

然而，如何使爱因斯坦的这两个假设相协调呢？假设在静止于以太的参照系中，有一束光在闪耀，对于相对于以太运动的观察者来说，这束光的速度与正常的光速相比，不是快就是慢，具体取决于观察者是在接近光源还是远离光源。这种观察方式可以显示出一个人是否真的相对于以太运动，所以，如果观察者可以看到光速的差异，那么不就违反了相对性原理了吗？然而，实际上并没有人测量到这样的差异。即使是精确的光学实验，也无法探测到光在以太中的丝毫运动痕迹。

爱因斯坦认为，这是因为对物理学最基本的概念"考虑不全面"。他说，如果能够正确地理解这些基本概念，相对性原理和光速之间就不会存在明显的矛盾。因此，爱因斯坦建议从物理概念的最初阶段着手，思考什么是长度，什么是时间，尤其是什么是同时性。众所周知，电磁学和光学的物理现象依赖于对时间、长度和同时性的测量，爱因斯坦认为，对于这些基本量的基本测量过程，物理学家却没有给予充分的重视。如何使用尺子和时钟为世界上各种现象绘制出精确的时空坐标？当时的主流观点认为，物理学家应该首先关注将物质凝聚在一起的复杂力量。但爱因斯坦认为这种观点已经落后了；相反，研究运动学必须是第一位的，也就是研究在恒定的不受力的运动中如何使用时钟和尺子进行测量。只有弄明白这个问题，才能有效地解决电子的动力学问题，比如电子在电磁力的作用下是如何运动的。

爱因斯坦认为，物理学家只有通过对时间和空间的测量方法进行整理才能确定一致性。进行空间测量需要一个坐标系，按照爱因斯坦的观点，这个坐标系是一个由刚性杆①组成的坐标系统。例如，一个点的位置距 X 轴 2 英尺②，距 Y 轴 3 英尺，距 Z 轴 14 英尺。关于坐标系的表述很容易理解，但接下来就到了令人难以理解的部分——重新解释时间。与爱因斯坦同时代的数学家和数学物理学家闵可夫斯基认为这是爱因斯坦的理论中的关键论点。[4]爱因斯坦指出："我们必须考虑到，随着时间的流逝，我们做出的所有判断是否还是事件同时发生时所做出的判断。例如，如果我说'那列火车 7 点钟到站'，我的意思是指我的手表时针指向 7 点和火车进站这两件事是同时发生的。"[5]对于在某个时刻同地发生的两件事来说，这种同时性的定义毫无问题。如果我所在的区域附近发生了一件事，比如火车停靠在我身边，我的手表时针正好指向 7 点，那么这两件事显然是同时发生的。爱因斯坦强调，当我们必须将空间上分离的事件联系起来时，问题就变得复杂了。我们说两个遥远的事件同时发生，到底说的是什么意思？当一列火车在 7 点钟到达一座车站时，我的手表会显示几点？

对牛顿来说，时间是绝对的，而要解决时间问题，必须明白一点：时间不是且不可能只是"普通"时钟所涉及的简单问题。从爱因斯坦要求使用一种程序来赋予"同时性"一词意义的那一刻起，他就与绝对时间的学说产生了分歧。爱因斯坦用一种看似哲学的方法，即通过思想实验确定了时间定义的过程，尽管长期以来，思想实验被认为与实验室和工业领域无关。

爱因斯坦的问题是如何解决时钟的异地远程同步。"原则上，让一名观察者拿着时钟，站在坐标系原点，对事件进行计时，当收到该事件的光信号后，观察者对手里的时钟进行调时，以这种方法来实现时钟的远程同步……"[6]不过，爱因斯坦又指出，由于光速是不变的，这种时间测量方法会受到位于坐标原点的中心时钟的位置的限制。假设我站在 A 点附近，远离 B 点；你正好站

---

① 相对论中用于度量空间距离的标准。——编者注

② 1 英尺约等于 30.48 厘米。——编者注

在 A 点和 B 点的中间位置，如下图所示：

$$A\text{—我—你——}B$$

A 点和 B 点都向我发出了光信号，并且我在同一时刻看到了两点的光信号，在这种情况下，我是否可以推断出两点的光信号是在同一时间发出的呢？当然不能。显然，B 点发出的信号比 A 点发出的信号要经过更长的距离才能到达我的面前，但它们在同一时间到达，所以 B 点的信号一定比 A 点的信号发出得更早。

假设我非要说 A 点和 B 点一定是同时发出信号的，毕竟我是在同一时刻收到了这两个信号，那么问题来了，如果你正好站在 A 点和 B 点之间的中间位置，就会先看到 B 点的光，然后看到 A 点的光。为避免歧义，爱因斯坦不想让接收者的所在位置来决定“A 点发出光信号”和“B 点发出光信号”这两个事件是否具有同时性。作为定义同时性的方法，“我同时收到信号”的说法无异于一场灾难，这种说法无法提供一个连贯的、一致的解释。中心时钟同步方案如图 1-1 所示。

年轻的爱因斯坦在解决了这个问题后，又提出了更好的方案：让 A 点的观察者在他的时钟显示 12 点时，向与 A 点相距为 d 的 B 点发送光信号，光信号经 B 点反射后回到 A 点，B 点时钟的时间应调至 12 点加上往返时间的一半。假设往返时间为 2 秒，则 B 点在收到信号时应将时钟调至 12 点加 1 秒。假设光在各个方向上的传播速度相同，那么，爱因斯坦的方案相当于将 B 点的时钟调至 12 点加上两个时钟之间的距离除以光速，按照光速每秒 30 万千米计算，如果 B 点在收到光信号时距离 A 点有 60 万千米，则 B 点的时钟将调至 12:00:02，即 12 点加 2 秒。如果 B 点距离 A 点 90 万千米，则在收到光信号时，B 点的时钟将调至 12:00:03。以此类推，A 点、B 点和其他参与时钟同步工作的人都能同意这种时钟同步方案。因为每个时钟的设置都考虑了光信号到达所需的时间，所以即使原点的位置移动了，结果也不会受影响。这种方法既不会使中心时钟获得优待，又可以明确定义同时性，爱因斯坦对此甚是满意。改进后的时钟同步方案如图 1-2 所示。

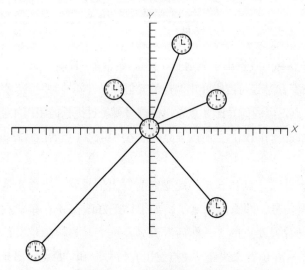

图 1-1　中心时钟同步方案

注：在 1905 年发表的狭义相对论论文中，爱因斯坦提出了一种时钟同步方案，即中心时钟向所有次级时钟发送信号，这些次级时钟在收到信号时设定自身的时间。例如，如果中心时钟在下午 3 点发出时间信号，当脉冲到达次级时钟时，每个次级时钟再将其指针同步到下午 3 点。但是，爱因斯坦否定了该方案，他认为，由于各个次级时钟与中心时钟之间的距离不同，所以先收到信号的次级时钟会比较远处的时钟先进行时钟同步。在这种情况下，两个时钟的同时性取决于设定时间的中心时钟所在的位置，而爱因斯坦并不认同这种方案。

　　有了时钟同步协议，爱因斯坦的难题也就迎刃而解了。通过反复应用简单的同步程序和两个基本假设，爱因斯坦可以证明，在一个参照系中被认为同时发生的两个事件在另一个参照系中不能再认为是同时发生的了。想想看，要测量一个运动物体的长度，就需要同时测量物体的两个点，比如想测量一辆行驶中的公共汽车的长度，最好的方法就是同时测量汽车前后两点的位置。测量长度需要前后同时进行，因此同时性的相对性决定了长度也具有相对性：当观察者处于他自己的参照系中，测量经过他身边的运动中的 1 米长的米尺时，会发现它的长度小于 1 米。

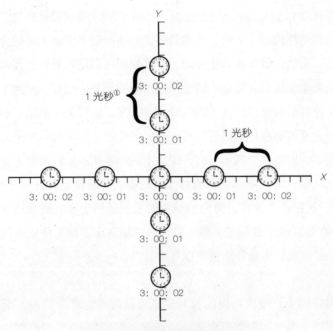

图 1-2　改进后的时钟同步方案

注：爱因斯坦想到了一个更好的方案，不仅能解决同时性的问题，而且可以排除任意性的情况。这一方案不是按照信号发出的时间进行时钟同步，而是按照中心时钟的时间加上信号从中心时钟到次级时钟所需的时间来进行时钟同步。具体来说，他提议，从中心时钟向远处的次级时钟发送往返信号，然后将远处的次级时钟时间设定为中心时钟的时间加上一半的往返时间。这样，中心时钟的位置不会影响时钟同步程序，人们可以不受中心时钟的位置限制而随时进行时钟同步程序，时钟之间的同时性保持不变。

　　时间和长度具有相对性本身就令人惊讶，但更令人惊讶的是，相对性还带来了很多其他后果，其中有些后果是立即显现的，有些则需要更多的时间来显现和理解。速度是指物体在单位时间内在某一方向上经过的距离，所以在爱因斯坦的理论中，必须将多个物体的运动结合起来，以便更好地理解它们在不同参照系下的速度和运动状态。根据牛顿物理学，当一个人在火车上以光速的1/2 与火车同方向向前奔跑，而火车以光速的 3/4 疾驰行驶时，这个人相对于

———————————

① 光秒（Light Second），长度单位，指光在真空中行走的距离。1 光秒，即光在真空中行走 1
　秒的距离，接近 30 万千米。——编者注

地面的运动速度将是光速的 5/4。然而，严格按照时间和同时性的定义进行分析，爱因斯坦的结论是，无论火车或奔跑者的速度是多少，实际的合速度都不会高于光速。当然，事实还不止如此：爱因斯坦可以用相对性原理来解释以前令人困惑的光学实验，并对电子的运动做出新的预测。最后，爱因斯坦提出了光速和相对论的最初假设，并借助时钟同步方案，证明关于线圈、磁铁和电灯实验的解释并不需要两种，而是只有一种：一个参照系中的磁场是另一个参照系中的电场，区别就在于视角不同，即从不同的参照系进行观察，与以太毫无关系。不久之后，爱因斯坦利用相对性原理得出了最著名的科学方程式：$E = mc^2$。最初，按照这个方程式得出的结果似乎只适用于极其敏感且难以实现的实验，但 40 年后这个方程式却给军事政治领域带来了翻天覆地的变化。因为爱因斯坦已经发现，质量和能量可以互换。

除了时钟同步，爱因斯坦的相对论还涉及很多物理学原理。毫不夸张地说，科学家们对电学和磁学两个领域的探索和发现是 19 世纪物理科学的伟大成就。剑桥大学物理学家麦克斯韦提出光只是电磁波的一种特殊形式，由此统一了电磁学和光学。实际上，发电机照亮了城市，电车改变了城市景观，电报改变了市场、新闻和战争。到 19 世纪末，物理学家想方设法地研究如何能够精确地测量光、探测难以捉摸的以太，同时不断深入研究电学和磁学领域，仔细分析刚刚被认可和接受的电子的行为。由于这些原因，不仅仅是爱因斯坦和庞加莱，还有很多著名的物理学家，都认为动体的电动力学问题是科学领域中难度最大的问题，但也是最基本、最尖锐的问题。[7]

根据爱因斯坦自己的说法，认识到时钟同步是定义同时性的必要方法，这也是最后一个概念性的步骤，为他漫长的探索之旅画上了句号。时钟同步也贯穿了本书的始末。虽然爱因斯坦认为相对论最显著的特点就在于时间的变化，但这种看法并没有马上得到人们的认可，甚至那些自认为是爱因斯坦支持者的人也是如此。有些人在电子的漂移实验后便接受了相对论，因为电子漂移实验似乎为相对论提供了佐证；有些人等到物理学家和数学家将相对论重新整理成人们更为熟悉的术语后才开始使用相对论，因为整理后的理论不那么强调时间的相对性。通过举办很多相关会议、利用信件交流看法、发表文章以及相互讨论，直到 1910 年，才有越来越多的人指出，相对论最为显著的特点是修正了时间概念。在随后的几年里，哲学家和物理学家都将时钟同步誉为自身学科的胜利，并将其视为现代思想的灯塔。

　　包括海森堡在内的年轻的物理学家，在 20 世纪 20 年代以爱因斯坦的强硬立场为基础，提出了量子物理学的新概念，反对任何不可观测的概念，例如绝对时间。海森堡钦佩爱因斯坦的主张，尤其是同时性特指由明确的、可观察的程序进行的时钟同步这一点。海森堡等物理学家极力坚持爱因斯坦的可观察性观点：要想确定一个电子的位置，就要说明可用于观察该位置的过程；要讨论动量，就要说明动量测量的实验。最具戏剧性的是，如果从理论上来看，位置和动量的测量无法同时进行，那么，位置和动量就不可能同时存在。众所周知，爱因斯坦对这一结论嗤之以鼻，即使量子研究领域的同仁恳求爱因斯坦承认，他们只是把他对时间和同时性的敏锐观点延伸到了原子领域，可爱因斯坦依然对这个结论不屑一顾。对爱因斯坦来说，他的相对论就好像飞出瓶子的精灵，现在想收回来也为时已晚，但他担心的是，物理学的新概念会把他的可观察性观点带得太远，从而低估了理论在界定和解释可观察事物方面的塑造作用。对此，爱因斯坦诙谐地指出："好的笑话，说一遍就足够了。"[8]

　　这个"笑话"传开了。瑞士心理学家皮亚杰将对儿童的直觉时间的研究视为心理学的重要研究领域之一。不久，爱因斯坦的时钟同步开始成为科学哲学的新时代的典范。维也纳学派①的物理学家、社会学家和哲学家相聚奥地利首都维也纳，以构建一种反形而上学的哲学，他们将同步时钟的同时性誉为恰当的、可验证的科学概念的典范。在欧洲和美国等地，其他哲学家和物理学家也都自觉加入了这一行列，他们也赞同信号交换同时性的概念，并认为有了这个

---

① 维也纳学派（Vienna School）是发源于 20 世纪 20 年代奥地利首都维也纳的一个学术团体，成员多为当时欧洲的物理学家、数学家和哲学家，关注自然科学的发展成果，并尝试在此基础上探讨哲学和科学方法论等问题。——译者注。

基础知识，人们就可以反对空洞的形而上学的思辨哲学。[9]奎因是 20 世纪最有影响力的美国哲学家之一，他认为，没有任何知识是绝对不变的，甚至逻辑最终也需要改变。然而，在从科学的角度整体研究了相对论之后，奎因认为，爱因斯坦通过时钟和光信号对同时性的定义经得起时间的考验，人们"在未来修订科学概念时，应该倾向于保留这个概念"。[10] 在当时那个哲学的发展以知识剧变为标志，人们对永恒、不变的真理充满了质疑的时代，这个评价无疑是最高的评价。

当然，并非人人都认可时间的相对性。有些人持嘲讽的态度，有些人则试图使物理学不受这个概念的影响。但大约到了 20 世纪 20 年代，物理学家和哲学家都承认，爱因斯坦的问题"时间是什么？"，为科学概念设定了标准，与牛顿形而上学的绝对时间相比，这个标准更加具体，也更容易理解。爱因斯坦说，他基于 18 世纪休谟的批判性认知理论，提出了反对绝对时间的主张，休谟有力地论证了"A 导致 B"的说法只不过是一个关于常规顺序的问题，即 A 先于 B 发生。对爱因斯坦来说，维也纳学派的物理学家、哲学家和心理学家马赫的工作也至关重要，因为他不赞成任何与感知脱节的概念。在马赫对抽象概念的总结中，最引人质疑的莫过于牛顿的绝对空间和绝对时间的概念。爱因斯坦还通过其他科学家的研究来更细致入微地研究时间，其中包括洛伦兹和庞加莱的研究。他们的每一条哲学推理，与我们得到的其他理论，构成了我们关于时间和时钟的一部分认知。然而，纯粹的思想史研究使爱因斯坦在抽象的云端徘徊，这位哲人科学家进行着思想实验，以此质疑牛顿关于绝对时间的主张。爱因斯坦让同时代的科学技术大咖感到诚惶诚恐，他们见多识广，却没有提出关于时间和同时性的基本问题。但是，这个脑洞大开的理论有充分的依据吗？

时间同时性，"临界乳光"时刻

爱因斯坦和庞加莱经常回顾自己以往的研究，仿佛它完全起源于物质世界之外。说到这里，我想起了爱因斯坦在一次大型集会上的演讲。那次集会于

1933 年 10 月初在伦敦皇家阿尔伯特音乐厅举行，专为援助难民和流离失所的学者举办。当时音乐厅里挤满了科学家、政治家和普通民众，敌对的示威者威胁要挑起事端，上千名学生挺身而出，担当"守卫者"。爱因斯坦警告人们，战争一触即发，仇恨和暴力笼罩着欧洲。他呼吁全世界奋起抵抗奴隶制和压迫，并恳请各国政府阻止即将来临的经济崩溃。在这次演讲之后，爱因斯坦从世俗的危机中抽身出来，他的身影突然消失在政治舞台上，仿佛时事给了他重击，让他无力承受。在另外一个领域里，他开始反思孤独、创造力和宁静，反思他沉浸在抽象思维中的时光，那段时光里他被乡村式的单调乏味所包围，却收获颇多。"即使在现代社会里，也有一些职业，要求人与世隔绝地生活，而不需要付出很多体力劳动或者脑力劳动。我所想到的就是像看守灯塔或者灯塔船这类工作。"[11]

爱因斯坦坚持认为，研究哲学和数学问题的年轻科学家都喜欢独处。这让我们不禁猜测，年轻时的爱因斯坦必定也是如此。他把自己曾经赖以生存的伯尔尼专利局看作遥远的海洋中的一艘灯塔船。恰如理想世界中的图景，我们奉为哲人科学家的爱因斯坦，超然于专利局办公室的杂乱和走廊里的嘈杂喧闹，只专注于重新思考学科的基本问题，一心想着如何推翻牛顿的绝对时空观。

显然，从牛顿到爱因斯坦，物理学的变革表现为机器、发明和专利领域的理论碰撞。其中，爱因斯坦在变革过程中做出了巨大的贡献，正如他在很多地方所强调的，在发现相对论的过程中，纯粹思想发挥了作用："我这类人的本质恰恰在于想什么和怎么想，而不在于做什么或经历过什么。"[12]

爱因斯坦给我们的印象是：智慧超群，高深莫测，专心研究物理学。爱因斯坦称上帝创造宇宙时是自由的；他对专利申请工作不屑一顾，认为这份工作是研究自然哲学时的沉重负担。爱因斯坦一心想要塑造一个充满纯粹的思想实验的世界，这个世界里有想象的时钟和幻想的火车。罗兰·巴特（Roland Barthes）在《爱因斯坦的头脑》（*Brain of Einstein*）一书中探讨了爱因斯坦想象中的人物角色：科学家只是自身头脑的代言人，是思想本身的象征，这样的科学家既可以被称作魔术师，也可以被称作机器，一台没有身体、心理和社会存在的机器。[13]

巴特应该知道，在众多将想象的世界凌驾于物质世界之上的科学家中，庞加莱就是其中之一。庞加莱是法国伟大的数学家、哲学家和物理学家，与爱因斯坦完全不同的是，他提出了包含相对论原理的、详细的数学物理方法。在多篇言辞优美的论文里，庞加莱将他的成果推向了更广泛的文化世界，与此同时，他还探究了现代物理学和经典物理学各自的局限性和成就。像爱因斯坦一样，庞加莱同样不喜欢受约束。他曾经写了很多文章来叙述自己的创造性工作，在其中最著名的一篇文章中，他讲述了自己如何创建一整套新函数的步骤，这套函数在数学的几个领域里都有至关重要的作用：

> 在过去的 15 天里，我努力证明不可能存在于我想象中的函数。当时我一无所知，每天坐在工作桌前，工作一到两小时，尝试了很多种组合，却一无所获。一天晚上，与平日的习惯不同，我喝了黑咖啡，没有睡着，头脑中思绪汹涌，我感到它们不断碰撞，直到相互契合，渐渐地形成了稳定的组合。我只需要把结果写下来即可，前后花了不过几小时的时间。[14]

不仅如此，庞加莱还在一些通俗易懂的哲学文章中，通过隐喻的方式来剖析物理学和哲学，以离开现实的物质世界，将想象中的科学家置于理想化的平行宇宙中。他写道："假设一个人来到了一个星球，那里的天空一直被厚厚的云层遮蔽，以至于他永远无法看到其他星星，就好像这个星球孤立地存在于太空之中。但他会注意到，这个星球在转动……"[15] 庞加莱笔下的太空旅行者通过观察赤道上空周围布满的行星，或一个自由摆动的钟摆逐渐摆动，以此来证明星球在自转。就像以前一样，庞加莱通过创造一个虚拟的世界，提出一个有关现实世界的哲学的、符合自然规律的观点。

当然，爱因斯坦和庞加莱可以被看作抽象的哲学家，因为抽象的哲学家的目标正是通过构建极具想象力的、隐喻丰富的假想世界来强调哲学概念上的区分。人们认为，在庞加莱想象出的世界中，温度剧烈变化，致使物体在上下移动时其长度也发生了巨变。庞加莱和爱因斯坦都对牛顿绝对时间的同时性进行了抨击，这种抨击可以被看作隐喻性的思考，他们在思考过程中使用了假想的火车、奇幻的时钟和抽象的电报。

让我们说回爱因斯坦的中心问题：时间是什么。爱因斯坦援引了一个看似古怪的隐喻性的思想实验，他想通过实验弄清楚"火车在 7 点钟到达车站"这句话究竟是什么意思。这种通常只有在孩童时期才会问的问题，爱因斯坦却在成年之后仍然心存疑问。[16] 难道因为爱因斯坦是一位特立独行的天才，所以他才会有此天真的问题吗？这个时空谜题听起来如此简单，甚至被专业的科学家所忽略。但事实上，同时性问题真的不会出现在成人的思想里吗？ 1904—1905 年，难道就没有人问过：对于一名观察者而言，另一名远处的观察者看到一列火车在 7 点钟到站，这对他究竟意味着什么？通过交换电信号来定义远程同时性的想法，是否属于纯粹的哲学范畴，而与当时世纪之交的世界格格不入呢？

不久前，我站在欧洲北部的一座火车站，心不在焉地盯着站台上那些精美的时钟，它们排成行，但当时我根本没有想到相对论的问题。这些时钟显示的时间相同，可以精确到分钟。我很好奇，因为这些时钟太精美了。然后，我发现，我所看到的这些时钟，秒针也是同步的。我当时想，这些时钟不仅仅是运转良好，而且经过了校准调时。爱因斯坦在1905年发表的相对论论文中写道，要想理解远程同时性的意义，也必须进行时钟同步。事实上，古老的伯尔尼火车站（见图 1-3）与伯尔尼专利局的办公室仅一街相隔，在伯尔尼火车站内，沿着铁轨的外墙上挂满了同步的时钟，非常壮观。

就像我们历史上的很多技术一样，时钟同步的起源尚不清楚。一个技术系统包含很多组成部分，到底哪一个部分才算作这个系统的决定性特征：是电的使用，还是很多时钟的分支，或者是对远程时钟的连续控制？无论人们如何猜想，19 世纪 30 年代和 40 年代，英国的查尔斯·惠特斯通（Charles Wheatstone）、亚历山大·贝恩（Alexander Bain）和紧随其后的瑞士的马提亚斯·希普（Matthäus Hipp）以及其他欧美国家的无数发明家，开始建造配电系统来将彼此距离遥远的时钟连接到一个中心时钟，只是中心时钟有着不同的名称：母时钟（horloge-mère）、基准钟（Primäre Normaluhr）以及主时钟（master clock）。[17] 在德国，莱比锡是第一座安装配电系统来实现时钟同步的城市，随后法兰克福在 1859 年安装了该系统。当时担任电报机厂负责人的希普在伯尔尼联合宫呼吁瑞士也要安装该系统，到 1890 年，有 100 个时钟一起开始运行。日内瓦、巴塞尔、纳沙泰尔和苏黎世等城市的铁路部门也紧随其后，每个地方都有了自己的时钟同步系统。[18] 纳沙泰尔主时钟如图 1-4 所示，柏林主时钟如图 1-5 所示。

图 1-3　伯尔尼火车站（1860—1865 年）

注：这是伯尔尼市最早配备新式时钟同步系统的建筑。在火车站入口处的椭圆形拱门上有两个时钟。

资料来源：BÜRGERBIBLIOTHEK BERN, NEG. 12572。

图 1-4　纳沙泰尔主时钟

注：这座时钟装饰精美，价值不菲，令当地人极为自豪。这座时钟位于瑞士钟表制造区的中心，从天文台接收时间信号，再通过电报电缆向其他连接的时钟发射信号。

资料来源：FAVARGER, *L'ÉLECTRICITÉ (1924)*, P.414。

因此，爱因斯坦不仅身处时钟同步技术的环绕之中，而且身处这一新兴技术的发明、生产和专利申请的中心。在推动时钟同步技术进步的过程中，爱因斯坦做出了巨大贡献。那么，还有其他科学家也关注电磁学基本物理规律和时间哲学的性质，并为之呕心沥血吗？当然，至少有下面所说的这位。

爱因斯坦在 1905 年的相对论论文中重新定义了同时性，当时他 26 岁。而此前庞加莱就提出了类似的惊人观点，比爱因斯坦早了大约 7 年。庞加莱学识渊博、温文尔雅，凭借创立拓扑学、众多的天体力学成就以及在运动物体的电动力学方面的巨大贡献，被誉为 19 世纪最伟大的数学家之一。他还撰写了几部关于约定论、科学和价值观的哲学著作，本本畅销，而他对"科学的科学"的辩护，也是家喻户晓。

图 1-5　柏林主时钟

注：这座时钟位于柏林的西里西亚火车站，沿着由火车站出发的很多轨道传送时间信号。

资料来源：*L'ÉLECTRICITÉ (1924)*,P.470。

就本书而言，我特别想说的是庞加莱在 1898 年 1 月在哲学杂志《形而上学与道德评论》（*Review of Metaphysics and Morals*）中发表的很多文章，其中最著名的一篇文章的题目是《时间的测量》（*The Measure of Time*）。文中，庞加莱抨击了当时的流行观点，这种观点对时间、同时性和持续性有直观的理解，该观点还得到了当时颇有影响力的法国哲学家亨利·柏格森（Henri Bergson）的支持。相反，庞加莱认为，同时性是一种不可简化的约定①，是一种人与人之间

---

① 庞加莱认为，几何公理实质上是一种人为的"约定"，这些约定并不能说明哪一种几何最为真实，而是使人们知道哪一种最为便利。几何对象和公理是发明创造的产物，但它们不是随意发明的，而是要受经验的引导和限制。——译者注

的协议。它之所以成为人们使用的契约形式，不是因为它必然存在于真理之中，而是因为它给人们带来了便利。因此，人们必须对同时性进行定义，定义的方法是通过电报或电磁信号交换而进行的时钟同步。与爱因斯坦在 1905 年发表的看法一样，庞加莱在 1898 年的时候也认为，要想使同时性成为程序性概念，就必须在电报传送时间信号的过程中考虑到传输时间的问题。

在 1905 年写论文之前，爱因斯坦是否读过庞加莱在 1898 年发表的那篇论文或之后在 1900 年发表的一篇至关重要的后续论文呢？这也不是没有可能。虽然没有确切的证据，但无论如何，这个问题还是值得从广义和狭义的角度进行探讨。我们将会发现，爱因斯坦其实不需要读庞加莱的论文。哲学期刊和物理学出版物都会刊登关于时钟同步的文章。事实上，电气化的时钟同步在 19 世纪末就已经引起了公众的广泛关注，就连爱因斯坦小时候最喜欢的一本关于科学的书中也有对这个话题的深入探讨。[19] 1904—1905 年，地面和海底布设的时钟同步电缆都很粗，同步计时器随处可见。

评论家已经习惯于将爱因斯坦关于火车、信号和同时性的论述视为延伸的隐喻，即一种涉及文学和哲学的思想实验，同样，他们将庞加莱的观察结果看作对隐喻的一种常规解读。这种解读应该属于哲学思辨，是对爱因斯坦的狭义相对论的预言，是一种卓越的思考方式，但庞加莱缺乏勇气将这些想法发展为逻辑上的、彻底的、革命性的结论。这种做法一点都不陌生，人们已经习惯于把庞加莱对时钟同步的洞察当作完全孤立的观点，即庞加莱的哲学观点与当时的世界相脱离。尽管如此，庞加莱和爱因斯坦对时间的看法并非夸夸其谈，脱离实际。

庞加莱一直在探究：科学家判断同时性所依据的规则是什么？什么是同时性？最后，他以经度①测定为例进行说明。他首先指出，对于水手或地理学家而言，要想确定经度，就必须准确地解决庞加莱在论文中提出的同时性的核心

①指地球自转每小时所转动的度数。

问题，那就是，如何在巴黎之外计算出巴黎时间。

　　确定纬度并不难。如果北极星出现在头顶上方，则表明你身处北极；如果北极星在地平线之上一半的位置，则表明你身处波尔多的纬度；如果北极星在地平线上，你就身处厄瓜多尔的纬度，位于赤道上。纬度测量根本不受时间的限制，因为无论在哪里测量纬度，北极星的角度始终不变。众所周知，如何找到两点之间的经度差更为困难，因为这需要两名观察者，身处两地，同时进行天文测量。如果地球不自转，测量经度就很容易了。举例来说，只要两名观察者同时抬头，看看北极星的正下方有哪些星星，再按照星象图，就可以很轻松地计算出两地的相对经度。可问题是，地球确实在自转，所以要准确地确定经度差，必须确保两名观察者在同一时间测量头顶上方星星、太阳或行星的位置。例如，假设北美的一个地图绘制小组知道巴黎的时间，而且该小组在这个位置看到太阳升起的时间正好比巴黎晚 6 小时，由于地球自转需要 24 小时，该小组就可以知道自己位于巴黎以西的一条经线上，两地之间的经度差即地球总经度数的 6/24，也就是 360° 的 1/4，即 90 度。然而，地图绘制小组的探险家们如何知道巴黎时间呢？

　　庞加莱在《时间的测量》一文中提到，地图绘制员只需在探险过程中携带精确的计时装置，即天文钟，并将天文钟设置为巴黎时间，就可以知道巴黎时间。但天文钟的运输在理论和实际上都存在困难。探险家和他在巴黎的同事可以从各自所在的不同地点观察瞬间发生的天体现象，比如他们宣布同时观察到木星的后方出现了一颗卫星。这看起来并不难，但在观测木星日食现象的过程中遇到了实际问题。庞加莱指出，从理论上来说，来自木星的光经过不同的路径到达两个观察点，因此需要对时间进行修正。这就是庞加莱所采取的方法，探险家可以使用电报机与巴黎交换时间信号：

　　　　首先，显而易见的是，柏林是在巴黎发出同样的信号之后才收到（电报）信号的，二者之间形成了因果关系。但具体是信号发出多久之后呢？一般来说，忽略传输时间，两个事件可以被认为是同时发生的。然而，为了严谨起见，还是要通过复杂的计算对时间稍做修正。在实践中，观测结果在误差范围之内，所以不需要修正，但是，从我们的观点来看，时间修正的理论必要性是不言而喻的，这样我们才能确保定义的严谨性。[20]

庞加莱得出结论：直接靠人类对时间的直觉无法解决同时性问题。如果相信直觉能够解决问题，那一定是幻觉。直觉必须依靠测量规则作为辅助。"规则不能普遍适用，何谈严谨；很多小规则适用于特定的情形。这些规则并不是强加给我们的，我们可以根据意愿制定其他规则；如果这些规则没有使物理学、力学和天文学的规律变得更加复杂，那我们就不应该取缔这些规则。我们之所以选择这些规则，不是因为它们是真理，而是因为它们能够给我们提供最大方便。"[21] 同时性、时间顺序、持续时间相等……所有这些概念的定义都是为了尽可能简单地表达自然规律。"换句话说，所有这些规则、所有这些定义都只是无意识的机会主义的成果。"[22] 用庞加莱的话来说，时间是一种约定，而非绝对真理。

当巴黎是中午时，地图绘制员如何确定柏林的时间呢？当火车驶入伯尔尼时，沿线各地是什么时间呢？乍一看，庞加莱和爱因斯坦提出的问题似乎过于简单。他们的答案同样简单：如果两地的同步时钟读数相同，那么两件事是同时发生的，也就是说，巴黎是中午，柏林也是中午。这种判断必然就是关于程序和规则的约定：同时性的问题就是如何进行时钟同步。庞加莱和爱因斯坦都建议，从一个时钟向另一个时钟发送电磁信号，并计算信号传递的时间（信号大约以光速传播）。这个简单的想法产生了惊人的影响，无论是相对论的新理论还是现代物理学，无论是约定论的哲学还是覆盖全球的电子导航网络，甚至是我们的安全科学知识模型，都受到了它的深刻影响。

我想弄清楚的是：在世纪之交，同时性究竟是如何产生的？庞加莱和爱因斯坦为什么会想到必须用电磁信号同步时钟的常规程序来定义同时性？这两个问题涉及的范围非常广，难以通过查阅传记资料的方式解决，但我们可以肯定的是，爱因斯坦的传记较多，而庞加莱的传记就很少。况且，关于时间的哲学思想史并不是本书的重点，如果要探寻时间的哲学思想史，我们就得从亚里士多德之前的时代开始说。本书并没有全面叙述时钟的发展或电气化时钟的复杂发展过程，也没有完整呈现 19 世纪电动力学中很多广为人知的概念，但是，庞加莱和爱因斯坦在努力重新表述动体的电动力学时，的确借鉴了这些概念。

相反，本书以此为切入点，深入浅出地探讨了物理学、哲学和技术领域的不同发展层面，同时探索了时钟同步在海洋中的电缆和行进中的普鲁士军队之间来回交错的问题。本书深入物理学的核心内容，借助约定论的思想，再探讨相对论（性）物理学。请抓住 19 世纪末电报系统中的一根电线，开始拉动吧！沿着电线，穿过北大西洋，踏上加拿大纽芬兰的卵石滩；从欧洲进入太平洋，到达越南的海防港，又沿着海底滑过西非。在陆地上，沿着电线和铁铜电缆，通向安第斯山脉，穿过塞内加尔的偏远地区，跨越整个北美洲，从马萨诸塞州到圣弗朗西斯科。电缆沿着火车轨道，延伸至海底，将探险家建在殖民地的海滨小屋与伟大的天文台的石刻相连。

然而，伴随着传送时间信号的电缆而来的，还有国家的野心、战争、工业、科学和征服，这些都是各个国家在长度、时间和电气测量等方面进行协调的明显标志。在 19 世纪和 20 世纪，时钟同步绝不仅仅是电磁信号交换的过程。庞加莱是这个全球电气化的时间网络的管理者，爱因斯坦是瑞士伯尔尼专利局的技术专家。两人因动体的电动力学联系在一起，他们都痴迷于从这些角度思考空间和时间的问题。理解这种全球范围内的同时性，在一定程度上有助于我们理解现代物理学的现代性，并明白庞加莱和爱因斯坦如何站在各自的现代化交叉点上。

当然，对比牛顿在 17 世纪提出的时间概念与爱因斯坦和庞加莱在 20 世纪初提出的时间概念，我们会感到吃惊，但也会让我们学到很多东西。这两个时间概念是现代早期和现代之间的冲突的纪念碑：一方面，空间和时间是对上帝的感觉中枢的修改；另一方面，空间和时间是通过尺子和时钟来测量和表示的。我们应该尊重历史，但更要重视眼前的现实和当下的问题。因此，我更感兴趣的是 1900 年的世界，那时，不仅仅是庞加莱和爱因斯坦，所有人都将时间、约定、工程和物理学视为一个整体。在那几十年里，将机器和形而上学结合起来是非常有意义的。一个世纪后，事物和思想的紧密性似乎已经消失了。

我们或许很难想象科学和技术是如何紧密地交织在一起的，其中一个原因是我们已经习惯了将历史划分为不同的范畴：思想史、社会史、传记或微观史。思想史是关于普遍性的或将成为普遍性的思想，社会史更多的是关于本地化的阶级、团体和机构的历史，传记或微观史是关于个人及其周围环境的历史。在讲述纯理论与实际应用之间的关系时，有一些故事追踪着抽象的理论，从实验室一路走到机器车间，然后进入日常生活中。有一些故事则反过来，技术的日常运作沿着抽象的阶梯慢慢地被精炼，直至摆脱物质性，最终形成理论，即从车间到实验室，再到黑板，最终抵达哲学的神秘地带。事实上，科学往往也是如此：思想从稀薄的水蒸气凝结为日常的物质；反之，思想似乎从这个坚实的、世俗的世界中又升华为空气。

然而，时钟同步的发展历程并不属于以上这两种路径。哲学和物理学的思考并没有促进火车协调安排和电报时钟同步的发展。这些技术并不是从一套抽象的想法衍生而来的。哲学家和物理学家之所以采用新的同时性约定，并不是因为 19 世纪末庞大的电子同步时钟网络让他们感到无奈。时钟同步的故事既不符合"升华"的隐喻，也不符合"凝结"的隐喻。我们需要另寻他法。

想象一下，某个星球的一片汪洋被水蒸气形成的大气层笼罩着。当这个星球的温度足够高时，水就会蒸发；水蒸气冷却，就会凝结成雨，落入海洋。当压力和温度达到一定程度时，随着水的膨胀，水蒸气被压缩，最终液体和气体的密度会趋于一致。当接近这个临界点时，一些特别的事情发生了。水和水蒸气不再保持稳定；相反，在这个星球上，部分液态水和水蒸气开始在这两种状态之间来回变化，从气体到液体，再从液体到气体，渐渐地，它们的体积从微小的分子团变成几乎与整个星球一样大。在这个临界点上，不同大小的水滴开始反射不同波长的光，小的水滴呈紫色，大的水滴呈红色。很快，各种可能波长的光都被水滴反射，因而呈现出了可见光谱的每种颜色，就好像从珍珠母贝里反射出来的颜色一样。这种剧烈波动的相位变化反射出来的光被称为"临界乳光"。

这个关于时钟同步的比喻才是我们所需。在非常偶然的情况下，科学技术发生了一次转变，但这种转变在技术、科学和哲学三个泾渭分明的领域里无法得到解释。在 1860 年之后的半个世纪里，时钟同步过程根本不是从技术领域缓慢、匀速地升华到科学和哲学的更高境界。时钟同步的想法也并非起源于纯粹的思想领域，然后凝结成工厂里机器的加工对象和生产活动。这个想法时而抽象，时而具体，在抽象和具体之间来回波动，衡量标准多变，随着临界乳光各个阶段的变化而出现。

如果深入查看欧洲或北美洲①几乎所有城镇的记录，我们就会发现，在 19 世纪末那些年里，人们为实现时钟同步而做出的努力。在铁路监督员、航海家和珠宝商，以及科学家、天文学家、工程师和商人的历史资料里，都有关于时钟同步的记录。时钟同步涉及各个学校，当时人们要把教室里的时钟连接到校长办公室，除此之外，各大城市、铁路和国家也都需要进行时钟同步，他们将各个时钟与公共时钟连接，并经常因时钟如何校准而争论不休。查阅政府的档案，我们发现参与时钟同步的人员越来越多，其中包括无政府主义者、民主主义者、国际主义者和将军。

虽然各种声音纷繁嘈杂，但本书旨在回答时钟同步是如何成为协调程序以及科学和技术语言的问题的。1900 年前后，时钟同步并非仅仅为了确保时钟更加精准，而是一个由物理学、工程学、哲学、殖民主义和商业的相互碰撞而引发的历史故事。每时每刻，时钟同步既是实际之需，又是理想之梦，这种

---

① 事实上，远远不止这两个区域。

矛盾就像在铁铜电线上包裹绝缘的杜仲胶与宇宙时间之间的矛盾一样①。因此，人们对时钟同步的解释各种各样：在德国，它代表国家的统一；在法国，它体现了法兰西第三共和国对革命理性主义的制度化。

在本书中，我想通过这种"临界乳光"来探究时钟同步的来源，讨论庞加莱和爱因斯坦对同时性概念的修正。穿过时间的隧道，我们来到了与时钟紧密相连的两个关键地点——巴黎经度局和伯尔尼专利局，将庞加莱和爱因斯坦关于时钟和地图的抽象隐喻完全与实际地点联系起来。站在这两个地方，庞加莱和爱因斯坦见证了时钟同步的思想交流过程，同时他们也是发言者、竞争者和协调者。

站在物理、技术与哲学的交叉路口

要追溯时钟同步的由来，仅仅从一个由铁路经理、发明家或科学家组成的核心小组开始，然后逐渐拓宽范围，是远远不够的。为此，本书将来回切换视角，从地方和全球的相关记载中寻找答案。在本书第 2 章中，我会介绍庞加莱鲜为人知的经历。庞加莱在 1902 年出版的畅销书《科学与假设》（*Science and Hypothesis*）中写道，他曾攻读采矿专业并在法国东部危险、艰苦的煤矿中担任过采矿工程师；几十年来，他一直在协助管理巴黎经度局，并在 1899 年、1909 年和 1910 年担任过经度局主席；他还与他人合著出版物，并经常在一本电子技术领域的主要期刊上发表文章，这本期刊曾刊登过庞加莱关于电动力学基本问题的理论文章，而旁边则是一篇关于海底电缆和城市电气化的文章。这些有谁能想得到呢？

要理解时间的转变及其得到普遍认可的过程，需要重新认识庞加莱。如果

---

① "在铁铜电线上包裹绝缘的杜仲胶"象征通信技术，代表实际之需；"宇宙时间"象征人们对精准的宇宙时间的追求，代表理想之梦。

只是把他看作数学哲学家或数学物理学家，尽管两者肯定都可以，但是，他对同时性的喻指就只能表现在两个维度上。要全面理解庞加莱，就需要更深入地研究他在各个领域的贡献，而不能只将他的影响归因于对工程的兴趣。本书并非要将庞加莱塑造为一个孤立行动的个体，一个从哲学、数学或物理学领域随意提取"资源"来解决特定问题的人。相反，在本书中，我将把庞加莱放置在一系列重要的行动中，这些行动在一些关键的交会点上，在物理学、哲学和工程学领域形成了基本一致的行动方式。庞加莱不仅仅从他的母校巴黎综合理工大学[①] 获得了知识和技能，母校对他的思想、观点和方法也产生了重要影响。正如他所说，他和他的同事们都自豪地盖上了理工大学的"出厂印记"。第 2 章围绕这个印记展开叙述，在这个印记下，无论庞加莱评估矿难事故，还是预测太阳系的稳定性和起源，或提出抽象的数学理论，都是合情合理的。我们需要近距离地深入了解庞加莱，只有这样才能捕捉物质和抽象之间存在的更广泛的联系。而且，这个联系至关重要，有助于读者理解本书后续章节的内容。尽管物理学、哲学和技术领域对光的定义不同，但彼此相互交叉，庞加莱坚持在此背景下审视同时性的概念。

虽然庞加莱在巴黎综合理工大学接受了教育，毕业后又专攻了采矿和数学专业，但要推广时钟同步的概念，其知识领域还不够宽。因为完成时钟同步概念所需的知识领域甚至需要延伸至法国之外，延伸至大国之间相互冲突的电线和铁轨网络中。这些网络是由各个大国以极其惊人的速度建立的，但它们的边界经常备受争议，只能通过规则和约定才能进行系统匹配，在 19 世纪 70 年代和 80 年代，这些规则和约定旨在消除不相容的长度和时间标准之间的冲突，但在实践中有时非常困难。因此，本书第 2 章将继续深入讨论第 1 章的内容。

第 3 章描述的是在这个覆盖全球的巨大的时间轴出现之后，不同时间帝国之间的碰撞。在 19 世纪末的几十年里，对覆盖全球的公约的需求最明显的无疑是绘制世界地图。在那些年里，贸易量增长惊人，但地图上的经度网格差

[①] 如无特别说明，后文均以"理工大学"作为巴黎综合理工大学的简称。——编者注

异很大，而且可靠性很低，这让航海家感到越来越不满。随着殖民当局征服新土地、开发资源和修建铁路的步伐的加快，他们也纷纷开始抱怨。所有这些都离不开精确且一致的大地测量学。在1884年美国国务院的一次会议上，这种需求达到了顶峰，当时共有20多个国家申请在英国的格林尼治设置一条单一的本初子午线，也就是零度经线。最终，会议同意将全球零度经线设在大英帝国的中心，法国却对这项决议不服，于是法国代表团努力游说其他国家，采取十进制的时间系统，一心想将法国启蒙运动的理性烙印刻在由时钟和地图组成的世界新秩序上。

第4章从19世纪90年代法国推行时间合理化改革的高峰期开始叙述，当时庞加莱在这场运动中发挥了决定性的作用。庞加莱及其所属的部际委员会负责评估长期以来法国提出的时间十进制化的建议，以及随之而来的对圆周进行划分的问题。他们亲自受理了各种竞争性建议，其目的是实现时间测量的标准化。事实上，庞加莱正是在这期间开始担任法国经度局的高级职员。该机构负责同步世界各地的时钟，以绘制最精确的地图。在这里，在欧洲、非洲、亚洲和美洲，以及需要精确的同步时钟和测地线地图的世界里，我们终于可以直面庞加莱在1898年提出的哲学建议，即将同时性视为一种约定。如果只能通过时钟同步的协议来明确定义同时性，那么此前最精确地进行时钟同步的人莫过于电报员或者经度测量员。将同时性视为一种约定具有非凡的重要性，因为这不仅涉及地图制作的最新技术，还包括对时间本质的思考。牛顿所提出的绝对的、神学化的时间不再占有一席之地，取而代之的是一种更为实用的程序。这种程序得到的是一种工程上的普通时间，代替了过去上帝所设定的绝对时间。

庞加莱在1898年提出的关于推广时间约定的想法中，没有任何内容直接涉及电动力学或相对性原理。直到1900年12月，庞加莱重新审视了荷兰物理学家洛伦兹的早期工作，然后才提出了这两者之间的联系。时间退回到1895年，洛伦兹提出了一个电子理论，其中包含了"真实时间"这个极其巧妙的想法。在静止的以太坐标系内，假设描述电场和磁场行为的麦克斯韦方程组方程是成立的，某个物体，比如一个铁块，在这一坐标系内运动并穿越了整个坐标系，麦克斯韦方程组详细描述了铁块内部及周围的电场和磁场。那么，如何从与铁块一起运动的坐标系的角度来阐述这一物理现象呢？人们尝试考虑运动坐标系在以太中飞驰的情况，可这样似乎会使物理学在突然间变得非常复杂。但洛伦兹发现，如果重新定义电和磁场以及时间变量，就可以简化方程，使其犹如物体在静止的以太坐标系中运动一样简单。由于重新定义了一个事件的时间，所以时间取决于事件发生的地点，洛伦兹把它称作"地方时"，用符号 t_{local} 表示，同样，他还把这个词用在日常生活中，用来描述莱顿、阿姆斯特丹或雅加达等与经度密切相关的地方的时间。这个想法的关键在于，洛伦兹定义的地方时纯粹是一种数学虚构，其目的是简化方程。

1898 年 1 月，庞加莱在一本哲学杂志上发表了他自己第一篇关于时间的论文，旨在表明，通过电报信号交换而进行的时钟同步是同时性公约定义的基础，这个问题与技术和哲学相关，与运动物体的物理学完全没有关系。1900年，庞加莱基于洛伦兹定义的地方时进行了第二次尝试，将这个术语大幅扩展至完全真实的物理学的运动参照系中，而不仅仅是数学虚构了。诚然，庞加莱竭尽所能地让人们不要注意到"表观"的地方时和洛伦兹的数学虚构的地方时之间的差异。尽管如此，这个概念已经发生了变化：对于庞加莱而言，地方时失去了它的虚构地位，并且由于信号交换反对以太的概念，所以地方时就变成了运动坐标系的观察者从自己的时钟里所观察到的时间。

随着庞加莱于 1900 年提出关于地方时的解释，一时间，物理学、哲学和大地测量学这三大学科的知识便被应用到电气化的时钟同步过程中。1905—1906 年，庞加莱在洛伦兹的基础上进行了关于同步时钟的第三次尝试。因为在 1904 年，为了使虚构的运动坐标系中的电动力学方程更加类似于"真正"的以太静止坐标系，洛伦兹修改了地方时。庞加莱随后利用洛伦兹的成果，调整了地方时的定义，使虚构的运动坐标系和真正的静止坐标系之间的数学对应关系更加准确了。但对庞加莱来说，关键的一点不是他修正了洛伦兹的理论，而是他已经证明：随着物体的移动而进行时钟同步，可以确切地显示洛伦兹修正的地方时，而且对于在该坐标系中运动的观察者来说也是如此。即使庞加莱仍然反对"表观时间 [①]"和"真实时间"，但相对性原理还是适用的。1906 年，庞加莱已经把时钟的光信号同步放置在技术、哲学与物理学的前沿和核心位置，而这三个领域正是现代知识的三大基石。

这位法国的博学之才从测地线时间开始，转而从反形而上学的角度研究如何制定时间的公约，此后又专心研究地方时和相对性原理。无论是物理学，还是哲学、技术和政治领域，庞加莱都认为，理性、直观的干预措施可以改善世界。他痴迷于从"危机"的角度看待问题，然后解决问题。他是一名积极、乐观的工程师，对于他所构建的结构，他愿意重新组装其中的主要支柱和电缆，但他坚持认为，现代人应该尊重、整合和改善前辈所创造的世界。

第 5 章我们回到爱因斯坦的时钟，第 5 章的重点不是 1933 年或 1953 年的那个被誉为"预言家"的、世界著名的数学天才爱因斯坦，而是那个在克拉姆大街的公寓里组装了自制仪器的小发明家爱因斯坦，那个痴迷于机器设计和专利分析的爱因斯坦。他既不是那个在第一次世界大战期间在柏林一举成名的爱因斯坦，也不是在普林斯顿满脑子抽象思维、像隐士一样的老爱因斯坦。我们想说的是 1905 年在伯尔尼的那个热情洋溢的青年。虽然瑞士在技术基础设施方面起步较晚，但当瑞士的铁路、电报和时钟网络投入使用时，时钟同步是家喻户晓的事，而伯尔尼正是时钟同步程序的中心所在。以伯尔尼为中心，电气化时间向外辐射，到汝拉地区的钟表业，到城市时钟的公开展示，再到铁路，还有同步时钟的专利申请，每一步都有爱因斯坦的身影。

然而，不像庞加莱有那么多改良主义思想，爱因斯坦提出了完全不同的观点来定义时钟同步。爱因斯坦自诩为"局外人"。他仔细研究了前辈们的物理学，但他的目的是颠覆，而不是表示崇敬与进行改进。爱因斯坦认为，时钟同步以及他的物理学和哲学思想，更普遍地说，是从批判性的角度重新评估基础

---

① 表观时间是指以真太阳圆面中心的时角来计量的时间。——编者注

性学科假设的一部分。爱因斯坦并没有系统地从时钟同步的一个方面转向另一个方面，甚至在他接触时间问题之前，他已经获得了相对论方法所需的大部分要素。例如，1901 年，他已经否定了庞加莱苦苦支撑的"以太说"。爱因斯坦一直以批判性的态度看待物理学和哲学之间的边界，而且在专利局工作期间，他和同事们已经对时间"机器"进行了长达 3 年的仔细检查。因此，1905 年5 月，当爱因斯坦开始通过电信号同步时钟来定义同时性时，并没有像庞加莱那样，将其视为如何区分表观时间和真实时间的问题，并虚构"以太"的说法。对爱因斯坦来说，时钟同步如同一把钥匙，终将开启他经过 10 年的努力才组装好的理论"机器"。没有以太，也没有实际的电或磁场和粒子，只有时钟所显示的真实时间。

在最后一章中，我们可以看到爱因斯坦和庞加莱的工作是如何近在咫尺但又相距甚远的。争相使用时钟同步的概念，使他们之间的关系变得紧张。但他们之间不是进步与保守的自然观之争，而是各自提出了对现代物理学如何变得"现代"的截然不同的看法，前者是满怀希望的综合理工人①进行的变革，而后者是局外人对基础理论的对抗。尽管他们有分歧，但两人都对电信号同步时钟有着相同的非凡见解，所以两人都站在两次伟大运动的交叉点上。一次是火车、航运和电报等庞大的现代技术基础设施，因为时钟和地图的出现而形成了关联；另一次是人们形成了新的知识使命感，即不通过永恒的真理和神学，而是通过实用主义和公约来定义时间。技术时间、形而上学时间和哲学时间在爱因斯坦和庞加莱的电信号同步时钟中交会。在那个交会处，即知识和权力的交会处，时钟同步具有无与伦比的重要性。

---

① "综合理工人"是指巴黎综合理工大学的毕业生，这所学校以培养领导人才而著名，毕业生大多进入法国或者国际上的私有企业，还有 20% 的毕业排名优秀的学生选择进入国家高级机关团体。在其校友中有 4 位诺贝尔奖获得者、1 名菲亚特奖得主、3 位法国总统，以及近半数以上的法国企业的首席执行官。——译者注

第 2 章

煤炭、混沌和约定：
庞加莱的技术
与工程

Einstein's Clocks and Poincare's Maps

　　与万事万物一样，理工大学也必须逐渐地进行自我革新，但无论如何，始终不能动摇其灵魂——理论联系实际；这一点绝不能动摇，否则也只是徒有其名罢了。

——庞加莱

　　难道人们没有问过，是否有一个物体会永远停留在天空的某个区域里，又或者它是否会离我们越来越遥远？在无限的未来，两个物体之间的距离会增加还是减少，或者永远保持在一定的界限之内？难道人们没有上千个类似的问题吗？而一旦人们知道如何通过定性的方式描述三个物体运动的轨迹，这些问题就会迎刃而解了。

——庞加莱

天之骄子

　　1902 年，庞加莱凭借科学哲学散文集《科学与假设》取得了巨大的成功，在法国知识界享有无与伦比的地位。他是数学、物理学和哲学领域的顶尖人物，曾在一次重要的科学考察中担任科学报告员，并担任过法国经度局主席。作为一名成功的综合理工人，他很早就在数学领域声名鹊起，然后继续钻研采矿工程专业。数学是抽象的学科，而采矿工程是具体的学科。庞加莱却能在这两个学科都登峰造极，这正是本章论述的中心主题——抽象与具体的交织。对庞加莱那一代人来说，这两个学科有着非常紧密的联系，其联系之紧密远远超过了后世学者和工程师的想象。这也难怪，当庞加莱受邀在年度报告会议中进行演讲，巴黎综合理工大学往届的学生都渴望他能谈谈"19 世纪综合理工人在科学工作中的作用"。庞加莱的演讲定在 1903 年 1 月 25 日举行。为了准备这场演讲，他翻阅了近期获奖者的演讲。他对同学和同事说："在座的各位都是我的前辈，我看到了我们的资深将领、众多部长、科学工程师和公司高管，也有海外帝国的征服者和组织者，还有 3 年前在战神广场的巴黎世界博览会中赫赫有名的人物。"庞加莱问道："单一的教育模式是怎么培养出这样一批批优秀的科学家、将士和工程企业家的呢？"[1]

庞加莱大声地问在场的听众，随着科学领域的不断分工，巴黎综合理工大学究竟是如何将那些不同的专业领域联系在一起的。诚然，一是学校通过竞争激烈的考试选拔出了卓尔不群的天才学生；二是学校一直秉承的"崇高"的教学传统，确实起到了激励作用，学生们都志存高远，有的立志成为捍卫国家的战士，有的立志成为追求真理的勇士。但光有这两点还不够，还需要一种世界观，贯穿学生们不同志向的始终。一代又一代综合理工人前仆后继，始终坚持着这种世界观，当然也正是因为这种世界观，无论是化学家、物理学家，还是矿物学家，在理工大学所接受的学校教育中，都从高等数学的文化中受益匪浅。此外，即使是最具抽象思维的理工大学的数学家，"都时时刻刻关注着学科的应用"。这种关注不仅存在于那些专注于将数学应用于实际领域的人中，也包括学校中最博学的学生，就连理工大学历史上最杰出的数学家之一的柯西也是如此。柯西是理工大学史上最负盛名的数学家。众所周知，他反对其他学科介入数学研究，但在数学研究过程中依然大量结合了力学的知识。随后，庞加莱援引了自己的老师阿尔弗雷德·科努（Alfred Cornu）的话。科努一直强调，力学的作用如同水泥一样，将综合理工人的各部分灵魂紧紧地凝聚在一起。庞加莱因而得出结论："这就是我们一直在寻找的'出厂印记'，从某种角度来说，我们的物理学家、数学家都是力学家。"[2]

这种"出厂印记"深深地刻在了每个综合理工人的骨子里。庞加莱和其他综合理工人所接受的学科教育都结合了力学，这种特色成为他们的与众不同之处，与其他大学培养出来的科学家形成了鲜明对比。可是，对庞加莱而言，这还不是全部。从另一个方面来说，很多大学教授都对科学统一性持有顾虑，但综合理工人关心的是如何实现思想和行动的统一。对此，庞加莱认为，很多大学的研究人员会因所谓的科学失败而变得犹豫不决，而行动则使理工大学的毕业生对忧郁情绪免疫，这正是理工大学这个"工厂"给他们烙下的最基本的特征——抽象与具体的结合。科学与时俱进，世界日新月异，面对教育的变革，庞加莱已做好充分的准备。"与万事万物一样，理工大学也必须逐渐地进行自我革新，但无论如何，始终不能动摇其灵魂——理论联系实际；这一点绝不能动摇，否则也只是徒有其名罢了。"[3]

1871 年，法国在普法战争中惨败，普鲁士占领了凡尔赛宫，并建立科学机构、竖立纪念碑，来庆祝战争胜利。[4] 两年后，庞加莱进入理工大学学习，当时整个法国都面临着一个前所未有的难题：如何在纯理论知识和知识的具体应用之间达到平衡。失去了阿尔萨斯 - 洛林地区 [1] 的法国迫切地想要搞清楚自己惨败的根本原因。于是，批评家开始质疑国家的技术基础设施，他们写了一本又一本的书，哀叹国家铁路设施不完备，但更多的是质疑当时的法国还没有做好充分的准备，以迎接充满挑战的新时代。比起任何特定的技术，批评家更加侧重于仔细分析当时的技术学习机构，这些机构似乎需要重建，而且越快建成越好。在这些机构中，最重要的当属庞加莱就读的巴黎综合理工大学。

巴黎综合理工大学成立于 1794 年，当时在美国、英国和德国都没有同类学校。理工大学秉承开明的科学理念，致力于发展成为一所数学、物理和化学等多个学科共同繁荣发展的科学机构，为国家培养出一批精英工程师，将军队塑造成现代化的力量。理工大学通过著名的选拔赛，即竞争性考试选拔学生，严格培养学生，让学生以数学为基础接受工程学训练，并成立了校友会。一批又一批学生毕业后，都进入了国家行政机构的最高层工作，最初负责监督新的政府，后来在 19 世纪负责一个帝国。[2] 如此说来，巴黎综合理工大学一部分像牛津、剑桥，一部分像桑赫斯特，或者说，更像麻省理工学院与西点军校的结合体。但这样的比较没有意义。与英国接受古典教育的学生相比，理工大学的学生具有更高的科学水平，与美国新一代的工程师相比，他们又具有更高的数学思维，但与德国物理学的精英学生相比，他们不太擅长精密的实验室工作。无论是过去还是现在，理工大学都是独一无二的，在 19 世纪 70 年代之前的法国享有至高无上的地位。

---

① 阿尔萨斯 - 洛林地区是法国东部大区，在普法战争（1870—1871）后割让给普鲁士，第一次世界大战结束后属法国领土，第二次世界大战初期重归德国，至第二次世界大战结束，再次被法国夺回。——译者注

② "新的政府"指的是法国在法国大革命后建立的新政府，"帝国"指的是 19 世纪拿破仑建立的法兰西第一帝国和随后的法兰西第二帝国。——编者注

在巴黎综合理工大学成立的最初几年里，具有革命性思想的工程师兼数学家蒙日用几何学成功地解决了实际工程和高等数学之间的需求矛盾。他认为，射影几何不但可以训练思维，揭示科学真理，而且还可以用于雕刻石头、木材和构筑防御工事。然而，在19世纪最初的几十年里，因为受到柯西的保守思想的影响，蒙日开始动摇了，不知不觉地放弃了最初"让思维连通世界"的雄心壮志。当时科学在进步，而科学应用却停滞不前，新的、更加专业化的工程院校的建立，更加剧了这一趋势。[5]

普鲁士人围困巴黎之时，法国人不知道谁该为战争失败的后果埋单。路易斯·巴斯德（Louis Pasteur）联合一批志同道合的法国人大声疾呼，反对把德国的胜利归因于法国落后的科学发展。这一观点在理工大学引起了强烈的反响。这也是科学工程学的焦点所在，而且学生们对此已经达成了一致意见。阿尔弗雷德·科努曾是理工大学的学生，后来成为物理界的一颗新星。战争失败后，他代表学校阐明了立场，巧妙地平衡了科学与实际应用。此次发言之后，他便成为新的法兰西第三共和国理想型的理工大学人才，也就是说，新的共和国需要能从纯理论知识领域轻松地过渡到应用领域的人才。庞加莱后来对科努给予了高度赞扬，称赞他的成就已经跨越了光学领域，为物理学家、天文学家和气象学家，甚至是钟表匠带来了新仪器和新技术。科努在尼斯设计并建造了一座非常精密的天文钟，它带有巨大的钟摆。他每年都去尼斯对天文钟进行维护。此外，科努还发展出了一套详细的数学理论，通过电信号的交换实现时钟同步。[6]他不但能够将纯理论知识与实际应用紧密地联系起来，而且还对电气化时钟同步非常感兴趣，这一点给庞加莱留下了深刻的印象。

科努毕生都在以自己的方式解释特定的实验现象。虽然他并没有亲自教导学生们动手操作实验，但科努认为，实验是科学至关重要的一部分，可以说是科学的开端，甚至可以看作科学的基础和起点。科努并不是孤军奋战，他和他的同事们保证，19世纪70年代从理工大学走出来的年轻科学家，虽然可能并不熟悉设备操作、复杂测量或数据分析等，但是都非常重视实验。科努的学生们学会了如何看待伟大的数学结构，明白了在数学结构中数据才是科学工作的终点。他们还明白了不要过分相信书本上关于原子论或电场的特定假设。当理工大学招聘化学领域的教师时，首要目标就是平衡"相信原子之说"和"反对原子之说"这两种意见，这一事实引人深思。[7]

　　这就是 1873 年 11 月庞加莱生活的世界。他争强好胜，机警专注，同时又以质疑的态度继续从事研究。他像鹰一样观察着自己的同学。在写给家人的信中，他提到了对手的成绩，偶尔也会对同学之间的欺凌行为发表看法。随着对力学的兴趣的日益高涨，他开始非常重视这门学科，成绩迅速提高至 19 或 20 分（满分 20 分）[①]。他在信中自豪地告诉家人，自己已经找到了一种证明方法，比教授在课堂上教授的方法更加简单，他还告诉家人自己在技术和自由绘图领域都有进步。他和理工大学的一群学生一起参观了当地的一家水晶厂，这令工人们感到很诧异。他告诉工人们，他们灵巧的技艺和西门子烤箱的技术让他很着迷。[8] 尽管当时他只是名学生，但也认识到理工大学的"出厂印记"的存在。不过，在他给母亲汇报近况的信件中，并没有体现出理工大学后来所展现的独特的教学方法：

　　　　我们仿佛置身于一台巨大的机器中，必须紧紧地跟着机器运转的步伐，要不然就会被机器超越。我们肩负双重任务：既要继承过去 20 代 X[②] 前辈们的衣钵，又要探索下一代人的梦想之路。在这条路上，我们需要充分发挥记忆能力和雄辩的才能；对于任何人来说，只要勤奋好学，没有学不会的功课，这也就是大家都想让我死记硬背的原因。因此，我别无他选，要么放弃工作，要么恪尽职守。我当然选择了后者，可是仅仅坚持了两年。教学工作让我受益匪浅，但我必须审慎对待，而且这是关键。[9]

---

① 法国的大学用 0～20 分来评价学生的成绩，12 分以上为及格。为了解释法国大学的打分系统，我们有必要知道，18～20 分对凡人来说儿乎是不可能企及的，16～18 分是为教授自己保留的，13 分以上的就算杰出了。高分几乎不存在，且分数通常要计算到小数点后两位，这种评价方式比较适用于工程类学校。——译者注

② 巴黎综合理工大学别称 X，来自它的校徽：交叉的枪与剑。——译者注

科努逝世后，庞加莱悼念科努时说道，在他的心中科努亦师亦友，他会继续沿着科努的目标奋斗下去。庞加莱的职业生涯也与科努类似，两人都是理工大学的优秀学生，都进入了国立巴黎高等矿业学院进行深造，之后又都受邀回到理工大学任教，并且都在国家的工程管理部门任职和服务。理工大学在他们身上留下了深深的印记。科努、庞加莱和同时代的综合理工人毕生都在致力于加强抽象知识和具体知识之间的联系，他们的经历引人深思。科努和庞加莱都曾在法国经度局的董事会任职，与其他理工大学的同事们共同推动了无数的技术进步项目。从他们协助运营的电子技术杂志，到他们所服务的科学委员会，这些无不印证了他们在理工大学所接受的训练。

当然，纯科学与实用技术之间的关系在理工大学或其他任何地方并非一成不变。它更像是汪洋大海一般起伏不定，时而盛极一时，时而藏形匿影，科学的奥林匹克山在技术的低谷之上时隐时现。而其他时候，必胜主义的军事和工业技术都凌驾于人们对纯知识的追求之上。1871 年，就在法国刚刚经历了战争惨败后的一段时间里，科努和他的盟友将这片大海夷为平地，至少在理工大学是这样的。在这台"巨大的机器"里，科学技术和数学物理势均力敌，而庞加莱也真正地发挥了自己的能力。

一场矿难里的假设与反假设

在进入时钟同步这个话题前，我们先来说一说庞加莱早期职业生涯中的两个时期。我们由此可以深入了解庞加莱，明白他如何思考，如何在科技动荡的年代里迎难而上，因此这两个时期至关重要。简单来说，这两个时期就是与煤炭和混沌①有关的时期，刚好是庞加莱步入社会的第一个 10 年，也就是从 19 世纪 70 年代末到 1890 年左右的 10 年间。在这个阶段，庞加莱力图解决有关

---

① 根据当代数学理论的定义，混沌系统就是对初始条件极度敏感的系统。混沌理论如今已经成为一个重要的数学分支，并渗透到了物理、化学、社会学等多门学科中。——译者注

太阳系的力学新问题，同时希望找出改善法国采矿业肮脏、危险境况的解决方案。

　　1875 年，庞加莱从巴黎综合理工大学毕业，按照当时学校一贯的教学传统，他与班上的另外两位毕业生博纳富瓦（Bonnefoy）和佩蒂特迪蒂尔（Petitdidier）一起进入了矿业学院。入学后不久，也就是 1875 年 10 月，他们便开始了学习。[10] 当时，他的导师、数学家奥西恩·博内（Ossian Bonnet）试图免除庞加莱的部分课程，以便他能抽出更多的时间扑在数学上，但矿业学院并不同意。因此，庞加莱在完成数学论文的同时，还深入研究了通风井的原理。1877 年，他前往奥地利和匈牙利进行野外地质考察。

　　庞加莱的文化圈子也日渐扩大。经妹妹艾琳介绍，庞加莱认识了哲学家埃米尔·布特鲁（Emile Boutroux），后来艾琳嫁给了布特鲁。结识布特鲁之后，庞加莱便开始与他探讨哲学问题。普法战争结束前，布特鲁一直在海德堡大学学习，由于对德国哲学感兴趣，便转而开始研究人文学和科学。布特鲁充满创造力、满腔热情、信奉宗教，在海德堡大学受到了康德主义哲学①的影响，他认为科学领域大多源自思维，而非"与生俱来"。庞加莱又通过布特鲁结识了其他哲学家，其中就包括具有哲学思维的数学家朱尔斯·唐内里（Jules Tannery），他是一名热情洋溢的共和党人。尽管这个团体的成员并不都像布特鲁那样具有虔诚的宗教信仰，但他们都在努力寻找一种平衡，既不仅仅把科学看作简单的观察，也不仅仅将其视为心智的创造。庞加莱似乎也认同了这种观点，多年来，他也认为科学是归纳和演绎的组合。正如庞加莱在 1877 年左右写给艾琳的一封信中所说，观察法和归纳法应该被"保留"。他还说："你肯定会说，我们通过归纳法获得的知识本质上与通过观察法获得的知识毫无差别，但前者不能说明实质，只能说明现象，甚至只是表面现象，或我们如何看待现象。"庞加莱告诉他的妹妹，单靠经验永远不足以证明知识的普遍性。"那

---

① 康德主义哲学包含了研究康德所关心的人类知识的性质和界限，以期把哲学提升至科学层次的各种哲学。——编者注

你想让我怎么做呢？拿走属于我们的东西，而对于其他东西，随便吧，尽管它们属于我们，但犹如一纸空文罢了。"[11]

庞加莱在理工大学的另一位同学——哲人科学家奥古斯特·卡利农（Auguste Calinon），对"不属于我们"的知识也同样持谨慎的态度。1885年，卡利农发表了一篇关于力学和几何学基础的论文。他似乎和庞加莱关系很好；1886年8月，二人初次见面时，卡利农带着一份自己刚刚发表的有关力学批判性研究的论文副本。文章开篇，卡利农就直接对空间和时间的绝对性做出了警示说明：

> 在数学和哲学领域，很多创作者都接受将绝对运动的概念作为首要原则。这一观点一直饱受争议。值得注意的是，从理性力学的观点来看，这个问题无足轻重；孤立地考虑一个点的运动，是一个纯粹的形而上学的范畴，因为即使我们允许想象这种运动，也无法证实并确定它的几何条件，例如轨迹的形状。[12]

由于绝对运动难以实现，卡利农只谈到了相对运动。他指出，实现同时性必须满足以下条件：只有当一个人"同时"看到两个在特定位置上移动的恒星物体时，才可以说这两个恒星物体"同时存在"。对卡利农而言，人类对这些事件的记录非常重要，因此，他希望考虑到大脑记录这些感觉所需的时间："时间的概念是人类大脑的运作方式所固有的，除对我们人脑的思维有意义外，它毫无意义可言。"[13] 这无疑是康德主义的观点，但与德语世界中的主流观点相比，这种观点与心理学或心理生理学的联系更加密切。显然对于卡利农的看法，庞加莱几乎是立马回信，逐条逐项地做了详细解答。虽然这封信找不到了，但卡利农的回信保存了下来。从信中我们可以清楚地看出，庞加莱的第一条评论就谈到了"同时"的概念。看来，庞加莱似乎同意这一观点："我们仅凭自身的感觉来判断同时性或连续性。"[14]

庞加莱的余生都在研究哲学思辨的问题，譬如科学知识的极限、观察力所受的限制以及心智在创造科学中必须发挥的积极作用等，但他并没有因这些形而上学的思考而中断数学研究或采矿工作。1878 年，他还发表了一篇数学论文。1879 年 3 月，庞加莱从矿业学院获得了普通工程师学位，4 月 3 日，他抵达维苏尔开始了新的工作。第二天他就开始巡查矿坑，这项任务持续了数月之久。1879 年 6 月 4 日，他报告说，圣查尔斯的矿坑几乎都枯竭了，"这里的矿脉不仅品质差，而且没有规律"。9 月 25 日，他到达了圣波林，主要检查了矿坑曝气、清除气体和水源的情况，因为这些是矿业学院一直强调的工程任务。一个月后，也就是 10 月 27 日，庞加莱抵达了圣约瑟夫矿坑，对熔炼厂进行巡查。1879 年 11 月 29 日，庞加莱来到了矿坑巡查的最后一站。

在持续数月的巡查过程中，庞加莱曾在马格尼停留过，但这不是例行公事。1879 年 8 月 31 日下午 6 点，22 名矿工下矿进行倒班作业。大约在 9 月 1 日的凌晨 3 点 45 分，矿井发生了爆炸，矿灯瞬间被炸毁，有两名矿工感到了剧烈摇晃，两名矿工掉进了水坑里。幸运的是，水坑被一块不到 5 英尺长的木板盖住了。这 4 名幸存者摇摇晃晃地爬到了地面上。工头朱伊夫刚下班，正好走到矿井附近，他立即带领工人回到矿井里，在那里，他们发现了一堆没有着火的衣服，但好像在冒烟。朱伊夫径直走过去，扑灭了暗火，避免了木质挡土墙、煤炭的燃烧，也就阻止了可能再次发生的灾难性的瓦斯爆炸。在人们悲怆的哭声中，他们找到了 16 岁的尤金·让罗伊（Eugene Jeanroy），但他在第二天因伤重不治而死亡。搜救小组在搜索中发现的其他矿工都被烧死了，其中有些人已经面目全非。

虽然矿井可能再次发生爆炸，但庞加莱闻讯后立即赶到了事故现场，当时搜救小组正在进行救援。身兼采矿工程师一职，调查矿难起因就是庞加莱的职责。为了确定起火爆炸的源头，他首先从灯具开始检查。这些"安全灯"是汉弗莱·戴维（Humphrey Davy）在 1815 年设计的，照明火焰的周围用密织金属丝网缠绕着，透光透气又可防止火焰外溅。矿井里到处都是甲烷，无论是哪一盏灯破裂，都会导致灾难发生。414 号矿灯和 417 号矿灯分别是维克多·菲利克斯（Victor Felix）和埃米尔·杜西（Emile Doucey）使用的，但在矿坑里没有找到。18 号矿灯因矿井坍塌被毁，它的金属丝网和玻璃已经找不到了，灯架变形、破裂，顶部完全与灯座脱离。庞加莱在调查报告中特别提到了476号矿灯：灯身上没有了玻璃，但有两处裂痕，第一处裂痕又长又宽，似乎因内部压力而形成的，第二处裂痕呈长方形，显然是由外部压力造成的。事实上，矿工们都说第二处裂痕很像是用矿工常用的鹤嘴锄敲出来的小洞。这盏灯属于33岁的矿工奥古斯特·佩托特（Auguste Pautot），但不是在他的尸体旁边发现的。相反，庞加莱注意到，476号矿灯挂在木头支架上，离地面几英寸①的地方，就在矿工埃米尔·佩罗兹（Emile Perroz）的尸体附近。庞加莱和救援人员在别的地方发现了佩罗兹的灯，他的矿灯完好无损。

在整篇报告中，庞加莱用较强烈的个人口吻讲述了矿难的情况，他的语气并没有因为多年从事调查工作而变得冷漠无情。他建议那位工头应该因为自己的勇敢而得到奖赏，并总结了此次事故的伤亡情况。他在报告的医疗部分的结尾处，悲伤地补充说，遇难矿工们如果当场死于爆炸，反而不会遭受长期的痛苦。在报告的最后，庞加莱不仅列出了受害者的名字，还列出了他们留下的9名妇女和35名幼儿。他说道："即使公司慷慨解囊，或许也无法减轻受害者家属因此所遭受的痛苦。"[15]

庞加莱分析了事故发生的原因，提出了假设和反假设，并逐一寻找证据。例如，他认为，爆炸发生后，通常处于空气源上游的矿工容易被烧伤，下游的矿工容易窒息而死。在马格尼发生的矿难中，受害者无一例外地都被烧伤了，据此可以断定爆炸是从最后一名矿工杜西所在的位置开始的。坍塌情况也表明，这一推断似乎合乎逻辑，气体爆炸发生在半月形竖井的位置（见图2-1）。这种假设看似合理，但还存在着另外一种假设，同样也能合理解释此次事故的原因。在这一假设中，庞加莱考虑了爆炸发生在挂着476号矿灯的木头支架附近的可能性：

目前，有两种假设都合乎逻辑：一种假设是爆炸发生在半月形竖

---

① 1英寸约等于2.54厘米。——编者注

井的位置；另一种假设是爆炸发生在电梯顶部。如果找不到矿工杜西用的灯，就不能直接证明它是气体的最初着火点。在结合了不同的考量因素后，事故很可能主要发生在矿工佩罗兹所在的位置。[16]

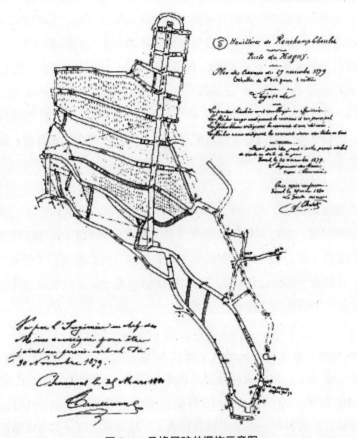

图 2-1 马格尼矿井爆炸示意图

注：庞加莱在担任采矿安全工程师期间，绘制了这张示意图，用来追踪马格尼矿井内的空气流动情况。经过调查，他得出结论，1879 年 8 月 31 日发生的那场灾难是由于一名矿工无意中刺破了"安全灯"导致爆炸的，而不是半月形竖井发生爆炸所致。

资料来源：ROY AND DUGAS, *"HENRI POINCARÉ"* (1954), P.13.

佩罗兹是煤炭装卸工，不需要挖煤，所以他没有锄头。庞加莱据此推断一定是矿工佩托特一不小心用锄头刺破了灯身，然后无意中拿错了佩罗兹的矿灯。

佩托特打开矿灯开关的瞬间，476 号灯因灯身破裂，点燃了大气中的甲烷，引发了火灾，后因气体未完全燃烧，在空气流动的主要区域引发了二次爆炸。

庞加莱通过调查一步步地推理，逐个排除了其他可能的气体来源，其中有些气体不是因空气流动产生的，又因为其他煤脉年代久远，无法除去瓦斯。他补充说，这一论点的关键是，来自远处的气体源会上升到隧道的顶部，因此不会与挂在低处的 476 号矿灯接触。医务人员说，气体排放缓慢，造成了佩罗兹窒息而亡，要不然他也不会站着死去。对此，庞加莱却持不同看法。他认为，气体一定是突然进入矿井的，由于 476 号矿灯与一个天然气通风口仅一步之遥，所以气体可能从这里进入矿井。当瓦斯击中破裂的矿灯后，矿工们惨遭灭顶之灾。[17]

庞加莱为此调查了几个月。1879 年 11 月 29 日，他回到矿井，继续研究气体力学的问题，进行试验，测量气流量，测定竖井中不同位置的相对气压。1879 年 12 月 1 日，他在维苏尔提交了报告。同一天，他接到了公共教育部[①]的通知，让他去卡昂担任科学学院的初级讲师。无论从事数学还是其他领域的研究，庞加莱对采矿的兴趣始终不减。

1879 年底，他希望在从事数学研究工作的同时，仍然继续从事采矿工程师的工作。事实上，他从未离开过法国矿业集团：1893 年，他被任命为矿业集团的总工程师，1910 年 6 月 16 日被任命为总检察长。就在 1912 年去世前，他还和几个同事在一本书中联合发表了一篇文章，题目为《雷斯矿》(Les Mines)，指出要将文化与科学技术相结合运用。文章的开头是一张小照片，照片上是矿工戴维用过的矿灯，没有文字解释，但对庞加莱来说，这张照片无疑标志着 33 年前发生在马格尼矿井的那场爆炸事故。庞加莱在文章后半部分写道："一个火花，就足以点燃……哎，那场事故让人不寒而栗，不堪回首。"[18]

---

① 1828 年法国设立了公共教育部，负责制定和实施公共教育和国民教育领域的政策，1932 年起改称"国民教育部"至今。——编者注

混沌时期的探索

庞加莱一边绘制矿灯、升降机和矿井通风机等矿用机械的图纸，改进其机械性能，一边苦苦思索既是数学问题又是物理问题的难题。这些问题汇聚成天体力学领域的重要难题：三体问题。关于单个物体的运动，牛顿提出运动中的物体趋向于保持运动状态，这也解释了为什么两个物体因牛顿引力而发生相互吸引。简单来说，假设行星只被太阳吸引，而不是与太阳相互吸引，那么牛顿和他的后继者就可以轻松地计算这些天体绕太阳的精确轨迹。但如果一个系统由 3 个或 3 个以上相互吸引的物体组成，如太阳、月亮和地球组成的系统，那么计算难度就会增加。要解决这一问题，必须通过 18 个相互关联的方程进行计算。如果使用 x、y 和 z 3 个轴进行空间测量，那么就需要得出每个天体在每一时刻的 x、y 和 z 位置，这就形成了 9 个方程式，以及表示每个天体在每个方向上的动量的另外 9 个方程式，只有这样才能完整地描述天体的运动轨迹。通过选择合适的坐标，这 18 个方程式可以简化为 12 个。

对于 19 世纪中叶的很多数学家来说，他们的学科朝着日趋严格的趋势发展，数学家不但需要给出精确的定义，就连最微小的疑问也需要提供证据进行说明。理工大学开设课程的初衷并不是为了追求这种无懈可击的逻辑证明，这也从来不是庞加莱所关心的重点。他并不执着于寻找更好的方程解法，尽管在天文学中，采用更精确的方法可以提高对行星位置预测的准确性。星历图表是用来记录天体之间相对位置的图表，对航海家非常有用。像庞加莱这样的综合理工人，毕生追求的或许就是找到这些既有科学意义又有实际应用价值的数字。但是继续按照通常的做法会遇到问题：庞加莱发现，通常用于寻找星历的近似方法在预测行星位置时会导致严重的错误。他从来没有执着于追求纯粹数学家的严苛作风，而且他明白，应用天文学家一直在数值计算方法上循规蹈矩，但这往往徒劳无果。颠覆性的新方法才是他真正需要的。

庞加莱通过图表提出了天体力学的新观点，而他的关注点在于微分方程的定性特征。微分方程显示了一个系统，例如点、行星或水，从一个瞬间到与它间隔无限小的另一个瞬间是如何发生变化的。本质上，这个问题对于行星位置的预测没有多大帮助，也就是说，即使知道了一颗行星在某一时刻会在什么位置，对航海家来说也毫无意义。要确保预测结果在较长的时间内有效，天文学家必须综合考虑很多微小的变化，计算出预测值，例如预测明年6月火星的所在位置。对于很多力学家来说，这个问题的解决方法等于做累加，也就是用积分的方法，并以简单、可识别的形式呈现最终的结果。但这不是庞加莱想要的。

大概从庞加莱离开矿坑的那一刻起，他就开始以自己的方式破解微分方程了。他的研究重点不是顺流而下的一滴水，而是水面上所有水滴的流动模式，然后基于普遍的流动模式，得出整个系统的特征。例如，形成了多少个旋涡，2个、6个，还是没有旋涡？但是，这种方法不能提供巧妙的公式来计算下游某个具体位置的水滴的速度，而且也不能提供新的数值计算方案来粗略估计明年4月12日火星会在的位置。相反，庞加莱却想要找到一幅可以体现方程的特征及其所代表的物理系统的图像。那么小行星或行星会在什么条件下飞向太空、冲向太阳系？当然，这项抽象而具体的研究属于数学领域。庞加莱希望首先确定曲线及其定性行为，然后再确定详细的公式、预测数值或明确严谨程度。[19]

庞加莱依据丰富的直观几何方法进行推理，而不是在冷冰冰的代数边缘摸索。作为一名资深的综合理工人，他有了比以前更高的学术修养，重拾数学研究的雄心壮志。他没有选择欧拉、拉普拉斯或拉格朗日的抽象公式。毕竟，拉格朗日不相信几何学，还曾发誓自己在分析力学方面取得的伟大成就将完全依靠代数，绝不会依赖几何构造；在拉格朗日的作品中，绝不会出现任何一种力学类比方法，也不会出现任何图表。

与之相反，庞加莱精确地使用几何学方法并结合力学类比的方法进行研究。早在1881年，在关注与三体问题有关的微分方程时，他就强调要采用定性、直觉的方法：

难道人们没有问过，是否有一个物体会永远停留在天空的某个区域里，又或者它是否会离我们越来越遥远？在无限的未来，两个物体之间的距离会增加还是减少，或者永远保持在一定的界限之内？难道人们没有上千个类似的问题吗？而一旦人们知道如何通过定性的方式描述三个物体运动的轨迹，这些问题就会迎刃而解了。[20]

在直观几何和物理的交叉领域中，庞加莱反复思考这些问题，就如同他在整个职业生涯中始终关注微分方程的数学原理和三体问题的物理学研究一样。正如庞加莱在 1885 年发表的一篇重要的数学专著中所说，人们只是"没有搞明白这篇学术论文的部分内容，文中讨论的各种问题和太阳系的稳定性这一伟大的天文学问题存在着相似之处，但这些内容并没有打动读者"。[21] 力学与机器，始终相伴相生。这正是出厂印记。

为了理解微分方程，庞加莱努力推进他的定性研究计划，他的成功受到了世界顶尖数学家的青睐。1885 年年中，《自然》（*Nature*）杂志刊登了一则数学竞赛公告。当时的瑞典国王奥斯卡二世为庆祝自己的 60 岁大寿，举办了这场数学竞赛，庞加莱是其中一名有力的竞争者。著名数学家、《数学学报》（*Acta Mathematica*）的主编哥斯塔·米塔格-列夫勒（Gosta Mittag-Leffler）负责召集评审委员会。他先邀请了庞加莱在理工大学时的老师查尔斯·埃尔米特（Charles Hermite），然后请来了德国的数学家卡尔·魏尔施特拉斯（Karl Weierstrass）。魏尔施特拉斯是埃尔米特当年的导师，他受人敬重，毕生致力于数学研究，始终秉承逻辑严谨的态度。米塔格-列夫勒本人与庞加莱的关系很好。参赛作品必须在 1888 年 6 月 1 日前提交，其中的第一个问题就与三体问题有关。[22]

在奖项公布之前，庞加莱当选为法兰西科学院院士。这是一项具有标志性的荣誉。这意味着，在 1887 年 1 月 31 日，32 岁的庞加莱已经是法国科学精英中的一员。成为法兰西科学院院士后，庞加莱经常被邀请在各种行政部门担任职务，从经度局到法律、军事和科学领域的部际委员会均有涉及。他轻松地适应了自己新的公共角色，并开始为更广泛的读者群体写作。他为报纸、期刊和科学综述类书籍写了近 100 篇非技术文章，但在加入科学院之前，他写的文章屈指可数。

　　在整个职业生涯中，庞加莱一直推崇视觉的、直观的方法。最初，他使用非欧几何 ① 来解决问题，而经过 10 年来对微分方程的研究，他总结形成了视觉（拓扑）技术。他参加了这次竞赛，并在论文中写下了 "繁星无法超越" 这句含义深远的格言。从技术上讲，庞加莱一直想确定由于行星之间相互吸引而产生的运动的界限，以此重新确认太阳系的稳定性。在数学以外的其他领域，庞加莱的格言反映了他坚信周围世界在本质上的基本稳定。尽管其他几篇参赛论文也非常优秀，但庞加莱还是轻松赢得了竞赛。庞加莱的论文不但得出了结果，而且还提出了一系列的新方法，将他的成就推到了数学领域的巅峰。一切似乎都在朝着正确的方向发展。

　　在提交了获奖论文之后，或许因为想到了自己以视觉为导向的定性研究在揭示太阳系稳定性方面所起的作用，庞加莱反过来审视逻辑和直觉在数学和教育学中的作用。他说，当代数学家翻阅了旧的数学书籍，发现工作中不时有不够严谨的失误。诸如点、线、面、空间等很多古老的概念，现在看起来似乎不合理，而且模棱两可。前辈提供的证据，好像都无力支撑自身的论点，说服力不够。庞加莱承认，数学家现在知道有一大堆奇怪的函数，这些函数 "似乎努力地将自身与具有某种使用目的的诚实函数区分开来"，可是，他们的前辈对此一无所知。这些新函数可能是连续的，但构造方式非常奇特，人们甚至无法给函数的斜率下定义。庞加莱哀叹道，更糟糕的是，这些奇怪的函数好像还占大多数呢。简单的规律似乎只是特殊情况罢了。曾经有一段时间，人们为了满足实际的目标发明了新函数，而现在我们当代的数学家却想借此来证明前辈推

---

① 非欧几何是非欧几里得几何的简称，指不同于欧几里得几何的几何体系，一般指罗巴切夫斯基几何和黎曼的椭圆几何。非欧几何与欧氏几何的主要区别在于公理体系中采用了不同的平行定理。——编者注

断有误。如果我们要遵循严格的逻辑路线，那么初学者从接触数学之初就要熟悉由怪异的新函数组成的"畸形学博物馆"。

但庞加莱并不建议读者这样做，无论是学生还是纯粹的数学家，都不应走上这条"畸形之路"。他认为，数学教育要培养的心智能力中，直觉应该是最重要的。无论逻辑有多么重要，正是通过直觉，"数学世界与现实世界才能联系起来，尽管在纯数学领域中，直觉并非不可或缺，但要想弥合符号与现实之间的天堑，那么就不能忽视直觉的作用"。实践者时时刻刻都需要直觉，而每位纯粹的几何学家，所研究的课程何止上百个。即使是纯粹的数学家，他们也离不开直觉。逻辑是论证和批评的来源，而直觉是创造新定理、新数学的关键。庞加莱坦言，一个没有直觉的数学家就像一个困在语法牢房里的作家，除了语法什么也不会。因此，他明确提到了当时他教书的理工大学，他认为教学应该强调直觉，要摒弃那些只顾形式的、与直觉脱离的函数，因为这些函数只会让人们对前辈留下的数学遗产感到困惑。[23]

当庞加莱的获奖论文即将发表时，这种对数学直觉的恳切呼吁已见诸报端。但是在 1889 年 7 月，当时 26 岁的瑞典数学家爱德华·弗拉格曼（Edvard Phragmen）在米塔格 - 列夫勒主编的《数学学报》担任编辑。他注意到庞加莱关于三体问题的证明存在问题。他把问题告诉了米塔格 - 列夫勒，米塔格 - 列夫勒又在 7 月 16 日转告庞加莱。米塔格 - 列夫勒说，除非"有人能让问题顷刻间凭空消失"，否则别无他法。[24]庞加莱很快明白，这个错误很严重，因为它既不是印刷错误，也不是简单的空白，不可能通过寥寥几行更详细的数学运算就能纠正。[25]庞加莱的工作出了很大的问题，不仅关乎这个奖项，他的声誉以及杂志和评委的声誉也都因此岌岌可危。庞加莱必须弄清楚，到底是出了什么问题。

问题是这样的。在研究微分方程时，庞加莱曾考虑过三种天体：太阳、木星以及沿着木星和太阳周围的轨道系统飞驰的一颗小行星。小行星的轨道会表现出什么样的特性呢？一种可能出现的简单情况就是，小行星每次都回到同一个位置，并且以相同的速度运动，即进行简单的圆周运动。为了以非常简单的方式来表示小行星的重复轨道，庞加莱提出了一个惊人的想法：不考虑轨道本身。相反，他意识到可以在小行星每次出现时检查其所在位置，由此他绘制了频闪图像，该图像后来被称为"庞加莱映射"（Poincaré map）。确切地说，他的映射图反映了小行星每次运动的动量和位置。我们可以把映射图看作一张巨大的纸，这张纸比任何行星都大，在垂直于小行星运动的空间里展开，以此来呈现庞加莱的想法。每次小行星返回时，就在这张宇宙的纸片上打一个孔 F。在简单的周期轨道上，小行星会穿过这张纸片，然后不断地穿过同一个孔，周而复始，直到永远。这个孔称为不动点。更通俗地说，庞加莱是想研究小行星穿过二维纸片的模式，而不是它在太空中的整个轨道。

但如果小行星轨道的起始位置不同，起始速度也不同，那么它的运动方式就不会如此简单、重复。例如，假设另一颗相同的小行星在靠近 F 孔的位置穿过纸片，而没有通过 F 孔。其中一种可能是，小行星一圈一圈地穿过纸片，在 F 孔附近钻出一连串的孔，无限往复，直至最终穿过 F 孔。假设曲线 S 穿过这一连串的孔。如果一颗小行星从曲线 S 上的任何位置开始运动，即它的穿孔起始位置为曲线上的任意位置，并逐渐趋向于每次都穿过 F 孔的轨道（见图 2-2 中的映射图 1），那么曲线 S 就被称为稳定曲线。相反，如果在很久以前，一颗小行星穿过了 F 孔，之后便逐渐沿着曲线 U，向远离 F 孔的方向运动（见映射图 2），那么曲线 U 被称为不稳定曲线。

庞加莱在获奖论文中提出，如果一颗小行星的穿孔位置都远离 F 孔这个不动点，那么最终这些孔就会朝着另一个不动点运动。他本来希望通过该结论描述一个有序且有界的世界，这个世界完全契合他的格言"繁星无法超越"。受到弗拉格曼的挑战，庞加莱对自己的观点进行了更深入的研究。1889 年秋，在仔细剖析行星稳定性的观点之后，他的信心开始动摇了。与此同时，获奖论文即将发表。

1889 年 12 月 1 日，星期日，庞加莱向米塔格 - 列夫勒坦言：

　　我必须承认，这一发现让我痛苦不堪。首先，我不知道，周期解、渐近解以及我对先前方法的批评是否依然值得你们给予我这项大奖。

　　其次，我必须重新进行分析，不知道这篇论文是否已经印刷发行了。我已经给弗拉格曼发了电报。无论如何，我忠诚的朋友，我只能向你倾诉苦楚。如有进一步的消息，我再给你写信。[26]

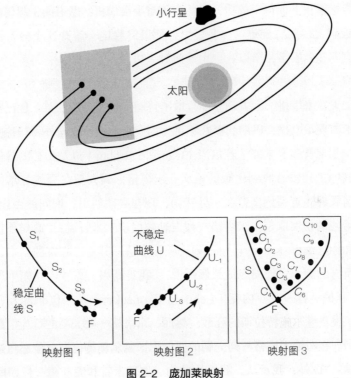

图 2-2　庞加莱映射

注：庞加莱的频闪图追踪了小行星在一张纸片上间歇穿孔的情况，这一方法类似于制图表示法，通常被称为 "庞加莱映射图"，根据特征不同，通常分别被称为 "岛屿"、"海峡" 和 "山谷"。映射图 1 描绘了稳定曲线 S，连续的穿孔沿着该轴向不动点 F 聚集；映射图 2 显示了不稳定曲线 U，连续的穿孔逐渐远离 F 孔；映射图 3 描绘了一个不稳定曲线和稳定曲线在 F 孔交叉的情况。在最后一种情况下，穿孔 C_0 位于稳定曲线 S 附近，后续的穿孔先是渐渐朝向 F 孔运动，同时位于离曲线 S 不远的位置，然后朝着远离 F 孔的方向运动，同时位于不稳定曲线 U 的附近。

12 月 4 日，星期三，米塔格－列夫勒写信给庞加莱，说庞加莱对情况的评估让他感到"极其困惑"。他写道："无论在何种情况下，几何学家大多都会把你的那篇获奖论文视为天才之作，因为它将是未来天体力学发展的新起点，我并未对此产生疑问。因此，不要认为我对这个奖项大失所望。但最糟糕的是，信来得太晚了，论文已经印好并邮寄出去了。"他继续写道："关于你发现的问题，即无法证明预期的稳定性实际上在任何情况下都存在，请根据你与弗拉格曼的通信内容，回信详细解释，并连同修订后的手稿一同邮寄给我。"他还补充说，大学里有一个职位空缺，自己愿意推荐弗拉格曼入职。"可想而知，随着《数学学报》取得了成功，我的竞争对手会借机制造丑闻，尽管我和你都会遭受误解，但别感到难堪。我坚信，你最终肯定会解开这个异常困难的谜团，找到问题的答案，所以我会坦然面对一切。"[27]

第二天，米塔格－列夫勒立即采取了行动。他告诉庞加莱，他已经分别给柏林和巴黎发了电报，以期刊存在不足为由要求他们不要向外发行论文，除了巴黎的埃尔米特和卡米耶·若尔当（Camille Jordan）以及柏林的魏尔施特拉斯外，其他人还没有收到出版的论文。米塔格－列夫勒在写给若尔当的信中说，之前没有注意到论文存在一处错误，现在必须纠正，询问能否让"管家"把邮寄给他的论文取走。米塔格－列夫勒敦促埃尔米特说："请对外保密，我明天会和你详细解释。"米塔格－列夫勒逐个追踪其他已邮寄的副本，希望可以找到所有的副本。他向庞加莱倾诉说："我很高兴，克罗内克先生没有收到副本。"利奥波德·克罗内克（Leopold Kronecker）是一位非常著名的德国数学家，也是魏尔施特拉斯的死敌。然而，米塔格－列夫勒的行为引起了同事们的不满。在写给米塔格－列夫勒的回信中，魏尔施特拉斯对他那巧妙的言辞感到不满："此外，我承认，我无法像你、埃尔米特和庞加莱一样如此轻率地对待此事。"魏尔施特拉斯言辞犀利地指出，在他的国家德国，获奖论文按评审的形式出版发行是不言而喻的。魏尔施特拉斯还补充说，稳定性问题并不是庞加莱论文的次要问题；相反，正如魏尔施特拉斯在一篇本应作为庞加莱文章引言的报告中所指出的，它是核心问题。魏尔施特拉斯问道，到底庞加莱的论文中还保留着哪些积极、合理的内容呢？[28]

庞加莱重写了论文，保留了部分内容，或者更确切地说，他增加了新的内容来弥补之前的不足之处，但这些内容完全超出了小行星的可能运动范围，连他自己或其他人都未曾想到过。不是稳定性，而是混沌，才是新宇宙的统治者。事情就是这样的。庞加莱设想，稳定曲线和不稳定曲线在不动点 F 处相交。这不难想象。请想象有一个马鞍，一个弹珠从马鞍上沿着马脊椎的方向直接落下，弹珠会在下降的过程中来回摆动，直到它落到马鞍的中间，它停留的位置就是不动点。但如果弹珠被用力向左或向右推，它就会从马鞍上掉下来，无法返回，这就是不稳定曲线。以小行星为例，假设它从稳定曲线附近开始运动，而起始点没有在稳定曲线上，那么它会逐渐向 F 点移动，直到非常接近 F 点，而此时小行星的位置在不稳定曲线的摇摆范围内，并在不稳定曲线的影响下开始偏离 F 点。如图 2-2 中映射图 3 所示，小行星形成了一系列的穿孔，即 C_0、C_1、C_2……到目前为止，庞加莱还没有遇到任何问题。[29]

然而，假设稳定曲线和不稳定曲线的交叉点在其他位置，如 H 点，庞加莱称之为同宿点（homoclinic point）。假定 H 点既是稳定曲线 S 上的一点，驱动小行星向 F 点运动，并产生穿孔，又是不稳定曲线 U 上的一点，因此，小行星从 F 点附近开始运动，先慢后快，在 U 点到 H 点之间依次朝着 F 点的反向产生后续连续的穿孔。现在，假设一颗小行星飞过 H 点，由于这颗小行星必须在稳定曲线 S 上运动，所以在后续会穿过位置 H_1、H_2、H_3 等，沿着稳定曲线 S 向 F 点运动。然而，由于不稳定曲线上的任何一点始终位于不稳定曲线 U 上，H 点也在 U 上，所以经过 H 点的所有后续穿孔也必须在不稳定曲线 U 上，导致 U 不断延长，从而使小行星一定会穿过我们刚刚设定的经过 H 点的每一个后续穿孔位置。图 2-3（a）显示了可能出现的一种运动方式。

再以另一颗不同的小行星为例。小行星在 H 点附近，位于不稳定曲线 U 上，如图 2-3（b）所示。因为 H 点位于 S 上，小行星 C 在 S 附近开始向 F 点运动，如图 2-3（a）所示。同时，由于小行星 C 是从曲线 U 开始运动的，随着 U 的延长，穿孔位置 C、C_1、C_2、C_3 等一定位于曲线 U 上。因此，小行星在位置 C、C_1、C_2 都会向 F 点运动，但最终，当小行星的位置越来越接近

F 点时，就会开始沿着不稳定曲线 U 后退，如图 2-2 中映射图 3 所示。由于 U 在 H 点与 S 相交，所以小行星在沿着 U 后退的过程中也将最终与 S 相交，标记为 C_6。小行星沿着 U 在 H_3 点与 S 相交，随后快速运动至 C_4 点发生碰撞，然后沿着 U 必须再次返回到 F 点，在 H_4 点与 S 相交。请注意：由于延长的不稳定曲线 U 在 C_6 点来回与 S 相交，产生两个新的同宿点，即图 2-3（b）中标记为 X 的两个点，映射过程变得更加复杂。

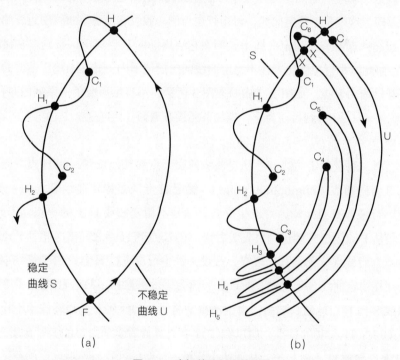

(a)   (b)

图 2-3　庞加莱映射中的混沌

注：当稳定曲线和不稳定曲线相交时，运动轨迹也随之变得复杂。事实上，庞加莱在第一次提交论文时没有解决的问题，正是因为存在两曲线相交的可能性而引发的混沌。庞加莱在论文中指出，这种可能性导致极其复杂的不稳定曲线的延长，即从图（a）的轨迹开始，然后形成图（b）更加复杂的轨迹。甚至可以说，图（a）只是复杂轨迹的初始状态，行星的运动轨迹会随着曲线 S 和曲线 U 之间新的同宿点的出现而越来越复杂，新同宿点标记为 X。所以，让庞加莱感到绝望的是，如何画出"格栅结构"来完整地展示行星的运动轨迹，现在想想确实可以理解。

由于问题很复杂，因此不稳定曲线以及在不稳定曲线上或附近的小行星将在庞加莱映射上无规则运动，完全没有边界，其运动轨迹异常复杂，连庞加莱自己都证明这是无法描绘的。最终，他将这篇获奖论文收录在《天体力学新方法》（ New Methods of Celestial Mechanics ）[①] 中。在这本巨著中，他努力描述了自己所得出的图形：

> 当我们试图表示这两条曲线及其无穷多个交叉点所形成的图形时，每一个交叉点对应一个双渐近解，这些交叉点形成一种有无穷细网眼的格子结构、组织或网格。这两条曲线都不能再与自身相交，而是以非常复杂的方式向后弯曲，无限次地穿过网格中的网眼。

"我甚至都不想把它画出来，"他补充说，"但有了它，我们便能研究三体问题的复杂性本质，没有比它更适合的概念了。"[30]

在这篇让人头疼的获奖论文发表 100 年后，庞加莱对混沌的探索风靡一时，被誉为新科学的曙光，是经典科学简单预测领域的革命性进步。20 世纪后期，一些物理学家、哲学家和文化理论家将复杂性科学誉为"后现代物理学"的一种形式，复杂性科学后来被称为复杂学。而人们利用强大的计算机绘制出了精密的庞加莱映射图，对于 100 年前的庞加莱来说，这是完全不可能做到的。其中，有些映射揭示了新的物理现象，有些成了艺术展品。[31] 然而，庞加莱在 1890 年并没有提出科学本质的革命性观点。面对可能会对奖项产生严重丑闻的风险，庞加莱填补了论点中的漏洞，并在探索新动力学的过程中，无意间发现了他未曾预料的情况——宇宙稳定性的问题。

庞加莱并没有大张旗鼓地激进表态，而是表明，尽管这种混乱的轨道数量可能是无限的，但小行星处于不稳定状态的可能性与其轨道处于稳定状态的可

[①] 这部不朽的巨著开创了天体力学的新局面，直到现在仍对天体力学、非线性物理、动力系统理论和微分方程领域有着极其深远的影响。——译者注

能性相比，是微不足道的。庞加莱否定了绝对稳定性，只能探究稳定性的概率。两年后，他完成了论文的修改，并在修改后的论文中写道："人们会说，不稳定的轨道是个例，而稳定的轨道才是常规。"他没有大肆宣扬要摒弃稳定性的概念，而是强调了新的定性方法在探索经典天体动力学方面的作用："天体力学的真正目的不是计算星历表，我们要确定是否所有现象都能通过牛顿定律来解释，而不是满足我们短期的预测之需。"[32] 庞加莱认为，要真正验证牛顿物理学，需要深入探究其定性特征。庞加莱写道："从确定牛顿定律的充分性的角度来看，我刚才谈到的隐含关系与明确的公式一样有效。"[33] 对庞加莱而言，重要的是事物的基本、潜在关系，而不是天文学家忙着计算到小数点后多少位的公式和位置。

以科学的方式进行"自由选择"

庞加莱的关注点是结构而非事物，这与他使用的非欧几何惊人地相似。对于庞加莱同时代的很多人来说，在整个 19 世纪，非欧几何的研究探索是引人注目的成就。几个世纪以来，欧几里得几何，简称欧氏几何，实际上定义了从确定的起点到必然的结论的推理。自 18 世纪以来，读过康德著作的哲学家们都把欧氏几何奉为思想结构的组成部分。有些科学家和哲学家认为，非欧几何从根本上改变了知识的定义，标志着充满希望的、与直觉完全割裂的现代性；其他人则担心会因此完全失去确定性。庞加莱的立场更加务实。一方面，他在 1891 年时曾强调，如果人们无须运用任何经验就可以获得欧几里得公理，那我们就不可能如此轻而易举地想出其他公理。另一方面，欧氏几何的公理不可能仅仅是实验结果，不然的话，我们就要不断地修改实验结果。由于现实世界中没有完全刚性的物体可供我们构建绝对的直线，如果我们将欧氏几何视为绝对真理就会出现问题：例如，我们会发现三角形的 3 个角的角度之和没有精确到 180 度。庞加莱坚持认为，我们对几何体系的选择依据的是实验事实，但最终是可以自由选择的，这个选择取决于我们对简洁性的需求。

庞加莱的著述涉及领域广泛，其中有一篇文章讨论了几何的简洁性、便利性和假设。什么是假设？从哪种意义上来说假设可以成真？对庞加莱来说，几何只不过是一个群，即一组对象和一种具有某些性质的运算。运算的属性之一是可逆性。在加减运算中，整数集合 $\{\cdots -3, -2, -1, 0, 1, 2, 3 \cdots\}$ 具有这种性质；也就是说，一个数加一个整数，反过来可以通过减去该整数回到起始数。在其可能进行的运算中，群还应该具有同一性，即使在给定对象保持不变的情况下，加上零就可以了。而且，某个对象发生组合操作，它仍然在群组中：加 5 和加 8 后得出的结果与加 13 后得出的结果相同。通过探索世界，我们知道了哪些群是有用的，而群的概念本身就是我们的认知工具，庞加莱在他的哲学著作中也经常提及这一观点。我们人类特别感兴趣的一个群是空间中刚体的运动。庞加莱认为，我们之所以从很多方法中选择了普通的欧氏几何，是因为欧氏几何以群为基础，用这种简单的方式可以描述空间中的刚体运动群，相当于实体物体在现实世界中的运动。还有别的选择吗？当然有，庞加莱说："我们只是选择了最方便的欧氏几何。"这是否意味着其他几何是错误的？肯定不是。根据庞加莱的观点，人们不能把笛卡儿坐标系说成是正确的，而把极坐标系说成是错误的。在测量一个点的位置时，笛卡儿坐标系利用 x 轴和 y 轴来测量，极坐标系则用点和极点之间的距离和半径线的角度来测量。他还强调，人们可以自由选择不同的方法来理解和描述世界，但这些选择并非由某种完全外在的东西所决定的，而是取决于我们所追求的简洁性和便利性。"我不会再固执己见，因为这项工作的目标并不是探求正变得陈腐的真理。"[34]

事实上，庞加莱很注重所选的约定的作用，他认为，选择几何体系就像在法语和德语之间选择一样，也就是说，一个人可以选择某种语言或习语来表达同样的思想。想象一下，马鞍表面住着一群聪明的蚂蚁，它们把直线定义为两点之间的最短距离。蚂蚁数学家说："三角形的各角之和小于两个直角之和。"从人类的角度来看，我们会用与蚂蚁完全不同的"欧几里得"的方式描述相同的情况，而且相差甚远，因为我们会把蚂蚁的三角形视为有曲线边的图形。人类数学家可能会说："如果一个曲线三角形的各边都是与基本平面正交的圆弧，则该曲线三角形的各内角之和将小于两个直角之和。"这两句话描述的情况相同，但用的是不同的语言和语法，所以相互之间不存在矛盾。这种对应关系表明，与我们的普通几何体系相比，蚂蚁-鞍形几何体系并不矛盾；它们甚至可能是有用的：类似鞍形的"几何体系更容易得到具体的解释，不再是徒劳的逻辑练习，而是可以应用的体系"。这就是微妙之处：不同的几何体系只是以不同的方式呈现事物之间的关系，具体选择哪一种方式，关键要看这种方式是否方便。[35]

庞加莱始终围绕着这一主题，即找到可以改变的群体结构，同时选择了最方便的表现形式，进行数学、哲学和后续的物理学研究，而且取得了卓越的成就。但在自由选择的过程中，我们要始终谨记不动点和不变量，也就是那些世界上不会因我们做出不同的选择而发生改变的东西。

那么，在 1892 年，庞加莱取得了什么成就呢？作为法国数学界的后起之秀，他因为颠覆性地运用了非欧几何、研究新的微分方程定性方法以及发现二体问题新的解决方法而声名鹊起。在哲学、几何和动力学方面，他已经开始制定一项知识愿景，以便能同时实现两大目标。他不再强调细节，而是自由地选择不同的方式来阐述问题。一个坐标系的选择并不是自然赋予的，而是我们为了自己使用方便而选择的。同样，我们选择特定的近似方案来满足特定的目的，甚至我们所选择特定的几何也并不是绝对重要的。庞加莱认为，当欧氏几何有用时，那就选择欧氏几何；当非欧几何值得用时，就用非欧几何。在微分方程或它们所代表的物理系统中，选择变量的方法有很多。譬如，溪流向下流动而形成的流径，即使换一种描述方法，其基本的关系仍然保持不变，如水流中的旋涡、矢量结点、鞍点或缓和曲线端点。同理，当我们旋转坐标时，直线的长度保持不变。

庞加莱的研究内容可以概括为两个方面，即变量和非变量，它们一起出现，而且只能放在一起理解。多年来，他以不同的方式描述同一个问题：灵活地掌握知识，选择能够简化问题的方式，然后变换不同的方式找到始终不受影响的关系。这些固定不变的关系代表着恒久的知识。变量和非变量共同推动着科学的进步。

　　100 多年来，学者们竭力探究庞加莱约定论的本质。有些人有理有据地强调几何在庞加莱约定论中的作用。然而，庞加莱反复强调，非欧几何和欧氏几何都可以用于数学的陈述。有些学者仔细研究了早期几何代表人物的著作，譬如德国伟大的几何学家菲利克斯·克莱因（Felix Klein），他大力宣传不同类型的几何学。还有些人借助马里乌斯·索菲斯·李（Marius Sophus Lie）的观点，探究庞加莱关于几何学中自由选择理论的根源。毕竟，庞加莱将索菲斯·李视为数学前辈，而索菲斯·李非常清楚数学家做出的很多选择都具有任意性。例如，索菲斯·李说，笛卡儿通过平面上的一个点来确定变量 x 和 y，但在李看来，笛卡儿选择用一条线来表示 x 和 y，也"同样有效"，并基于该假设发展了几何学。此外，笛卡儿根据特定的坐标系定义了 x 和 y，分别表示某个点与 x 轴和 y 轴的距离。当然，也有一定的自由选择，"19 世纪几何学取得了进展，"索菲斯·李写道，"之所以成为可能，很大程度上是因为人们已经清楚地认识到这种双重任意性。"他认为，人们认识到总是有很多方法来表示数学概念，这推动了数学进步。选择特定的表现形式来表示数学概念，无论选择哪种几何，其核心问题都是"优势"和"便利"。一位学者充满说服力地论证过："庞加莱正是因为这一点才致力于研究几何思想，他认为我们对几何的选择是一种开放性的选择，只是为了方便而已。"[36] 毋庸置疑，庞加莱强调的几何自由选择，这种想法源自德国学者亥姆霍兹，他努力将事实意义从几何定义中分离出来，始终强调在确定空间概念的过程中，起到关键作用的是移动的刚性物体。或许，庞加莱关于数学约定论的观点也应该追溯到黎曼的无数种几何结构，或者就这一点而言，还应该追溯到庞加莱的老师查尔斯·埃尔米特的最新研究。[37]

　　由于巴黎综合理工大学秉承着强烈的不可知论的教学风格①，正是这种教学风格推动形成了这种自由选择的意识。庞加莱曾是科务的学生，而这位老师上课的突出特点是对任何特定理论都不会表示绝对的支持。不同的理论各有

---

① 这种教育方式被称为"教学传统主义"（conventionalism），它强调不对任何特定理论或信仰做出绝对承诺。——编者注

优、缺点，它们受到了实验中可验证结果的限制。对庞加莱来说，物理学的不变量可以提供客观知识，是不同实验之间的固定关系，尽管理论不断推陈出新，但固定关系始终保持不变。回顾一下前文提及的，理工大学在聘用教师时，为确保公正，也同样坚持了自由选择理论，即一些有代表性的科学家支持原子论，而有些则反对原子论。放弃对绝对理论的承诺也是庞加莱自己的课程特点。例如，在 1888 年、1890 年和 1899 年的电学和光学知识讲座中，他向学生们介绍了每个主要理论及其优、缺点，让学生们自己进行评判。这酝酿了约定论的萌芽。

最后，在与妹夫布特鲁的哲学圈子的交流中，庞加莱发现了哲学范畴的约定论概念。布特鲁是哲学家，而庞加莱自己是有哲学思想的学者，这两者之间的松散关系促使庞加莱在早期形成了一种对数学科学更具反思性的观点。原始的经验主义无法充分解释科学知识的普遍性和广度，而纯粹的理想主义把现实还原为精神生活，并不能解释思想与世界的一致性。所以，布特鲁等哲学家从德国正在进行的新康德主义运动中汲取了大量的思想资源，拒绝了唯心主义和经验主义这两个极端。他们认为科学与人文科学之间具有难解难分的关系，并认为这两个学科都是由心智的积极作用和对纯粹形而上学的怀疑构成的。在读过卡利农关于物理学的哲学基础的著作后，庞加莱选择了这条哲学的中间路线——探究同时性的问题。

每一个解析庞加莱的角度，无论是几何学、拓扑学、教育学还是哲学，都告诉我们，对他来说，以科学的方式进行"自由选择"才是有意义的。有趣的是，庞加莱大概从 1890 年开始经常用新的名字来称呼"自由选择"，就像在 1887 年时那样，他坚持认为，几何公理既非实验事实，亦非康德主义者所说的人脑的先验综合判断。1891 年，他提出了关于几何公理的新观点，简短地概括为一句话："它们是约定。"

> 欧氏几何是正确的吗？这个问题毫无意义。我们不妨问问：公制正确吗？旧的度量衡正确吗？是不是笛卡儿坐标系是正确的，而极坐

标系是错误的？一种几何不会比另一种几何更加正确，它只会更加方便。那么，欧氏几何现在是，而且将继续是最方便的几何公理。[38]

显然，在这段话中，几何公理被比作一种人们可以自由选择的语言中的术语，同时也表示数学家或物理学家始终有选择任意一种坐标系的自由。不同的是，无论选择欧氏几何公理还是非欧几何公理，庞加莱不仅把它看作不同群之间的选择，还看作任意系统之间的选择。例如，选择米和千克的任意系统还是英尺和磅的任意系统。

为了理解庞加莱如何使用"约定"一词，我们必须认识到，他所说的度量衡包含了整个"约定"世界的方方面面。与此同时，正如我们所见，庞加莱关注米和秒的问题，但这并非来自外部的"影响"，外部因素的影响就如同隐藏的磁铁使吸附在其上面的铁屑重新排列一样。显然，这种"影响"并不能决定庞加莱的科学和哲学工作。"根源"和"影响"这些词太过苍白无力和肤浅，不足以用来形容庞加莱在全球约定的制定工作中的深入参与。

对庞加莱来说，只要一个世界采用十进制并对时空进行约定，那么它绝对不是抽象的世界。他在巴黎备受推崇，为巴黎做出了贡献，甚至在全球的电缆布线、国际会议和公约中也大放异彩。毕竟，他是卓越的综合理工人，无论是深入矿井，还是探究太阳系稳定性的问题，他始终卓尔不凡。然而，为了展现时钟、标尺和电缆的机制，我们的首要目的是掌握人们在 19 世纪末期对同时性的通俗理解，因此，我们必须扩大视角。我们必须详细了解庞加莱在哲学、数学和物理学领域中的研究情况，以及他在实现时间和空间大规模的社会化和技术化约定中所做的努力，因此我们需要来回切换视角。

让我们追本溯源，从精密摆动的主时钟钟摆到纵横交错的海底电报电缆，从火车调度员、珠宝商和天文学家的每分每秒到国家和世界时区依照约定进行的重新校准。在这个过程中，历史之光必然会揭示技术、科学和哲学活动所使用的各种不同标准。1870—1910 年，空间和时间的约定闪烁着"临界乳光"。

第3章

世界地图与时间的新秩序

Einstein's Clocks and Poincare's Maps

虽然在改变时间制度的第一周可能会有些不便，但统一时间制度的好处远远胜过了这种短期的困扰。废除旧的时间制度是我们的座右铭。

——克利夫兰·阿贝

我们认为，如果改革仅仅为了带来实际的便利，也就是说，为你们自己和你们所代表的人创造有利条件，而选择用最糟糕的办法解决地理问题，可以说，这样的解决办法前途无望，无论是在地图、习俗或传统方面，我们都不敢苟同，拒绝参与。

——朱尔·让桑

空间和时间统一标准

巴黎，外交事务酒店，1875 年 5 月 20 日，下午 2:00。

17 个国家的全权大使将代表各自的国家签署一项国际公约，17 个尊贵的头衔赫然纸上："德意志帝国皇帝陛下""奥匈帝国皇帝陛下""美利坚合众国总统阁下""法兰西共和国总统阁下""俄罗斯帝国皇帝陛下"……这项公约就是《米制公约》。经过多年的磋商，缔约国要求设立国际计量局。该机构负责认证新的米制和千克制原器，以取代相互竞争的不同国家的计量标准，建立这些测量仪器与所有其他测量仪器之间的换算关系，并将结果与用于绘制地图的标准进行比较。

在公约签署的过程中，外交"邂逅"了科学。早在 1869 年，时任法国外交部长路易斯·德卡兹（Louis Decazes）就这个问题向其他国家发出了外交会议的邀请，组办了委员会，他不但邀请了政治家，还邀请了一些著名的科学家，其中包括德国天文学家威廉·福斯特（Wilhelm Forster），他当时任德国度量衡局和柏林天文台的负责人。1875 年 3 月，委员会已经取得了很大进展，德卡兹决定将委员会的注意力从科学领域转移到政治和公约秩序领域，毕竟他们在这个领域有"绝对权限"，因为他们的结论将构成具有约束力的国际法的基础。之前也有过科学技术和法律相结合的公约，如1865 年的《国际电报公约》。事实上，数十个公约都旨在缓和各个国家在贸易、邮政和殖民方面的冲突。现在，在公制这一重要领域，代表们签署了一份比《国际电报公约》更加重要的国际公约。从物理实验室的精确度，到工厂的烟雾和蒸汽，都要遵循这份公约的规定，因此，科学家、实业家和政治家都很重视这份公约。[1]

如果说德卡兹代表了外交界，那么自 1868 年以来担任法国科学院常任秘书长的有机化学家让 - 巴蒂斯特·安德烈·杜马（Jean Baptiste Andre Dumas）就代表了法国的科学热情。作为委员会中科学界的负责人，杜马负责向政治家们提出同事们的意见。他站在各国代表面前，一边总结陈词，一边据理力争，他主张在巴黎设立常设机构，负责国际标准的制定、维护和分发等相关事宜。最重要的是，杜马想证明多用表既可以作为工业标准，也可以作为科学标准，并将其推广为法国乃至世界的标准。在他看来，只要参加过 1851 年伦敦世界博览会 ① 的人，都会立即意识到各个国家的计量标准体系之间有多么混乱。各国的度量衡制度不同，要想进行比较，势必要经过烦琐的计算。而之后举行的每一次博览会都表明，公制的影响范围正在稳步扩大。无论在哪里，人们都想放弃不一致的计量方法，都渴望打破民族之间存在的障碍。对杜马等很多法国资深科学家来说，只要是"开明的人"都不会对制定国际标准的呼声置若罔闻。科学家已经将公制用于物理和化学实验室，并广泛教授相关知识。工厂、建筑公司、电报公司和铁路公司也都采用了公制。现在，杜马敦促公共管理部门应该对公制给予支持。

杜马认为十进制很重要。对于实用科学和纯科学来说，公制的十进制特征都是至关重要的。1 英尺等于 12 英寸，1 码等于 3 英尺，无论是水管工还是

---

① 1851 年，伦敦举办了首届世界博览会，当时又称万国工业博览会。——编者注

物理学家，都不可能喜欢如此杂乱的换算方式吧。

公制起源可以追溯到法国大革命时期，它也是法国的骄傲，但现在"它对商业、工业甚至科学都毫无作用"。自 1799 年起，公制开始推广应用，当时 1 米的长度被认为正好等于地球周长的 4 000 万分之一。杜马向代表们保证，现代公制的支持者不会做出这样的主张，而与会者心知肚明，国际标准要求的精度无法用于测量地球的尺寸。对杜马来说，公制将长度合理地划分为 10 等份，这也是采用公制的原因所在，公制不仅能满足科学家的科研需要，也能满足工人的实际需求。要推广新的合理的计量系统，需要找到一个中心，它应该是"中立的、十进制的、国际的"。这个中心位于巴黎，这是理所当然的。[2]

杜马提醒他的听众，法国创新地设计了公制系统，就是要使公制标准成为国际标准。很久以前，古希伯来人就把测量原器放在圣殿里，罗马人在国会大厦里保存着自己的标准原器，基督徒把自己的标准原器藏于教堂，所以查理曼大帝的标准才能保持最初的纯粹。80 年来，法国国家档案馆一直负责保管自法国大革命时期以来的标准米原器，即档案尺[①]。现在缔约国已经决定采用米制作为真正的国际标准，但他们认为，大革命时期的档案尺不能作为世界计量标准的原器，因为它既不够坚固，又不够稳定。

签署《米制公约》是公制推广的伊始，而非终结。官员和科学家通过游说、威胁和谈判的方式要求他们的国家实施米制。在欧洲和美国，有些伟大的实验者对此做出了贡献。例如，法国物理学家阿曼德·斐索（Armand Fizeau）测量了水对以太的"拖拽作用"；美国人阿尔伯特·迈克尔孙（Albert Michelson）发明了干涉仪，这种仪器能够测量部分可见光波长范围内的长度。经过 14 年的努力，法国工程师和英国冶金学家使用敲打和熔炼的方法，终于制成了既坚固又耐用的铂铱合金。

[①] 法国科学家们根据对子午线的测量结果，用纯铂制作了一支长为 1 米的米尺，最小刻度为 0.01 毫米。1799 年 6 月，这把尺子被存放在法国国家档案馆，称为"档案尺"。——编者注

一家英国公司把这些坚硬的合金杆制成米尺，其截面呈"X"形；一家法国公司则集中精力生产一种庞大的"通用比长仪"（见图 3-1），这种装置可以通过严格的程序在其他合金杆上复制出标准长度，精度为万分之二毫米。这项工作艰苦且伤脑筋。当英国的金属工人把珍贵的合金杆交给法国人时，比长仪的设备操作员会把标准米原器和空白的合金杆放在比长仪的桥装置上。利用显微镜观察后，操作员会将空白合金杆与标准米原器对齐。然后，操作者启动操纵杆，使金刚石刀片在空白合金杆的 1 米处精确地刻下一条细线。细分刻度同样困难。以雕刻 10 厘米线为例，操作员首先将两台显微镜相隔 10 厘米放置，再标记这个长度，然后滑动合金杆，操作员在上面刻出第二个 10 厘米的长度，以此类推。为了准备 30 根标准合金杆让各位国际代表带回各自的国家，操作员们重复了 13 000 次这样的操作。即使金刚石刀片在合金杆上刻出的痕迹出现了最轻微的失误，操作员也需要对空白合金杆重新磨光，然后再重复操作。[3]

终于，在 1889 年 9 月 28 日，也就是庞加莱进入科学院的两年后，来自缔约国的 18 名代表聚集在布勒特伊，完成了《米制公约》的最后审批。大会全票通过，大会主席随即宣布："从现在开始，这个米原器将表示在冰融化的温度，即 0 摄氏度时的标准长度单位。同时，从现在开始，这个千克原器将作为标准质量单位。"所有的标准原器都陈列在会议室里，其中米原器放在保护管中，而千克原器被嵌在三层玻璃钟形罩里。根据公约的推广计划，各国代表都郑重其事地从选号盒中抽取一个号码，号码所对应的米原器将分配给他们的国家，收到米原器的国家代表则签字确认。

但就在此时，精心安排的一切戛然而止。最关键的一步出了问题。因为国际米原器被存放在地下保险库里，需要同时使用三把钥匙才能打开保险箱，其中一把钥匙由法国国家档案馆馆长保管，但他不在那里。大会主席建议代表们向法国商务部门的负责人寻求指示，但遭到了代表们的强烈反对。瑞士天文学家阿道夫·赫希（Adolph Hirsch）坚持认为，这次大会是国际会议，而不是法国会议，因此不会向一位普通的法国部长寻求指示。既然这绝无可能，赫希和他的同事就只能通过法国外交部长与法国政府交涉。显然，由于外交问题，这把钥匙丢了。

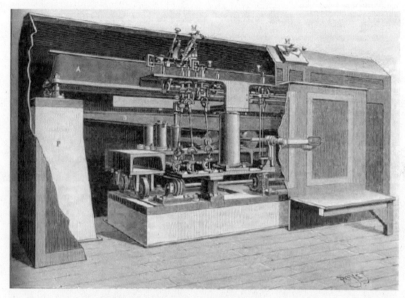

图 3-1　通用比长仪

注：该仪器用于测量标准米原器铂铱复制品的精确长度。对工程师、物理学家、政治家和哲学家，尤其是法国人来说，标准化长度单位被成功推广至全球，为他们希望推广时间的十进制和标准化提供了成功范式。

资料来源：GUILLAUME, "TRAVAUX DU BUREAU INTERNATIONAL DES POIDS ET MESURES" (1890), P.21。

当天下午 1 点 30 分，委员会将国际米原器存放到了布勒特伊天文台地下二层。代表们现场证明，从那一刻起，国际米原器将被封存在保险箱中，保险箱内部用天鹅绒填充，并被固定在坚硬的黄铜圆柱体里，最后拧紧上锁。此外，与米原器一起放入保险箱的还有两把米尺，它们不是米原器的复制品，但作为"见证物品"，将永远以自身的变化情况衡量米原器的变化情况。与此同时，缔约国代表们还通过了将千克原器作为国际质量的通用标准，千克原器也与见证物品一起永远放入地下的铁制保险库中。在代表们的共同见证下，国际计量局局长用两把钥匙锁上保险库，用第三把钥匙锁住了地下室的内门，用第四把和第五把钥匙锁住了外门。在完成这些隆重的程序后,大会主席把最后的3把钥匙分别放在了密封的信封里:一把交给国际计量局局长,一把交给法国国家档案馆总警卫队,最后一把交给国际计量委员会的主席。从那时起,只有一起使用这3把钥匙才能进入密室。⁴ 米原器和千克原器的封存见图3-2。

图 3-2　米原器和千克原器的封存

注:1889年,标准米原器和千克原器的批准仪式在巴黎附近的布勒特伊举行,耗费工程师心血而辛苦制造的实物被封存了,这样它们就可以作为通用的计量单位在世界上发挥作用。米原器位于上层架子上的金属保险箱中,千克原器放在下层架子的中间,千克原器的两边是6个"见证物品",每边各3个。

资料来源:*LE BUREAU INTERNATIONAL DES POIDS ET MESURES:1875—1975*, P.39。

这是举世瞩目的时刻。米原器是历史上制造最精良、测量最精确的物品,是最独特的人造物品,但一经封存,它就作为最普遍的物品开始发挥作用了。它藏于法国,但并非由法国所有,它既有宗教的味道,又充满强烈的理性,绝对物质化,又完全抽象化。人们从"家庭、国家、教堂"的时代进入了"家庭、国家、科学"的时代,国际原器是法兰西第三共和国的完美象征:藏于特殊性中,崛起于普遍性中。公制的象征性意义无人不知。早在1876年,法兰西第三共和国曾颁发了一枚富有象征意义的奖章，以纪念米制标准的制定以及制定该标准的科学家，并彰显原器的荣耀。[5] 正值 1889 年大会审批通过了国际原器之际，法国各大报纸满怀爱国主义的荣耀感，回顾了那段屈辱的历史，普法战争给法国带来的痛苦仿佛发生在昨日，当时的外国科学家，甚至在此之前置喙法国精确度的那些人，现在都承认法国赢得了胜利。[6]

各国代表刚刚签署了《米制公约》，随即就计划基于米原器建立新标准。对于科技公约的带头国家而言，新标准不但让他们获得了象征性的资本，而且真正地促进了贸易出口，缓和了国家之间的对抗。此外，公约还是解决世界博览会上工业产品的标准冲突的应对之法，这也就是杜马提到的商业混乱。但有了公约之后，各国就可以调节火车线路和时刻表之间的交叉情况，一旦两列火车发生碰撞，那么很快就能确定非公约签署国要对事故负责。在 19 世纪早期的大部分时间里，各个地区甚至国家之间的通信、生产和交换系统都是各自为营、自由发展。在 19 世纪最后 30 多年的时间里，因为在殖民地、市场和交易会上所采用的计量系统不同，导致冲突频发，而签署公约的目的正是要缓解冲突的发生，弥补电报网络、电力网络和铁路网络交会处之外的漏洞。

当时航海家们试图在不同殖民统治区的边界线上规划线路，但由于各个殖民统治区使用的地图互相不匹配，导致怨声不断，各国政府为了缓解民怨，制定了公约。政府引入了公约，以使发电机、齿轮传动系统和蒸汽机的运输更便利。但要调节这些区域间的冲突，政府需要竭尽努力签署和解文书，而且文书数量倍增，诸如战争公约、和平公约、电力公约、温度、长度和重量公约等。我们在下文中即将讲述的是时间公约。

1887 年 1 月，庞加莱进入法兰西科学院任职，在随后的几年里，围绕这些新标准的争论达到了顶峰。院士们对米原器的详细的冶金学原理很感兴趣，也正是因为他们的深入研究，才促成了公约的签署。例如，一位著名的天文学家向法兰西科学院提交了一份论文，他在论文中将米制作为货币十进制的模型。但就在米原器获批后不久，一名挑战者写信给法兰西科学院，基于档案尺的标准，质疑新的米原器的精确度，对此德国天文学家福尔斯特制定了一条规则："国际计量委员会不允许米制的基准需要不时且不断的修正，国际米原器已经针对该基准做出了实质性定义。"[7]现在，米原器是唯一的标准。

法国人极力推行公约，一方面是出于原则，另一方面是为了对抗大英帝国的力量，这使公约的概念逐渐扩展并浓缩成一个词，产生了三重共鸣。就在签署《米制公约》后的第二年，各国又在该公约的影响下引入了时间和空间的十进制。《米制公约》被认定为国际条约，成为法国在19世纪下半叶比其他任何国家都更积极推动的外交文书。通常来说，公约是指根据广泛协议而确定的数量或关系。根据公约来确定新的公约是从《米制公约》开始遗留下来的传统。当法国人戴着手套，双手把抛光处理的标准米原器放进保险库时，就意味着法国人掌握了一套世界通用的度量衡系统的钥匙。外交与科学、民族主义与国际主义、特殊性与普遍性在这座神圣的保险库中交相融合。

但如果法国真能将空间和质量都锁在布勒特伊地下二层的保险库中，那么时间就会变得更加难懂了。19世纪80年代初，法国有一篇评论悲叹道，时钟异常难懂，每个时钟都自己独特的"个性"，不容任何人根据温度对其进行调节修正。这并不是说法国的天文学家和物理学家没有尝试过。在整个欧洲，社区、城市、地区和国家都在努力实现时钟的标准化和一致性。19世纪70年代末，在巴黎和维也纳，工业蒸汽厂向地下管道注入压缩空气，然后调节压力，以气动方式设置城市周围的时钟。顾客可以在气动商店里闲逛，选择喜欢的维多利亚式气动时钟。

由于压力脉冲，在巴黎街道赛跑的时间出现了15秒的延迟，起初这似乎无关紧要。然而到了1881年，人们对时间的敏感度大幅提高，即使这种微小的延迟，人们也会发现。① 这个问题引起了天文学的关注，也引起了桥梁和道

---

① 这种微小的延迟会导致管道中不同位置的气动时钟与天文台的时钟存在误差。

路工程师的关注。很快，公众也开始关注这个问题。起初，工程师们对此不屑理睬，他们认为："从理论上来说，这种微小的误差无可争议，但在实际应用中，由于我们只要求时钟显示分钟，而且分针按步跳，不需要进一步的时间划分，甚至可以说，进一步时间划分的意义不大。"守钟人则对此补充道，脉冲到达时钟网络的最外层需要 15 秒，他们会将天文台的时钟偏移 15 秒，这样就可以抵消差异了。确切地说，他们会根据每个气动时钟与中心控制室的距离，在每个气动时钟上安装减速配重装置。他们向市民保证："这种方法几乎可以修正所有的时间误差。"[8]气动时钟控制室如图 3-3 所示，气动时钟展示室如图 3-4 所示。

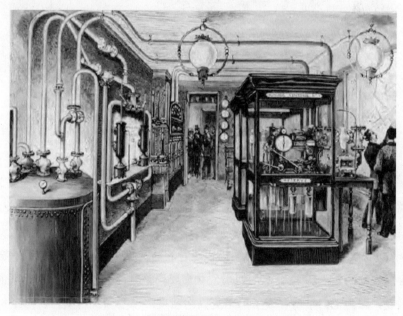

图 3-3　气动时钟控制室（大约 1880 年）

注：时间信号从巴黎电报街的控制室通过管道传送到城市的各条街道，每个季度进行一次时钟同步。

资料来源：*COMPAGNIE GÉNÉRALE DES HORLOGES PNEUMATIQUES*, ARCHIVES DE LA VILLE DE PARIS, VONC 20.

图 3-4　气动时钟展示室（大约 1880 年）

注：无论是公司还是个人，都可以从展示室购买时钟，并通过巴黎的气动管道定时接收精准的气动信号。

资料来源：*COMPAGNIE GÉNÉRALE DES HORLOGES PNEUMATIQUES*, ARCHIVES DE LA VILLE DE PARIS, VONC 20。

这组小插图印证了时钟同步的两个显著特征。第一，人们的时间意识变得敏锐了。在 19 世纪以前，时钟通常连分针都没有。[9] 但到了 19 世纪 80 年代，哪怕出现 15 秒的时间差异，工程师都会调整公共时钟。第二，在专业人士和公众看来，传送时间，即使是压力波以声音的速度传送信号所需的时间，都是不容忽视的问题。19 世纪末，如果公众想要调整时钟的秒针，天文学家也可以做到，因为他们早就习惯了追求更高的精度。巴黎天文台主任、海王星的发现者之一奥本·勒威耶（Urbain Le Verrier）早就希望统一电气化时间。在 19 世纪后期的天文学工作中，用气动方法使时钟同步是极其不准确的。1875 年，考虑到天文台在统一度量衡系统方面所发挥的作用，而且天文学家已经用电统一了天文台各个房间的时间，勒威耶提出用电来实现巴黎时间的标准化和统一。这一想法得到了物理学家科努和斐索以及天文台各位天文学家的支持。这是一个完美的巴黎综合理工大学项目。勒威耶不失时机地要求塞纳河省给予支持，而且他和其他天文学家都断定，这个项目旨在将天文台的内部秩序推广并应用到整个城市："我提议巴黎同步运行公共时钟，与我们生活所需的精确度相比，公共时钟的精确度要更高。如果巴黎市政府同意的话，就能够借此契机提高时钟制作工艺，促进钟表制造业的发展，让法国钟表匠一举成名。" 10

巴黎市政府同意了，并立即成立了人才济济的委员会提供指导。古斯塔夫·特雷斯卡（Gustave Tresca）加入了时间标准化运动，正是他监督了标准铂铱合金杆和砝码的生产过程，而这些合金杆和砝码被封存在布勒特伊的地下室中。法国杰出的物理学家爱德蒙·贝克勒尔（Edmond Becquerel）也参与其中，他的父亲是因发现天然放射性而闻名的亨利·贝克勒尔（Henri Becquerel）。著名的建筑师维欧勒·勒·杜克（Eugène Viollet-le-Duc）之所以担任该委员会的成员，无疑是因为他杰出的修复技术，大教堂的时钟校准会给建筑结构带来巨大的问题。巴黎天文台的天文学家查尔斯·沃尔夫（Charles Wolf）在委员会中担任专员，天文台的大部分电气化时钟同步系统都是他发明的。天文学家和盟友们举行了一场造钟比赛，很快就拿出了一套可行的试行系统。

1879 年 1 月，委员会向巴黎汇报工作时，勒威耶已经去世，但他的计划成功了。巴黎安装了十几个同步时钟，这些时钟分别放置在不同的天文台，通过电报电缆与天文台的主时钟相连，并精准地基于天文台精确的时钟同步模型运行，而且每一个次级时钟的机械装置都设置成每 24 小时快 15 秒。天文台的控制脉冲会驱动每个公共时钟中的电磁铁运转，从而减慢钟摆的速度，使远程时钟与主时钟保持同步状态。每一个次级时钟以电气化的方式传送时间，重新设置市政厅、重要广场和教堂的公共时钟。委员会的工作汇报称，从报告之时开始，有 40 个公共时钟能够准确地显示时间，可以精确到最近的一分钟。实际上，当时钟收到重置信号后，精确度可达 秒钟。尽管如此，由于空间和法律的限制，天文台的时间电缆没能走得更远：

我们没有把任何铁路时钟纳入同步时钟的清单，并不是我们对公众的诉求有误解，公众渴望了解如何能让这些时钟相互同步，并能与城市中的时钟同步。但是，在委员会看来，这样做似乎太过轻率了。因为在如此复杂的背景下，由于强大的利益驱动，一旦因时钟同步引发事故，那么后果不堪设想。然而，毫无疑问，当铁路公司看到附近的所有时钟都在定时报时，就会自发地使自己的时钟与天文台的时钟同步。到了那一天，巴黎的时间统一了，整个法国的时间也将统一。[11]

这个愿景令人赞叹。天文台不断推广勒威耶的系统，直到它覆盖整个巴黎。好像国家精度中心的时钟会自行"复制"，遍布城市，直到每个珠宝商和每个公民都能随时看到天文学家的时间，然后铁路系统乃至整个法国都会以此为例，纷纷效仿。在一个时间大厅中，室内放满了镜子，勒威耶基于天文理论设定的钟摆，犹如通过镜子形成的一连串象征性反射一样，会设定整个法国范围内每个时钟的时间。

这些时钟没有起作用。在很多地点，污水管道系统结冰，导致电缆中断；在没有主时钟干预的情况下，电流最终驱动着次级时钟运转。很快，巴黎各地的公共时钟都各行其是，显示自己独有的时间。这让委员会既尴尬又愤怒，于是责备了总工程师。双方因专利问题以及公共时钟在时间记录准确度等方面的专利失效而相互指责对方。总工程师恳请委员们使用他的最新发明，并猛烈抨击了那些收不到重置信号就无法显示精准时间的时钟。总工程师认为："无论何时，当观察者看向钟表盘，必须能绝对肯定地得到正确的时间，误差最多是几秒钟，而不是在 5 分钟内。"[12]

在 1882 年和 1883 年间，官方收到了大量的反馈，都说自己行政区内的时钟没有从天文台获得正确的电子信号指示。到 1883 年春，就连与副调节器相连的公共时钟都没有收到任何电流。[13] 计划的发起人也承认，法国尚未实现各城市的时间统一。雪上加霜的是，在 1 英尺等于 12 英寸的伦敦，已率先开始实施时间标准化。[14]

建立米制公约给法国带来了荣誉，但令法国科学界感到愤愤不平的是，他们与同步时间失之交臂。1889 年，天文台台长恳求市政府必须停止这种时间混乱的局面："天文台的计划已经多次受到巴黎的时间分配方式的干扰。到目前为止，我们所取得的成果远远不能令人满意，考虑到民众纷纷抗议，天文台台长只能要求删除任何关于'天文台时间'的提议。"[15] 如果不制止，在 1900 年的巴黎世界博览会上，外国人会看到这种令人遗憾的情况。市政府和天文台难道不能建立一个"更配得上巴黎这样的城市"的系统吗？在这种情况下，人们越发清楚地认识到，铁路系统远不可能像勒威耶梦想的那样"自发地"模仿天文台－城市系统。

时间、火车和电报

这并不是说法国铁路员工不想要同步时间。1889 年，像巴黎其他地区的人们一样，铁路员工也对巴黎标准米制即将到来的胜利而感到震惊不已。1888 年，《铁路通论》（ *General Review of Railroads* ）直接借度量衡改革的非凡成功，开始讨论时间问题：

> 公制是法国天才最辉煌的创造之一，已经征服了半个世界，它无疑会取得彻底的胜利。创造者增加了新的历法，但他们不关心如何确定一天的起始时间或中间的某一时刻，因为这似乎通过观察太阳的升起落下就能迎刃而解。时钟同步需要铁路和电报的快速通信，从而随意选择一个地方的时间，作为其他地方的标准时间，并用这种方式确定正常时间或全国时间。但是，这就产生了一种新的混乱局面，与古代国家度量衡的多样性所造成的混乱如出一辙。[16]

与很多其他国家一样，法国的每一个火车系统都采用主要目标城市的时间。随着巴黎的铁路线逐渐深入腹地，当地时间逐渐消失，直到 1888 年，巴黎统一了整个国家的铁路时间。庭院和候机室的钟表显示着巴黎的准确平均时间，而站台的时钟比外面的时钟慢三五分钟，为旅行的乘客留下一个误差范围。因此，当乘客在巴黎市外的火车站候车，如布雷斯特或尼斯，就会看到3个时间：所在城市的当地时间、候车室里的巴黎时间和铁轨区域的偏移时间。其中，铁轨区域的火车时间比布雷斯特的时间早27分钟，比尼斯的时间晚20分钟。法国的铁路杂志分析了其他国家的时间方案，考察了每个国家对时间问题的解决方案。例如，俄国在1888年1月统一了时间，瑞典的时钟比格林尼治晚1小时，德国则因采用了多个地方时间标准而深受困扰。

"没有什么地方比美国庞大的铁路网和英国在北美的属地更加紧迫地需要解决时间问题了。"1883年4月，北美铁路决定按地区同步所有时钟，美国人和加拿大人选择格林尼治时间为零时，将东部的"殖民地间的时间"到西部的"太平洋时间"之间巨大的纵向地带划分出来。

"在离开美国之前，让我们补充说明一点，"法国的铁路杂志总结道，"在我们看来，美国向公众提供的图表和彩色地图，图示清晰，印刷精美，显然要比我们这样拥有古老文明的国家要好。"据该杂志报道，1884年10月，国际科学代表在华盛顿相聚一堂，当时铁路工人提醒他们说："时机不对，任何改变都是徒劳。"现在利害关系显而易见：法国乃至全世界能否采用"美国通用的时间制度"？对于这本杂志而言，这个问题不应该只留给地理学家、大地测量学家和天文学家来解决。[17]毫无疑问，考虑到保守的巴黎天文学家，作者写道："只有铁路和电报推行了时间改革，人们才有希望看到其他行政部门和市政当局效仿。而且，只有到那时，就像在北美一样，改革才能完成，人们才会感受到改革带来的好处。"[18]

当谈到英国和美国的时间改革时，法国的铁路工人、电报员和天文学家既钦佩又焦虑。美国因工业化的时间分配而闻名，英国则以其主导的全球海底电缆网络而著称。

1893年，庞加莱进入法国经度局，但那里是与英美管理的庞大的商业和科学事业截然不同的世界。天文台时钟运行的精准程度让人叹为观止，但巴黎街道的时钟误差也大得令人瞠目结舌。当时的法国人，尤其是综合理工人，虽然为这种失误而感到懊悔，但又为自己拥有原则的、数学的、哲学的标准化方法而自豪。他们已经成功地推广了米原器，并开始将他们所宣称的普遍理性应用到混乱的时间帝国中。

在大西洋彼岸，北美的时间改革中，没有哪一位领导者的科学地位可与勒威耶比肩。虽然人们做了很多尝试，但美国的时钟同步不是个人、行业或科学家单凭一己之力就可以实现的。相反，人们对时钟同步总是持有批判性的态度，数十个镇议会、铁路监督员、电报员、科学技术协会、外交官、科学家和天文台都在争先恐后地以不同的方式进行时钟同步。他们的工作杂乱无章，对时钟同步和协调网络的立场摇摆不定，以至于天文学家说服公众实行时钟同步，就好像是商人和铁路工人在讲大自然的普遍规律一样。

法国学者发现，美国最了不起的科学不是数学物理学、数学或纯粹的天文学，而是雄心勃勃的海岸和大地测量学。随着美国版图的迅速扩张，一队又一队的制图员和测量员忙着绘制国家的边界、河流、山脉和自然资源图。与所有制图员一样，美国人也在与时间做斗争，因为时间与经度不可分离。

在现场确定当地时间就是在原地观察天空，然后当太阳经过最高点的那一刻设定时钟。或者更准确地说，这意味着需要确定某颗恒星从北方穿过一条假想的地平线的垂直线的时刻。如果测量员也知道某个固定参考点的时间，如华盛顿，就可以直接计算出当地时间和华盛顿时间之间的时差。如果这两地的时间相同，那么测量员所在的地点就与美国国会大厦处于同一经度。如果当地时间比华盛顿时间早 3 小时，那么测量员所在位置就在华盛顿向西、地球周长八分之一的地方。

因此，制图员始终面临同一个问题——远程同时性。华盛顿、巴黎或格林尼治现在分别是几点？为了搞清楚这个问题，探险家、测量员和航海家分别拿着时钟或天文钟，设定好从港口出发的时间，并使用经度测量仪来比较当地时间与精密时计的时差。可是船舱或骡子背部颠簸，要想确保时钟的精准度绝非易事。再加上温度、湿度经常变化，机械故障时有发生，要确保精密时计的读数稳定且精准，成为有史以来最难解决的机器问题之一。

约翰·哈里森（John Harrison）是 18 世纪英国杰出的钟表匠，他终其一生发明了航海精密计时器。[19] 他很有天赋，始终没有放弃对可移动时间装置的探索。在 19 世纪和 20 世纪，人们苦苦寻找能够移动的、可靠的时钟。为此，天文学家开始了漫长而艰难的探索之旅，试图找到一种精准的方法，将月球相对恒星的运动作为巨大的时钟，可以让人们在任何地方判断时间。可难点在于月球的位置很难通过数学方法来表示，而且在野外或船上，人们很难测量月球的位置，除非月球确实从恒星或行星前经过。

美国测量员最想要的一种测量方法是测量新大陆和旧大陆之间的经度差，可是地图制作者们对此无法达成共识。一次又一次的尝试都以失败告终，1849 年 8 月，当时美国在每个方向上进行了 7 次跨大西洋航行，每次航行都带着 12 台精准的精密时计，希望借此能最终测量出大西洋两岸的时间差异，从而得出经度差。1851 年，测量人员在船上放置了 37 台精密时计，一部分船舶从利物浦出发进行了 5 次航行，另一部分从马萨诸塞州坎布里奇出发进行了两次航行。还有一次，在船舶载着 93 台精密时计漂洋过海后，天文学家乐观地宣称，两岸时差的误差不会超过 1/20 秒。[20]

这种大肆吹嘘的精确度很快就变得毫无意义。尽管为了保护这些嘀嗒作响的货物，人们的警惕性越来越高，但从美国到英国测量的时差值与返程的时差值相差甚远，这实在令人费解。在航行过程中，肯定有什么东西干扰了时钟。天文学家怀疑可能是温度造成了干扰，因为离岸较远的地方温度较低，使天文钟发条的运转速度变慢了。这意味着如果一艘船带着天文钟在下午一点从马萨诸塞州坎布里奇出发前往欧洲，当船到达欧洲时，天文钟会显示坎布里奇时间早于实际时间，因此，英国的制图员会根据天文钟抵达英国的时间，将马萨诸塞州坎布里奇的位置放在其实际位置的西面。相反，如果最初在利物浦设置的航海时钟运行缓慢，在它到达美国后，会让美国人误以为利物浦时间早于实际时间，所以制图员在绘制新大陆地图时，会将利物浦画在西边，这样距离北美海岸就更近了。可是，测试、计算和插值几乎没有起到任何作用。即使船上有了更多的监督员，配备了更好的温度补偿器和更精密的天文钟，也只会产生更多相互矛盾的数据。既无法测量出最重要的数据，也无法得出北美和欧洲之间的经度差，制图员陷入了绝望。

　　数百年来，制图员梦寐以求的是通过发送同步信号的方式来确定经度。电报攻克了这个难题。即使距离遥远，电流也会通过电缆发送信号，而且速度非常之快，信号接收和传输几乎是在刹那间完成的。

　　1848 年夏天，哈佛天文台和美国地质勘探局的天文学家测试了电报的这一新功能。当一个人按下电报发报键，另一个人在遥远的另一端会听到敲击的声音。接收器的打印设备上缠着纸，每一次敲击都会在纸上留下一个印记。一天晚上，制图员西尔斯·沃克（Sears Walker）提出了质疑："难道不能直接观察一颗星星是否穿过了北方的天空，并用电报来发送观测结果吗？"威廉·邦德（William Bond）则回应，为什么不把时钟的擒纵机构[①]做成电报发报键，以便电报线上的任何地方都能听到嘀嗒声？那么，为什么不在远离时钟的、平稳转动的圆柱体上来标记时钟驱动的信号呢？[21]

　　通过比较本地时钟的标记位置与远处时钟在已知时间发送的信号的标记位置，测量员就可以准确地比较当地时间和远处某地的时间。

远处 12:00:00 → | 远处 12:00:01 → |

远处 12:00:01 → | 本地 12:00:00 → |

---

① 一种机械能量传递的开关装置，这个开关以一定的频率开关钟表的主传动链。——编者注

如果本地的正午时间比远处的正午时间延迟了半秒左右，当一颗恒星穿过望远镜的瞄准线时，天文学家可以简单地测量纸上两条线之间的距离，而不需要停止时钟来记录时间。测量员通过这个简单的测量方法可以计算出经度。

到 1851 年底，电报电缆在美国从马萨诸塞州的坎布里奇延伸到缅因州的班戈；然后，时间信号进行第二次传输，从班戈一路传到加拿大的新斯科舍省的哈利法克斯。

当美国科学家开始为电气化的时间发射器做广告时，他们在欧洲找到了现成的观众。邦德指出："可喜可贺的是，英国人将这项发明称为'美国方法'，而且皇家天文学家①已经在格林尼治铺设了电缆，准备引入该技术。"[22] 这种"美国方法"如图 3-5 所示。

为了推动同时性的快速发展，除了天文学家和制图员的努力，还需要制定火车时刻表。1848—1849 年，铁路公司开始成立自治组织，按照公约确定各自的运行时间。对于新英格兰②的大部分地区来说，这意味着所有火车在1849 年 11 月 5 日以后将采用"国会大街 26 号威廉·邦德父子测定的波士顿真实时间"[23]，并鼓励任何还没有采用这种通用时间系统的铁路尽快加入该行列。

1853 年 8 月 12 日，普罗维登斯线和伍斯特线的两列火车在一处转弯盲区相撞，造成 14 人死亡。报纸报道说，这场悲剧是由一名列车长造成的，他放在调速手轮上的手指突然发痒，而且他的手表时间也慢了。就在这一事故发生的几天前，也有一起因时钟故障而引发的灾难。这些事故使火车线路面临着时钟同步的巨大压力，因此通过电报传送时间成为一种标准的铁路技术。[24]

---

① 皇家天文学家是英国的一个高级职位。——编者注

② 此处的新英格兰指的是美国大陆东北部的地区，包括 6 个州，它是美国大陆东北角、濒临大西洋、毗邻加拿大的区域。——编者注

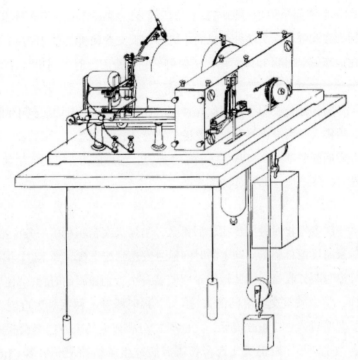

图 3-5　美国方法

注：这种方法是指在一个精确旋转的鼓上记录电报信号的到达时间，与早期的声学方法相比，通过这种方法得出的传输时间更加准确。如果距离较长，如横贯大西洋海底，测量人员就使用开尔文勋爵发明的一种更灵敏的方法，以此确定同时性：接收电气化时间信号后，安装在镜子上的磁铁会发生轻微转动，导致反射光线在纸上发生移动。

资料来源：GREEN, *REPORT ON TELEGRAPHIC DETERMINATION* (1877), OPPOSITE P.23。

英美两国电气化时钟同步的加速发展，一部分是天文台推动的结果，而一部分要归功于铁路监督员、电报员以及钟表匠的努力。1852 年，在皇家天文学家的指导下，英国人通过电报线路向公共时钟和铁路发送电气化时钟信号。[25] 美国人紧随其后。1853 年末，哈佛大学天文台台长威廉·邦德在推动时钟同步的总结报告中夸口说："实际上，在我们天文台数百英里①的范围内，任何一个电报站都能立即收到我们发送的时间信号。"[26] 19 世纪 60 年代至 70 年代，

———————

① 1 英里约为 1.61 千米。——编者注

城市和火车系统都采用了时钟同步系统。同步时钟不再是高深莫测的罕见科学，报刊为之欢呼，街头随处可见同步时钟，天文台和实验室对其进行深入的研究。在火车站、社区和教堂里，随处可见它的身影，时钟同步就好像电力、污水或天然气系统一样，与我们的生活息息相关，成为现代城市生活的一部分。但是，与其他公共服务不同，时钟同步直接依赖于科学家。到 19 世纪 70 年代末，哈佛大学天文台只是众多发送时间信号的站点之一，尽管在几年里它曾作为主要的服务站点，但匹兹堡、辛辛那提、格林尼治、巴黎或柏林等地也有了新发展，每个地方都独具特色。[27]

在第一次电气化时钟同步实验后不久，哈佛天文台租用了一条电报线路，将天文学家通过恒星测量而确定的时间信号发送到波士顿。到 1871 年，天文台开始对报时服务收费，因此他们希望安装一个特别显眼的时钟，"便于公众看到时钟，学会欣赏交流时间的方法"[28]。报时服务的回报颇为可观。1875 年，服务费净收入达 2 400 美元，足够天文台聘请人员来专门经营报时服务的业务。[29]1877 年，哈佛天文台台长指派研究生莱纳德·沃尔多（Leonard Waldo）管理报时服务。截至此刻，坎布里奇人已经在仪器、时钟和电报线路上投资了 8 000 多美元。现在，他们需要顾客。因为他们的电报信号从正午开始，沃尔多计划在正午时，站在波士顿一栋较高的建筑顶部，把一个铜制的大报时球从楼顶的桅杆上扔下来。他之所以这样做，就是希望陆地居民和航海业人士都能看到这次公开展示，从而使天文台名声大振。他在铁路行业也如法炮制，大规模地推广和招募客户。此外，报时服务的客户还包括珠宝商和钟表匠，根据沃尔多的说法，还有那些希望或者需要精确报时服务的个人。沃尔多希望，随着客户的不断增多，可以说服大制造商购买报时服务，因为对于他们来说，时间的确就是金钱，或者说，报时服务至少值得购买。电缆成倍铺设，蜿蜒穿过天文台，天文台成了新英格兰地区的主时钟。[30]

这个成果来之不易，无论身在何处，沃尔多都反复强调这一点。在国际汇款公司（Western Union）的鼓励下，他出版了一本小册子，向新英格兰的100 个城镇宣传报时服务。他的时间，即哈佛天文台的时间，以令人赞叹的精准的弗罗德舍姆时钟为主时钟，每天上午 10 点校正一次，误差不超过 1 秒钟。时间信号会通过两条电路穿过波士顿地区，而且主时钟与天文台、波士顿消防局和波士顿市内的主要电路相连。万一天文台的主时钟突然失灵，该怎么办呢？沃尔多向苛求报时服务的顾客承诺，他们会通过时钟制造商威廉·邦德父子公司向顾客发送备用信号。每天，从早到晚，天文台每隔 2 秒钟就会发出脉冲信号，为了便于识别信号，每分钟的第 58 秒会被跳过，而每隔 5 分钟会跳过第 34 秒至第 60 秒之间的脉冲信号。[31]

对于像罗得岛州纸板公司老板这些需要报时服务的市民，他们想要知道的是：

> 请您告诉我：天文台在波士顿电报局提供的时间是坎布里奇时间还是波士顿时间？也就是说，在发送信号之前，是否考虑到了两地之间的时间差？在波士顿，时钟表盘上的秒针精度与坎布里奇的秒针精度一致吗？天文台是直接通过电报向普罗维登斯发送正确的信号吗？普罗维登斯及周边的市民都有精美的手表，他们非常希望了解该信息。[32]

纸板制造也需要精准计时吗？是的，更准确地说，这位纸板大亨和其他像他一样的人，他们的"精美手表"需要精确的时间。渐渐地，他们把时间的精准同步视为一种价值，而这种价值是纯粹的实用主义者无法理解的。沃尔多一直希望人们能拥有这种对时间的热情。通过沃尔多的宣讲、访谈和通信，以及铁路在这一进程中发挥的作用，人们开始对准确时间有了敏感性，因此，推广哈佛天文台的报时服务正当其时。自报时服务开始收费的那一刻起，已经有 5 年，人们的这种意识在很大程度上得到了提高。对此，沃尔多说道：

> 在这段时间里，整个社会在不知不觉中认识到统一时间标准的必要性。在很多地方，人们每天与天文台的时间信号进行比较，只有这样确定的时间才是权威、准确的。事实上，用户的要求非常严格，

哪怕是几分之一秒的错误，都逃不出用户的眼睛，他们会对此评论一番。

火车运行和火警警报校准的精准度需要达到 0.4 秒，误差不超过 0.2 秒吗？当然不需要。沃尔多促使公众了解时钟同步，反过来，他也在公众的推动下不断提高精准度。他以自己的方式参与创造了现代主义的时间敏感性，这种敏感性的界限远远超出了满足实际需要的精准度。[33]

回到时间工厂后，沃尔多努力研究如何使调节器时钟免受气候变化的影响，这样就可以实现电报连接系统化，同时他聘请了一名观察专员，每天确定时钟误差。为了使各所大学的时钟免受温度变化的影响，天文学家把一间地下室密封起来，以避免导致温度变化的因素干扰。这间时钟室位于哈佛天文台的西侧，于 1877 年 3 月 2 日竣工，长约 10 英尺，宽约 4 英尺 2 英寸，高约 9 英尺 10 英寸，双层墙壁，坚实厚重，只留了一扇安全门可供通行，用于保护所有重要的时钟。当时钟室的大门紧闭，毛毡衬垫会将门封住。在时钟室内，大理石板的砖墩上立着 3 个珍贵的时钟，钟面被锡制反射镜所照亮，这样外面的人就可以透过厚厚的玻璃小窗看到时钟，因为直接靠近观察很可能影响时钟的精准度。在世界各地的天文台，从柏林到利物浦，从莫斯科到巴黎，对时钟同步同样痴迷的天文学家也在想方设法消除主时钟的误差。[34]

分秒必争的精准计时是一回事，但推广报时服务是另一回事。在波士顿报时服务覆盖区域的边界处，有座城市叫哈特福德，该市对于采用当地时间还是纽约时间一直犹豫不决。1878 年 7 月，一位名叫查尔斯·特斯克（Charles Teske）的市民写信给沃尔多，表示想让哈特福德采用哈佛天文台的时间，这件事引起了沃尔多的关注。特斯克在信中写道，他已经召集了哈特福德消防局及其委员会，其中消防局主要负责在正午向公众发出时间信号。哈特福德的市长有意购买报时服务，以便在中午和午夜为市民敲钟报时。但由于关注点不同，希望得到的时间服务也不同，想要时钟同步并非易事，特斯克在信中向沃尔多哀叹道："这件事想要引起人们的关注，就像把死人从睡梦中唤醒，因为哈特福德采用不同的时间系统，每个人都声称自己的时间是正确的。"特斯克认为，要获得市政委员会和市议会的同意，自己需要付出巨大的努力，但同时天文台的服务价格也要合理。这件事不仅仅涉及钱的问题，还会危及该市的自主权。几个月后，他仍在坚持不懈地和各种反对者周旋，以解决他们的诸多疑问："你能提供坎布里奇时间吗？能提供哈特福德时间吗？坎布里奇时间和哈特福德时间之间到底有什么区别呢？" [35]

在 1878 年 11 月的报告中，沃尔多留了一块空白给哈特福德，他心知肚明，由于铺设火车轨道，这座城市正好处在两个时间自治区域之间的边界上。他说："我们必须向铁路公司寻求最可靠的支持，以确保天文台的时间信号遍及这座城镇，这就是铁路公司管理其沿线城镇时间的规则。"火车时间是以大城市的中心时间为基准，对于纽约至哈特福德线，哈特福德的时间会被直接放置于纽约时间的半径内，但从新伦敦和普罗维登斯到斯普林菲尔德，哈特福德的一部分区域属于坎布里奇时区。"因此，我认为在未来的几年里，哈特福德将是我们必须中止发送波士顿时间信号的关键。"争议区域可能位于交界处，但时间的同时性必须克服区域性限制，这是不容置疑的。"整个新英格兰地区都不建议采用当地时间。" [36]

哈特福德没有采用坎布里奇时间。即使特斯克联合了剑桥大学三一学院的院长一起去提议，也没能打动市议会。最终，哈特福德消防局放弃挣扎，购买了航海天文钟进行中午报时。特斯克感到很沮丧，给天文台写了一封潦草的信："当然，对于那些不在乎时间信号精准度的人来说，这已经足够了。"由于未能说服自己的城市采用坎布里奇时间，特斯克便提出了购买哈佛的报时服务，用在他自己的商店里。他下定决心，一定要获得"绝对正确的时间信号"。两年后，康涅狄格州利用耶鲁天文台的电气化信号，正式将时间定在纽约市所在的子午线上。从耶鲁天文台发出的时间信号会穿过纽黑文市，从这一交会处，沿着各个铁路公司的铁轨继续传输。按照法律规定，这些铁路公司必须沿着自己的铁轨传输电气化时间信号，在车站安装同步时钟，并将时间信号发送到所有交叉的铁路。

这件事引起了铁路巨头的不满，因为他们有自己的时间，而且不愿意国家进行任何干涉。纽约和新英格兰铁路公司（New York & New England Railroad Co.）的总经理抱怨道："这条路线的标准时间是波士顿时间，但是根据康涅狄格州一项荒谬的法律规定，只要火车跨越州界，就必须使用纽约时间。这项规定带来很大不便，在我看来，它毫无用处。"[37]

自始至终，这都是因为时间标准的突然变化所致。但终有一天，哈佛天文台会解决航海家提出的问题。曾几何时，天文台的工作人员担心，通过遥控从高高的桅杆上放下来的报时球会结冰。同样，他们制订了一项电缆铺设计划，目的是将整个新英格兰的数百座城市连接起来。在美国各地，随着边界摩擦的日益增多，越来越多的区域加入了时钟同步计划，小到珠宝店和火车线，大到子午线穿过的城镇、地区或州。到 1877 年底，位于芝加哥市中心以南的迪尔伯恩天文台管理着 6 家珠宝店、4 家途经芝加哥的主要铁路公司和芝加哥期货交易所的时钟。为了将调节器的误差降低至百分之一秒，哈佛天文台的沃尔多一直坚持不懈地努力研究，但迪尔伯恩天文台兴高采烈地表示："不必费尽心思地提高时间的精准度。通常，标准信号时钟的精度不超过半秒。只要时间精度在 1 秒钟左右，我们就心满意足了。在我们看来，这样的精度足以满足实际需求了。"

迪尔伯恩说得没错。与人类反应时间相比，火车操作员和乘客当然不需要那么高精度的报时，但由此反映出的时间文化差异远非如此。首先，哈佛天文台的报时服务起源于经度测量。不仅在美国，很多国家的人们一致认为，制图技术当然应该尽可能地精准。测量员希望，即使精度达不到百分之一秒或千分之一秒，但至少要达到十分之一秒。其次，哈佛天文台对于提高精度的狂热，不仅引起了天文学家的共鸣，还受到高端时钟制造商以及有绅士派头的新英格兰客户的关注。与芝加哥相比，波士顿对精度的呼声更高，追求精度的文化也就形成得更早些。[38]

然而，最大的对比不是在美国的天文台之间，而是在美国（或英国）与法国之间。在 1879 年，无法想象一个美国或英国的天文学家会拒绝将携带时间信息的电报线拉进火车站的大门，就像无法想象一个美国的天文学家会为时间的统一辩护，因为这就像完成启蒙运动时期未完成的事业一样。

时间改革者的北美"试验田"

标准是每个时间运动阶段的标志，随着标准发生变化，全球时间运动在 19 世纪 70 年代达到高潮，这场运动是由哥伦比亚大学校长佛德瑞克·奥格图斯·伯纳德（Frederick Augustus Barnard）通过其创办的美国计量学会（American Metrologic Society）发起的。他呼吁杰出的科学家携手推动以商业往来为基础的国际主义。他认为："不同的民族使用不同的传统方法确定物质的数量和价值，这种多样性不仅给商业运作带来无穷无尽的困窘，而且也严重阻碍了国家之间的智慧交流。"在伯纳德看来，欧洲大陆的计量改革犹如希望之光，但尚未跨越英语国家的海岸。这正是美国计量学会成立的初衷，即弥补这一失败。1873 年 12 月 30 日，星期二，该学会通过了一项章程，旨在"将度量衡和货币建立起简单的可通约性关系 ①"。计量学家将全力攻克有关零度经线、力、压力和温度的单位以及电的量化等问题，并向国会、各州、教育委员会和各大院校提交研究结果。简单来说，这个学会就是一个通过商业镜头聚焦法国理性主义的游说团，旨在将理性主义渗透到美国社会的各个领域，从教室到铁路调车场，无一例外。[39]

美国信号服务局的气象学家、天文学家克利夫兰·阿贝（Cleveland Abbe）一直在探索如何解决时间分配的问题。1874 年，阿贝招募了业余观察员研究极光问题，当时研究人员无法就共同的时间基准达成一致，于是他试着结合各种实地观察结果来确定时间基准，但仍感到困惑不解。他向计量学会求助，凭借其官方身份，他很快被任命为时钟同步委员会主席。在伯纳德及其加拿大支

---

① 指两种事物之间，如果存在相同的属性，即存在可通约性。——编者注

持者桑福德·弗莱明（Sanford Fleming）的帮助下，阿贝成为推行时钟同步的最直言不讳的游说者之一，他准备了会议资料，以用于 1882 年的国会会议以及 1881 年在威尼斯和 1883 年在罗马举行的国际大会。[40]

1879 年，阿贝所在的计量学会时钟同步委员会认为，从天文学的意义上来说，真正的当地时间早就消失了，取而代之的是大杂烩般的铁路时间。因此，计量学会敦促"公共机构、珠宝商、城镇和城市官员等根据各自所在地区或附近地区主要铁路采用的标准，对公共时钟、各类钟表的时间信号进行校准"，并建议将 75 条子午线分成 3 个区域，分别对应格林尼治时区以西 4 小时、5 小时和 6 小时。计量学会认为，这样的部分区域统一标准是一件好事，但如果整个国家能制定统一的时间标准，再好不过了。格林尼治以西 6 小时，这个全国性的时间被称为"铁路和电气化时间"，因为"这些公司对我们的日常生活产生了巨大的影响，所以，我们才会认为，他们多年来一直在讨论统一时间标准的问题，一旦朝着这个目标迈进一步，那么大家都会纷纷效仿，紧随其后"。[41]就在勒威耶敦促法国铁路公司应该"以身作则"采用天文台的时间时，伯纳德和沃尔多这些美国人却希望将火车时间作为民用时间。

计量学会积极追求现代价值，决心游说联邦政府和各州政府实施改革，从而让时钟同步渗透到日常生活的方方面面中。将天文台与铁路和电报系统结合运用，就可以在北美大陆的任何地方传送时间信号。计量学家坚持要求国家首都和各州首府、所有的公共建筑、医院、监狱、海关、造币厂、救生站、灯塔、海军造船厂、兵工厂、邮局和邮政车都应该同步时钟来显示铁路和电气化时间。"从 1880 年 7 月 4 日开始"，他们希望美国使用同一个适用于所有用途的标准法定时间。[42]计量学会很清楚，要赢得这场战斗，必须联合铁路和电报系统的官员以及包括沃尔多和其他天文台在内的天文学盟友，其中有一位重要人物是当时 33 岁的威廉·F. 艾伦（William F. Allen），他是通用铁路时间公约会议秘书，同时也是《美国和加拿大旅行者官方铁路指南》（*Travelers' Official Railway Guide for the United States and Canada*）的编辑。

艾伦是所有时间安排者中的引领者，是那些不计其数的火车和时刻表背后的管理者。他是一名铁路员工，正是他制定了当地的铁路时刻表，与其他人相比，他还负责把那无数条的铁路线路编辑成旅行指南，让旅行者明白该如何选择不同的铁路线路，才能抵达目的地。在 1879 年 6 月，艾伦在支持时间统一计划之前犹豫了一段时间。[43] 一方面，科学家们在大陆范围内行动给他带来了压力，因为他们希望整个国家采用单一的时间公约。另一方面，铁路部门为了满足普通民众的要求，一直按人们习惯的当地时间运行。迫于这两方面的压力，艾伦妥协了，勉强同意将采用铁路服务所到的大城市的标准时间。1879 年 6 月，阿贝反驳了艾伦，说他的想法已经过时了，太阳达到子午线附近的时间不应该再被称为 12 点。"虽然在改变时间制度的第一周可能会有些不便，但统一时间制度的好处远远胜过了这种短期的困扰。废除旧的时间制度是我们的座右铭。"[44]

时间的改革者如雨后春笋般出现。有一个名叫查尔斯·多德（Charles Dowd）的局外人，他是一名老师，他恳请艾伦采用他的分区制时间，但遭到了拒绝。[45] 如果说多德是铁路运输领域的外行，那么相比之下，桑福德·弗莱明就是地地道道的业内人士了，他是铁路工程师，也是铁路事业的推动者。这位加拿大工程师喜欢以帝国扩张的眼光，建造规模巨大的工程。弗莱明切断了贯穿加拿大沿海省份的铁路线，提出了太平洋铁路计划，参与设计了多伦多的工业宫，将海狸作为加拿大第一枚邮票的图案，后来又为铺设跨太平洋电缆而游说各方，并提议建立一种覆盖全球的系统。他对市政委员会的实用主义活动丝毫不感兴趣，反而以进步主义者、帝国主义者的姿态出现，还带有一些略微受伤的殖民者的自尊心。1876 年，他开始写文章，一边赞扬新型火车和电报技术，一边嘲讽支离破碎的时间系统是过时的老古董。他写道："我们仍然坚持使用人类自远古时代传下来的计时系统，尽管它让世界各地屡遭困难，给我们带来了极大的不便。"弗莱明设想了一个场景，一批旅行者从伦敦乘船前往印度。这支现代探险队刚刚离开英格兰海岸，航行的时间就错了，因为巴黎时间取代了格林尼治时间，之后又将按照罗马时间、布林迪西时间、亚历山大时间来计时，然后每天的时间都会重新分配，直至船最终停靠在印度的港口。在弗莱明看来，令人恼火的是孟买的时间分为当地时间和铁路时间，铁路时间采用马德拉斯①计时系统。弗莱明认为，这种计时方式太混乱了，必须进行简化。[46]

弗莱明希望将地球作为整体，采用单一的世界时间公约，将零度经线命名为本初子午线，用来标记时区，共计 24 个时区；字母 A 代表 15 度线，B 代表 30 度线，以此类推，X 代表 345 度线。然后，假想地球中心有一个时钟，它的时针永远指向太阳，以此确定"普遍适用的""世界性的"或"地球的"时间（见图 3-6）。当子午线 C 与时针指向太阳的假想线交叉时，各地的时间都是 C 时。当子午线 D 经过那条假想线时，各地的时间都是 D 时。全世界的时钟都显示同一时间。如果伦敦大本钟显示的时间是 C:30:27，即 C 时后 30 分 27 秒，那么纽约时代广场或东京市中心的时钟也是如此，"有了电报，整个地球可以完美地实现同步"。这个时间同步系统可以跨越广阔的地理区域，确保不同地方的时间同步。为了考虑当地人的时间敏感性，弗莱明还提出了手表制作计划，这样用户便可将整个表盘旋转，让本地正午时间位于顶部。至于本地正午时间是 F 还是 Q，则取决于具体位置。此外，他还设计了双重表盘，一个用于显示当地时间，另一个用于显示世界时间。[47]

弗莱明认为，这种时钟同步法对于加拿大、美国和巴西等较大的国家来说至关重要，也有利于法国、德国和奥地利等欧洲国家，显然也会给领土范围横跨 180 度经度的俄罗斯带来好处。然而，弗莱明提出的这一愿景仍然以伦敦为中心："大英帝国的殖民地和领土几乎遍及地球的每一条子午线，占据了南北半球的大量土地，所以这个愿景对于大英帝国来说更为重要。"

铁路和电报线路推动了时间标准的统一。如今，电报线路长约 40 万英里，横跨海底和陆地；铁轨绵延 95 000 英里，横贯欧洲和亚洲。像弗莱明这样的铁路界人士预计，全球铁路线很快会达到 100 万英里，同时电报线路也会更长。

---

① 今印度第四大都市金奈，在 1996 年及之前被称为马德拉斯。——编者注

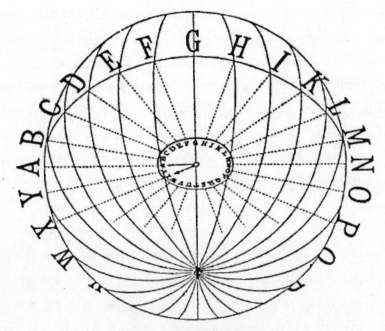

图 3-6 弗莱明的世界时间

注：桑福德·弗莱明最初是一名工程师，在加拿大修建铁路线，他自诩为以电力为基础的时间系统的伟大捍卫者，这个系统将通过单一的"世界性的"整点时间把整个世界联系在一起。在这张绘制于 1879 年的图表中，弗莱明把世界本身看作一个巨大的时钟，用 24 个字母来代替传统的 1 点、2 点或 3 点的计时方法。他设想，当子午线 C 与时针指向太阳的假想线交叉时，"C"就是世界时间。

资料来源：FLEMING, "TIME RECKONING" (1879), P.27。

电报和蒸汽通信线路环绕地球，所有国家都比邻而居——当不同国家、不同种族的人彼此面对面，他们会发现什么？他们会发现，很多国家用两组不同的时间划分方法来计量一天，就好像他们刚刚才走出野蛮时代，还没有学会数 12 以上的数。他们会发现，时钟各种各样，时针指向任何可能的方向。

弗莱明断定，这种混乱的状况必须结束。[48]

弗莱明发表的第一篇文章《地球时》（*Terrestrial Time*）没能如愿地引发强

烈的反响。1879 年，他再次出手，重复进行了尝试，这一次，他在更广泛的范围里，更加明确地提出，有必要在格林尼治确定通用的本初子午线。他指出，历史上不乏竞争者曾尝试设定本初子午线，但都以失败而告终。位于塞内加尔以西约 5 度的佛得角就曾被假定为一条零度子午线。杰拉德·墨卡托（Gerard Mercator）曾选定亚速尔群岛的科尔沃岛，因为那里的磁针指向正北。西班牙人选择了加的斯，俄罗斯人选择了位于圣彼得堡郊外的普尔科沃，意大利人选择了那不勒斯，英国人选择了康沃尔的蜥蜴角，而巴西人选择了里约。神秘的苏格兰皇家天文学家皮亚齐·史密斯（Piazzi Smyth）则声称，如果要把本初子午线放在人类最伟大的建筑上，那当属巍峨的金字塔。

弗莱明完成了多年来向全世界推广设立本初子午线的愿望。随后，他回到了格林尼治，世界上近四分之三的航运都是从这里出发的。他高兴地说，对向子午线，即距格林尼治 180 度的经线，横跨白令海峡，穿过堪察加半岛的一小部分，还跨越了从南极到北极的水域。将本初子午线设在白令海峡，不会改变原有的以格林尼治为基础的世界经线，只需要稍微调整即可。弗莱明严厉地批评法国人对巴黎的民族主义偏好，并通过大英帝国的中心天文台铺设了这条"通用"线。航运和皇权比历史、神秘主义、天体力学和其他国家的民族主义更加重要。[49] 弗莱明的建议如同音乐一般萦绕在美国时代改革家的耳畔。1880 年 3 月，他得知阿贝正在努力联合电报和铁路公司，伯纳德自豪地向他们展示了弗莱明的手表，手表显示了世界时间。[50]

然而，并非每个人都对这种新的普世主义持乐观态度。伯纳德提醒弗莱明，皮亚齐·史密斯提出了相反的观点。1864 年，史密斯坚决认为巍峨的金字塔体现了神圣的希伯来计量学的智慧，这种古老的知识具有现代意义："传统计量制度的转变问题刚刚在我们的国家引发了激烈争论，强大的政党敦促我们朝着这个方向采取彻底的颠覆性措施，而不是纠正、改进和改革。"在有些地方，法国和一些英国的公制改革者看到了进步、理性和普适主义，而史密斯却看到了"对国家利益和关系致命"的姿态。在公制倡导者看来，英制单位并不合理，而史密斯偏偏喜欢英寸和腕尺①，他认为这两种单位是从金字塔到古代神明的最后联系。[51]

伯纳德痛斥了史密斯的观点。为了平衡政治和文化力量，北美改革者认为他们自己或多或少可以不用理睬史密斯的观点。英国皇家天文学家乔治·艾里（George Airy）的观点却不可能如此轻而易举地被推翻。因此，当艾里在1881 年 7 月写信反对伯纳德的观点时，北美改革者们一定被刺痛了。伯纳德收到信后立即将副本转给了弗莱明。艾里委婉地向伯纳德说明情况，却不愿提到弗莱明的名字，他说道："在我看来，你首先必须从是否方便的角度考虑大多数人想要什么，而且必须竭尽全力满足这种需求。"他认为，无论"这位加拿大作者"如何看待旅行者的痛苦，他们都可以解决在长途铁路上重置手表的问题。让一辆从纽约开往旧金山的火车按纽约时间校准，而在回程中，乘客和铁路员工可以直接采用旧金山时间。不，实际问题不在于美国的长途旅行，而是在跨越时间变化线的交叉地区。"对于世界时间，爱尔兰或土耳其居民的关注点是什么？水手需要世界时间，是因为职业需要，他们要跨越很大的经度范围，那么这就是世界时间的意义所在。"令伯纳德和弗莱明难以置信的是，艾里认为格林尼治本身就很不适合作为时间中心。格林尼治位于英格兰的东部，距离英格兰内陆较远，而天文台的正统性在于其权威性，对艾里来说，只有在时间统一有意义的地方，时间才应该统一，比如在英格兰岛。确定通用时间的目的是实现"硬性和快速"的时间线，但这个目标会给人们带来不便，因此尝试的结果也是徒劳的。"我想它永远得不到人们的认可。"[52]

在给弗莱明的信中，为了避免弗莱明受到打击，伯纳德提到了艾里"固执己见"和偶尔犯下的错误，包括艾里在英国和法国关于发现海王星的争议中公开地进行了错误干预。伯纳德说，自己在英国成功说服了军械测量局的克拉克上校，克拉克会支持时间统一。这显然是一个微妙的时刻，对伯纳德来说是

---

① 埃及人最初的测量单位，指从肘到中指端的距离。希腊和罗马也曾用腕尺作为长度单位。——编者注

场考验，因为他要使用所有的政治技巧，说服国际法的谈判者支持他的时间改革。但伯纳德输给了大名鼎鼎的威廉·汤姆孙，也就是开尔文勋爵，失去了国际法时间委员会主席之位。伯纳德透露到，汤姆孙需要接受"教育"。更糟糕的是，没人通知汤姆孙他已当选国际法时间委员会的成员，更不用说主席了。伯纳德一方面试图激发汤姆孙的热情，另一方面，又不得不削弱自己对弗莱明的积极支持，他不断写信恳求弗莱明的北方支持者控制住弗莱明四处进行的争论："我认为，无论是在决战之前表现出不确定性，或者迎敌时改变观点，都非良策。"时间统一的问题在委员会中没有取得进展。[53]

统一时间的倡导者们在北美也遇到了困难。当伯纳德和弗莱明试图以格林尼治为中心建立统一的世界时间时，美国海军天文台却在确定美国的国家时间，而非世界时间。

对于普通人从世界时间内获得任何东西的想法，海军天文学家不屑一顾，而且反对时区的地区性。恰恰相反，他们想要的是欧洲式的科学时间，以本国的国家天文台为基础，实现整个国家的时间统一。1881年6月，天文台负责人、海军少将约翰·罗杰斯（John Rodgers）为这场时间的战斗做好了准备，他仰望天空，寻求支持："很多国家把太阳当作国家时钟，人们按照太阳的位置来确定各自起床、吃饭、工作和休息的时间。太阳是大自然用来调节人类生活的时钟，无法取代。"他承认，铁路的确需要自己的时间，联邦政府可以要求在时间表上印上华盛顿时间。然而，"与不关心科学时间的人相比，只有千分之一的人关心科学时间，而且，我找不到任何压倒性的理由来解释，为什么在我们这个拥有五千万人口的国家要使用只有三千万人的英国设定的科学时间。如果越来越多的人接受我们的科学时间，并且人数持续增长，那么我们的科学时间也应该得到认可。我认为，大众的民族感太过强烈，以至于哲学家都无可名状。"罗杰斯总结道："科学家有时会高估自身的作用。"[54]

19世纪80年代初，在时间线日益交错的世界里，时间改革者们竭力实现时间统一，但他们倡导的时间标准又相互矛盾。伯纳德、弗莱明及其支持者提出了覆盖全球的"地球时间";法国、英国和美国的国家天文台都主张使用各自的国家时间。铁路和城市的选择各异,但在很大程度上取决于各自选择的公约。城市会像英国和美国大部分地区一样选择火车时间吗?如果是这样,那么如何从地理的角度理解同时性呢?或者城市会像法国一样允许火车线路保留各自的时间吗?虽然都标榜方便和约定的口号,但到底由哪个主时钟来设置哪些次级时钟呢?

1882 年末,威廉·艾伦提出了一个折中方案,即为整个北美铁路系统设置 1 小时的时区。这个想法得到了计量学会的支持,于是计量学会激动地汇报说,国会决定敦促总统召开一次国际会议,届时美国将派 3 名代表参会。纽约正在考虑将报时球改为格林尼治时间,美国邮局采用了通用时间,而且,伯纳德正在游说当时的美国总统切斯特·艾伦·阿瑟(Chester Alan Arthur),与国务卿弗雷德里克·西奥多·弗里林海森(Frederick Theodore Frelinghuysen)携手推行时间改革。这项工作得到了美国土木工程师学会和美国科学促进协会的支持。[55] 时间统一计划在铁路轨道上进展得更加迅速。一些南方人曾短暂地反对根据他们的需求而量身定制的系统,但他们的行动被粉碎了;[56] 1883 年 4 月 11 日,艾伦与铁路公司的总裁、经理、客运代理人和铁路监督员在密苏里州的圣路易斯举行了通用铁路时间公约会议,当时铁路公司的观点似乎是支持依据第 75 号、第 90 号和第 105 号子午线划分的时区制。

艾伦发表评论说:"现有制度'七拼八凑',50 种不同的标准相互交错,既令人厌恶,又毫无便利而言,无法在短时间内得到纠正。"为了消除这种混乱的局面,艾伦提出了他的解决方案,即由 3 个纵向时区组成的地图,每个时区标记不同的颜色,而与这个提议相对立的正是一张五颜六色的拼图,包含了当前的时间划分情况。铁路爱好者可以购买任何一张地图,不过,描绘当时混乱局面的第二张地图不能大量印刷,因为太过于复杂,而且成本翻倍。"我想,只要看一眼这张地图,就足以让每个人相信当前的情况是多么混乱不堪。"正如艾伦明确指出的那样,在任何地方,时区制都有零度经线。毫无疑问,人们特别想把零度经线定在华盛顿特区,但艾伦认为,这种狭隘的观点应该摒弃:

我们每个人或多或少都有一种地方自豪感,如果"宇宙中心"的子午线时间是特定道路上火车运行的时间基准,那么我们想坚持下去。可是,朋友们,你们有什么权利说这个特定的子午线属于你们的城市?桉树村和哈德斯克拉布尔村位于同一条子午线上,他们和你们一样,享有同等的权利,也可以给子午线起个名字……对所有普通的商业交易来说,只要大家同意使用,那么两个标准之间不存在好坏之分。[57]

时间是一种约定,也是一种协议,就像其他任何协议一样,按照协议规定将城市、线路、地区、国家或世界统一起来。把这种任意性融入集体语言中,就像获得一种规则化的时间意识一样,是一种巨大的转变。

天文学家和铁路员工都认为,与其他任何行业相比,交通运输的新技术能够更有效地约束时间。正如艾伦所说:"铁路列车是伟大的教育者和监督者,因为它让人们学会认识时间和保持时间的精度。"火车线路改变了欧洲和北美的时间体验;不仅如此,越来越多的人认为,铁路时刻表已经成为时间的定义,是同步性的实例。事实上,对大多数人来说,如果没有现代的火车和电报,世界的时间结构会漂移未定。"我敢断言,"艾伦补充道,"假如这个城市的铁路和电报通信中断整整一个月,第一天晚上所有的钟表都悄悄地快半小时或慢半小时,1 000个人当中没有人会自己感觉到发生了变化……"[58]

大会结束时,艾伦讲了一则发人深省的寓言,虽然是开玩笑,但反映了铁路员工的立场,因为在制定时间公约时,他们就决定了整个国家的电力部门强制实施同时性:

根据记录,一个小型的宗教团体曾经通过了两项决议,以此宣示其宗教信仰。第一,决心让圣徒治理地球;第二,决心成为圣徒。[59]

无论是否有决心,一些铁路员工认为时间的主宰者绝对不是圣徒。这种对立的观点并非像艾伦所说的那样，剥夺了上帝所造的正午太阳的神圣性。抗议者一致认可了由铁路和电报行业共同确定同时性的原则。毕竟，从大西洋到太平洋的铁路已经划分出了有效的时区。例如，1883 年 9 月发行的一份铁路指南显示，约有 47 条线路按纽约时间运行，36 条线路采用芝加哥时间，而其他 33 条线路采用费城时间。[60] 每条火车线路都接受了通用铁路时间公约。19 世纪晚期，铁轨和电缆突显了这一时期的基本特征，无论是时区抗议者还是支持者都是如此。那么到底还有哪些争议呢？一篇报纸文章以捍卫单一的国家时间为题，将矛头对准了天文台。在天文台，天文学家负责天文观测工作，将时间统一的信号传送到各个地区；当地的同时性已经成为"这些观星者赖以生存的食物"。另一个反对标准时间的声音来自一位年鉴出版商，他认为时间统一会彻底取代日出和日落时间。[61] 大多数抗议者只是对公约的同时性分界线提出异议，他们认为当地火车时刻表、地区时间、国家时间或世界时间更便利，以此为由反对时区划分，而很少有人质疑"上帝的真实时间"。[62]

就在 1883 年 10 月 11 日通用铁路时间公约大会再次召开的前一周，马萨诸塞州的一条火车线路不赞成时区划分。对此，艾伦表示，目前约有 7 万英里的铁路线路排队等待实施时间改革。随着里程的增加，他对抗议者的态度也变得不那么客气了。[63] 各大城市也相继实施了时区划分。各铁道公司同意在途经波士顿时切换到标准时间，但前提是哈佛天文台及其附属机构也会这么做。代表们在芝加哥大饭店参与通用铁路时间公约大会时，波士顿发来了重要的电报，表示让步，同意进行改革。电报上写着："只有与会代表在大会上投赞成票，城市、铁路和天文台才能确定要改变所有的公共时间的日期。"掌声在房间里回荡。[64] 这一刻最终会到来，为了这一刻，美国海军天文台也同意了时区系统，搁置了国家的科学愿望。[65]

到了投票时刻，铁路官员没有根据支持或反对的代表人数拉票，也没有根据赞成或反对的公司数进行拉票。相反，按照轨道的里程数进行投票更合适。改革结果是，共有 79 041 英里的铁路线支持格林尼治时区，其中包括已加入通用铁路时间公约的 27 781 英里铁路和未加入公约的 51 260 英里铁路，而持反对意见的只有 1 714 英里铁路。1883 年 11 月 18 日，"我们下定决心，我们在此保证，会按照约定的标准在各自的轨道上运行火车，并在下一个时刻表生效时采用同样的标准"。[66] 艾伦想要建立一个由多个分支组成的电气化时钟同步系统，把所有的报时球、火车时钟和城市时钟连接在一起，整个系统以格林尼治时间为基准。[67]

那绵延 79 041 英里的铁路线翘首以盼的正是时区划分。1883 年 10 月 19 日，时任纽约市市长的富兰克林·埃德森（Franklin Edson）签署批准书，纽约同意划定同时性区域。埃德森将批准书转发给市议员，连同一打铁路文件和机构合约。

到 1883 年底，时间公约成为纽约和巴黎的热门话题，就连美国大城市里的政治家都宣称："所谓的当地时间只是一种与天文时间不同的平均时间，但大家都同意使用当地时间后，可以满足各地人们的便利之需。"纽约市市长推断，新的时间标准会使社区的大多数人受益，并且差异很小，那为什么不执行新的标准呢？[68] 城市里的人们也都附和道："公约的、官方的时间在设计时应该最大程度地满足人们对时间的利益需求。"随后，议员们在 1883 年 11 月 18 日中午做出决议，铁路和纽约市都将采用第 75 经线的时间，第 75 经线就在从市政厅向西走几分钟的位置。[69]

时间改革已经从无数相互竞争的同时性方案变成了紧密协调的时间计划。基于天文学家借助望远镜得到的观察结果，以嘞嘞作响的铁轨来确认和证明，然后连接到大都市的时钟上。

1883 年 10 月 22 日，伯纳德写信给弗莱明说，铁路终于成功地战胜了时间："对这个半球来说，这个问题永远解决了。这是举世无双的成就。或许，在欧洲，巴黎永远不会同意使用格林尼治时间，但我们不需要为此担心。"伯纳德认为，北美取得了时区同时性的胜利，"或许会敦促办事拖拉的政府采取行动，针对拟定在华盛顿举行的国际经度会议做出决定"。[70]

从时间进入空间

　　然而，在 1884 年中期的巴黎，天文台的时间没有一分钟是主要为火车和城市时钟服务的。巴黎天文台从来都不是一家商业机构。至少在综合理工人和他们的盟友中，就有人认为，在用自然神学使帝国神圣化的过程中，主要为分配时间服务的天文学毫无作用，这种作用就像很多英国同行一样无足轻重。恰恰相反，在英制单位的支持者中，甚至有人认为公制的魅力也只是能给国际贸易带来便利而已。对庞加莱和他的老师、同事等法国学者来说，公制显然会有助于交流，但十进制、统一化和合理化的好处远不止于此。这些是长期以来启蒙运动所形成的标准，这些标准将法国在 1870 年普法战争后恢复民族尊严的愿望与建立世俗的、进步的理性结合起来，而这种理性被认为是法兰西第三共和国的现代主义标志。

　　对庞加莱来说，经度局是自法国大革命以来科学启蒙的伟大中心之一，它将进步目标与科技目标统一起来。1884 年，经度局的首要任务是基于天文台的电气化时间来绘制世界地图。事实上，从 19 世纪 60 年代中期到 19 世纪90 年代，法国、英国和美国争相通过庞大的海底电报电缆网络来确立同时性，从而确定经度并重新绘制全球地图。这场竞赛是占有地图所有权的象征，各国定于 1884 年 10 月在华盛顿举行的国际经度会议上一较高下，紧张的气氛空前绝后。然而，利用电气化时间绘制世界地图的风险依然较高。1898 年，庞加莱在《时间的测量》一文中提出同时性是一种约定，当时他已经在经度局工作了 5 年多，是少数几个领军人物之一。他从 1893 年 1 月 4 日开始在经度局任职，直至 1912 年去世。1899 年 9 月，在发表《时间的测量》大约一年半后，庞加莱当选为经度局主席，并在 1909 年和 1910 年连任。庞加莱并非有名无实，在成果最丰硕的几年里，他不但发表各种报告，领导委员会的工作，还监督经度探险工作的开展。

　　经度局？人们可能会认为，与庞加莱对数学物理学更深入的研究，或者他对非欧几何、太阳系稳定性的探究，或者用约定来代替绝对真理的大胆哲学解释相比，经度局这样的计量机构很少会引起人们的关注。然而，经度局的工作正是本书的故事核心。确切地说，经度局运行着巨大的理论机器，将改变我们对庞加莱重新定义时间的转折点的理解。

1884 年 4 月 7 日，天文学家法叶站在法兰西科学院前，宣读了奥克塔夫·德·贝尔纳迪埃（Octave de Bernardieres）中尉的一份报告，该报告提出了一个至关重要的问题。贝尔纳迪埃中尉是第一批新型海军军官之一，不仅受过远洋航行训练，而且可以说是由蒙苏里的天文学家一手培养出来的。他在天文学方面表现卓越，与人合作撰写了一份长达 336 页的报告，主要阐述了柏林和巴黎之间在陆地上的经度差。在报告中，他向科学院表示，在过去的几年里，天文钟的运输技术改进，加上天文手段，经度测定的精度大幅提高。1867 年，随着第一条电缆跨越大西洋，缩小了英国格林尼治天文台和美国华盛顿海军天文台之间的经度差，这些旧技术也随之淘汰了。在整个 19 世纪 70 年代和 80 年代，因为电报与遍及全球各大海洋的海底电缆相连接，这项新技术为所有远距离的经度测量工作奠定了基础。[71]

尤其是在英国，工厂大量生产电缆。首先，一根粗铜导线要经过商业杜仲胶的绝缘处理，这种胶是一种新开发的合成胶，由树胶、杜仲胶、树脂和水组成。然后，制造商在导线外层缠绕一层黄麻纱线，这样可以在杜仲胶涂层的电缆和粗铁丝之间形成缓冲，防止铜芯断裂。接着，工人使用更多的黄麻纱线将粗电缆和铁丝捆在一起，电缆越多，纱线就越多，至少在危险的岩石海岸附近是这样，最后再使用杜仲胶作为外层防水保护套。蒸汽船只需要将几英里长的电缆运送到海里，再由工人使用船上的缆绳将它们绑在一起，这些电缆便可连接起来，绵延数千英里。有时，当电缆被海洋生物、冰山、海底火山、锚或尖锐的岩石划开而发生断裂时，它们就会被拖出海底，进行维修。

贝尔纳迪埃很清楚，长期以来，法国人对长途航海所造成的地图制作差异而感到困惑，这导致精密时计变得不可靠。1866 年，法国经度局受命确定全球范围内的次级地点，派出了 6 个小分队，前往全球各个角落。他们的任务是利用月球在恒星背景下的位置来确定位于北美洲、南美洲、非洲、中国、日本以及太平洋和印度洋岛屿上的一些地点的经度。这种地图绘制方法耗时费力，法国政府却既没有出资，也没有出力。理论上，这种方法很简单：只要世界上两个地方的天文学家都能确定月球到达天球①最高点的时间，那么就可以认为两地观测同时进行。导航员会在一张图表上确定返回的时间，并观测当地时间。测量结果之间的差值就是这两地之间的经度差。两地相差 6 小时？那两地之间的经度差为 90 度。

众所周知，月上中天②是非常难以确定的。即使是技术最娴熟的天文学家，似乎也无法保证在确定月球和恒星的天顶位置时没有重大失误，这是非常大的难题。因为地球每天绕地轴自转一次，看起来好像是恒星在每 24 小时自转一次，而月球在恒星背景下的运行慢得多，大约每 30 天一次。因此，当月球经过某个特定角度时，恒星移动的角度是该角度的 30 倍，误差也随之增加30 倍。在这种不确定性下，驾驶船舶穿过遥远的浅滩，船上的水手可能会因此而送命。[72]

由于"拍摄月球"的难度较大，测量员在确定经度的同时，也找到了其他更容易测量的天象。几个世纪以来，航海家们一直使用日全食来确定经度。例如，哥伦布在横渡大西洋的探险中就曾使用日全食来确定经度。因此，美国的地图制作者通过观察月亮遮住太阳的情况，来确定华盛顿和格林尼治之间的经度关系，这种方法似乎有用。1860 年 7 月 18 日，美国派了一艘轮船到加拿大拉布拉多地区，希望将观测结果与从西班牙看到的结果进行比较。

此外，天文学家一直以来还采用另外一种观测方法。他们观察月亮在夜空中划过的弧线，直到有一颗星星被月亮遮住，这种消失的瞬间就是掩星现象，

---

① 天球是天文学上为研究天体的位置和运动而引进的一个假想圆球。天球与地球同球心，有相同的自转轴，半径无限大。——编者注

② 中天是天体在最高点的位置，也就是该天体最接近天顶的时刻。——编者注

也可以用来设置相距遥远的两点之间的同时性。在当地测量掩星的时间，从图表找出在格林尼治或巴黎观察到相同事件的时间，或等待邮寄报告，然后将两个时间相减，也可以计算经度。因此，美国和欧洲的天文学家都小心谨慎地观察和记录昴宿团的 4 颗恒星从月球后面掠过，又从月球后面出来的天象。加拿大新不伦瑞克省的弗雷德里克顿和英国利物浦的天文台都挤满了天文学家，等待月掩金星，最终金星在 1860 年 4 月 24 日被月球掩蔽。对于法国、英国和美国的天文学家来说，他们的工作职责之一就是确定经度，为此，他们用尽一切可能的方法，但依然不能将美国与"信心满满的欧洲天文台"的观测结果结合起来。每一次航海考察，得到的经度都不同。[73]

测图表明了人们从象征性和实用性的角度对空间的掌握。在 19 世纪中叶大规模的圈地运动中，对于贸易、军事和铁路等领域来说，至关重要的是确定位置。[74]美国爆发南北战争时，海岸勘测成为一项战略资源。国会早就要求将海域纳入调查范围，以满足商业或国防需要。现在地图制作者希望完成这项任务，于是便与北卡罗来纳州和密西西比州的联邦海军上将密切合作。起初，包括乔治·迪恩（George Dean）在内的电报测量员通过简化已经掌握的数据，以提供南部关键军事地点的精确位置，确定不同位置之间的经度差。[75]通过观察、测量和计算，测量员绘制了查尔斯顿和萨凡纳周围的叛军阵地图，而一小组侦察地形的学者加入了威廉·特库赛·谢尔曼（William Tecumseh Sherman）将军的团队，从萨凡纳向佐治亚州戈尔兹伯勒行进。战争结束后，测量员开始利用战时电报的勘测方法来规划未来的工作计划。从美国东北部的缅因州加莱到东南部的路易斯安那州新奥尔良，他们几乎对每一座主要的城镇都重新进行了更加精确的测量。在此次调查中，本杰明·古尔德（Benjamin Gould）负责电报经度测量的相关工作，他带领的团队向东行进，测量从纽约到华盛顿的经度，以填补美国电气化地图的关键空白，从而获得完整的密西西比河以东的美国地图。[76]

测量人员望向了浩瀚海洋。他们感觉有些绝望，因为欧洲和美国之间经度差的趋同仍难以实现，不管他们多么努力，最终也只是徒劳。于是，他们仔细研究月上中天的数据，重新研究了恒星和行星的掩星数据以及先前的天文钟结果，可是重新分析旧数据还远远不够："经度测量原本可以完全只依赖分析结果，但结果存在不一致，不同结果之间的差异超过了 4 秒钟；近期的测量结果和最值得依赖的结果的差异最大。在测时勘探的过程中，海岸勘探局不遗余力、不惜成本地进行勘探，因为有关法律特别要求对跨大西洋经度进行最准确的测定。"此外，最新的天文钟研究与最好的天文学研究存在着 3 秒半的差异，而这个差异无法消除，令人费解。[77] 大家都不知道这两个结果究竟孰对孰错。

只有水下电报电缆才能打破僵局。从 1857 年 8 月开始，工人们一直竭尽全力地在北大西洋铺设电报电缆，可是电缆断了一次又一次。1858 年 6 月，船队再次携带大量电缆从英国普利茅斯出发。出发 3 天后，船队遭遇风浪，大风整整刮了 9 天。尽管其中一艘船严重受损，还有一名水手被吓得失去理智，但电缆铺设任务依然没有停止。1858 年 8 月 6 日，第一个信号终于发出了，但随后在美国南北战争期间，电缆断裂，海底电缆不得不暂停使用。1865 年 7 月，"大东方号"从爱尔兰西南部的瓦伦提亚岛出发，向加拿大的纽芬兰运送电缆。这艘巨轮的体积庞大，比普通船只大了 5 倍。这艘巨轮行驶了 1 200 英里后，缆绳和船舶起重装置都不幸沉入海底，任务终止了。[78]1866 年，另一艘船从纽芬兰的一个渔村哈茨康坦特出发了，这个小渔村地处特里尼蒂湾东侧，距离圣约翰约 90 英里。这艘船运载着经过改进的电缆，前往瓦伦提亚岛铺设电缆。此次任务完成了。1866 年 7 月 27 日，电缆开始通信，测量员立即开始发送时间信号。古尔德将经度小组分成几个小队，分别前往加拿大东海岸沿线的中途各站。为了检查从加莱到纽芬兰的电报线路，考察队租了一艘纵帆船，定期往来于新斯科舍省的布雷顿角岛和目的地纽芬兰哈茨康坦特。由于每隔一英里就要检查传递信号的中继器是否正常，所以考察队不得不对几十名独立的电报员进行了紧急训练。[79]

1866 年 9 月 12 日，古尔德乘坐英国邮船"亚洲号"前往利物浦和伦敦，先是与英国电缆公司的负责人进行协商，然后将测量仪器运往爱尔兰终点站。天文学家们乘坐一辆临时的、有弹簧垫的马车在爱尔兰乡间颠簸前行，把不稳固的高架板条箱拖拽了 42 英里，然后从基拉尼穿过海峡把他们的东西运到瓦伦提亚。电缆末端的情况不容乐观。英国公司担心新大陆①的脆弱的电缆会因雷击而受损，所以不同意美国人将陆地电缆与海底电缆进行电气连接。这意味着美国人只能在弗伊霍姆梅鲁姆湾（Foil hommerum Bay）的电报公司大楼附近设立自己的天文台，用他们自己的话来说，"天文台远离其他住宅区，除不引人注意的农舍外"。在这崎岖的地形上，美国人搭建了临时天文台，这座临时天文台占地 23 英尺长、11 英尺宽，固定在 6 块埋在地下的重重的石头上，在邻近电报大楼的掩映下，不容易受西南方向的大风影响，而且地面较高，使他们也不易受西北方向的天气影响。较大的房间用作天文台，东端较小的房间作为住处。天文台很简陋：室内有运输仪器用的刚性支架，隐蔽处放有时钟和记时仪，还有用于向格林尼治传输信号的继电器磁铁，以及摩斯电码寄存器和记录表。[80]

瓦伦提亚的天空开始下雨，古尔德将它称为"特殊的非天文天空"。一场又一场瓢泼大雨。到了正午时分，太阳在乌云中若隐若现。天文学家时刻保持警惕，观察太阳何时穿透云层，以确定子午线。最终，1866 年 10 月 14 日凌晨 3 点，美国人透过薄雾瞥见了几颗星星，并记录了它们穿过子午线的时间。当地人说，在观测人员到达之前的 8 个星期里，瓦伦提亚天天下雨。观测人员在海边的爱尔兰小屋生活和工作了 7 个星期，其中只有 4 天没有下雨，而且只有一个夜晚天气晴朗。"通常，观测人员在阵雨的间隔进行观测，但当观测人员在观察一颗行星穿过子午线时，大量的降雨经常会干扰观测过程，这时常发生。"在电缆另一端的纽芬兰，情况更加糟糕。电报测量员迪恩什么也没发现，就连太阳、月亮和星星都毫无踪影。

在英国破败的边缘地区，观测人员使用一块电池为越洋信号供电，电池由带一小块锌的盖帽和酸化水组成，这是维多利亚时代的高科技。在天气允许的情况下，爱尔兰电台会用摩斯电码发送"古尔德"给纽芬兰，而纽芬兰会回复

---

① 指西半球或南、北美洲及其附近岛屿。——编者注

"迪恩",然后传递时间信号——半秒钟的脉冲信号,间隔时间为 5 秒。电缆两端的观测小组在忙着解决仪器问题。因为信号横渡大西洋后,会变得非常微弱,微弱到无法驱动鼓形记录仪,所以观测人员采用了镜式电流计,这是开尔文勋爵发明的一种灵敏度较高的设备。一面精致的镜子悬挂着,镜子背面粘着一块小磁铁,反射煤油灯发出的光。在镜子附近有一个线圈与海底电缆相连,当信号电流通过电缆时,线圈就变成了一个电磁体,通过镜子上的小磁铁使镜子轻轻转动,从而使煤油灯的反射光投射到一张安装好的白纸板上。采用该方法后,即使最微弱的越洋时间信号也会变得清晰可见。当感应到信号后,观测人员会将煤油灯的明亮光线聚焦到镜子上。在寒冷、潮湿的夜晚,随着时间的流逝,观测人员等待着,希望电流能穿过 4 320 英里的海洋,在潮湿的纸上闪现一点点反射光。

在移动观测中,天文学家严格按照程序进行观测,因为这些程序来之不易,是从古尔德和迪恩在美国南北战争期间进行的制图经验中获得的。1866 年 10 月 24 日,古尔德团队收到了第一个信号。在接下来的几个星期里,古尔德和电报员在观测天文天气的小窗口中又进行了 4 次通信。其中,在与古尔德隔海相望的纽芬兰,迪恩试图将信号传递到波士顿,但不太成功。当电缆从哈茨康坦特绵延 1 100 百英里,到达缅因州加莱进入美国时,通信中断了,"日复一日,周复一周"。什么也没有用。突然,12 月 11 日,严寒来袭,出故障的加莱陆地电缆被冰完全覆盖了,脉冲犹如闪电一般从哈茨康坦特射向加莱。就在 1867 年元旦前夕,纽芬兰考察队乘船抵达波士顿港,确定了哈佛天文台和格林尼治天文台之间的经度差。[81]

随着电缆跨越太平洋,制作电气化地图的速度不断加快。在英美合作后,法国人立即铺设了一条电缆,从法国西部的布雷斯特到美国马萨诸塞州的达克斯伯里,途经圣皮埃尔延伸到纽芬兰。美国的天文学家兼测量员迪恩和他的移动测量队几乎立即开始重新部署,与法国海军当局制订了时间校准计划。一旦布雷斯特 - 巴黎线能够安全通信,那么观测人员便有希望通过一组三角关系对经度结果进行双重检查。例如,如果一个人从布雷斯特出发前往巴黎,到达格林尼治，然后再回到布雷斯特，则经度差应该且确实正好抵消为 0：

$$（布雷斯特-巴黎）+（巴黎-格林尼治）+（格林尼治-布雷斯特）=0^{82}$$

法国海军中尉贝尔纳迪埃非常清楚，美国和英国的同行也正在进行经度测量。1873 年春，美国海军中校弗朗西斯·格林（Francis Green）开始通过海底电缆发送时间信号，以此来绘制西印度群岛和中美洲的地图。格林的团队乘坐侧轮蒸汽船"葛底斯堡号"在海上旅行，精确地确定了巴拿马、古巴、牙买加、波多黎各和很多岛屿的经度。[83]1877 年，他乘船返航，当时相关部门让他再次出海考察，这次是为了开发新铺设的跨大西洋电报电缆：从伦敦途经里斯本，抵达巴西东北部的累西腓。这是美国海军第一次沿着南美洲东海岸从巴西帕拉州到阿根廷布宜诺斯艾利斯进行完整的水文测量。美国海军当局在出发前夸口说，此次考察将解决像里约热内卢湾的维勒加尼翁岛这样备受争议的地点的位置问题，在此前的测量工作中，测量员曾因一个惊人的 32 秒的误差而对这里产生了争议，这一误差导致船只无法确定在距离南美洲东部边缘 8 英里的哪个位置着陆。

在法国人的帮助下，葡萄牙人也加入了以格林尼治为中心的地图制作计划。法国人通过电缆将巴黎的信号发送到里斯本。[84]格林的船队则停在了远离巴西海岸的格兰德港①，等待当时的流行性"疾病高发期"过去，然后才敢登陆伯南布哥。"没有什么比在格兰德港待上两三个星期更无聊的事情了。"美国人抱怨道，"圣维森特岛上到处都是煤渣。"[85]最后，天文学家们乘坐皇家邮轮到达伯南布哥，并启动了测量仪器：从格林尼治天文台向兰兹角②，通过828英里的海底电缆，从位于卡卡鲁维斯灯塔附近的东方电报公司的仪器室出发，然后从里斯本皇家天文台出发，穿越大西洋，进入巴西海军的军火库，沿着军

---

① 格兰德港是非洲国家佛得角共和国的圣维森特岛上的重要港口。——编者注

② 兰兹角（Land's End），位于英国西南极端的康沃尔半岛的海角，直译为陆地尽头，也被称为英国的天涯海角。——译者注

火库墙壁上的绝缘电线，爬上港口里海军上校办公室的屋顶，穿过广场，通过阳台，一直传送到镜式电流计，产生一束来回摇晃的白光。

这种电脉冲很不易察觉，转瞬即逝，而且不可靠。但是，当它最终于1878 年 7 月到达里约时，就有了非凡的皇室意义。1876 年，巴西皇帝佩德罗二世前往美国，然后开启了一次伟大的欧洲之旅。在此次旅行中，他与德国考古学家海因里希·施里曼（Heinrich Schliemann）一起参观了美国纽约州的特洛伊，并在维也纳与维多利亚女王的女儿和女婿一起狂欢。在巴黎，法兰西科学院任命佩德罗二世为外籍院士，大文豪雨果接待了他，一起探讨文学。然后，佩德罗二世返回伦敦，在温莎城堡与女王共进午餐。对于佩德罗二世来说，这次欧洲之旅既是公共生活，也是富有趣味的私人生活，他甚至还有点儿不情愿回里约热内卢。皇帝陛下去参观了格林中校那摇摇欲坠的天文台，虽然天文台破烂不堪，但在那里，他见证了欧洲电气化时间的到来。[86]

今天，"天文台"这个词可能会让人联想到这样一幅浪漫的画面：太阳在陡峭的山顶之上，熠熠生辉；天文学家旋转着他那巨大的黄铜望远镜观察天空，仿佛打开了天空之门，而穿着白衣的助手们静待身侧。若不是为了格林中校和他的美国海军团队，谁会来格兰德港这样的地方建造电报局呢？显然，为电报局选择一处具有良好的天空视野的位置非常关键。然后，他们在地面上向北画出一条子午线，并建造一个砖瓦水泥墩。天文学家们把随身携带的一小块大理石板放在上面，再放上珍贵的黄铜中星仪，通过中星仪观察星星穿越蜘蛛丝般的子午线。两名天文学家需要大约一小时来组装一台木头制成的便携式天文台。这台便携式天文台大约 8 英尺见方，上面罩有防雨帆布。格林中校在这个小小的观测站里塞满了时钟、电报发报键和鼓形记录仪或镜式电流计，用来显示传入的信号。当观测人员需要电报员协助时，这个房间也还算温馨、方便。

在向佩德罗二世展示了里约的电气化地图后，格林团队随即继续航行。1883 年初，为了将南美洲西海岸的电缆与电报系统连接起来，华盛顿方面再次派该小组去执行任务。这是一次新的探险之旅，格林和他的团队沿途从得克萨斯州的加尔维斯顿，一直行进到墨西哥东南部黄热病肆虐的韦拉克鲁斯。在电气化的世界地图上增加了韦拉克鲁斯后，探险小组继续沿着南美洲西海岸航行，希望连接从墨西哥东南部萨利纳克鲁斯到智利瓦尔帕莱索的电缆。他们在新奥尔良和加尔维斯顿克服了防疫隔离，但在智利军事占领期间只能到达秘鲁①，无法继续向南航行了。

由于美国驻秘鲁公使S. L. 菲尔普斯（S. L. Phelps）先生的鼎力相助，智利的海军上将承诺会为格林他们提供协助。1883 年 10 月 13 日，在智利海军的协助下，格林和他的团队从利马出发，向南行进，连通了瓦尔帕莱索与利马之间的电报电缆。1884 年初，他们在秘鲁西北部的派塔组装了木制天文台。7 年来，这是干燥的派塔小镇第一次迎来瓢泼大雨。"小镇的土壤干旱，尘土飞扬，和着雨水，变成了泥浆，令人作呕，恶臭难闻。整个镇子简直无法居住。"[87]此外，"在秘鲁的观测活动，"观测人员报告说，"都是在智利军队占领的军事据点进行的，所以观测人员必须与对方的拖延做斗争，比如说，在智利的阿里卡，军事指挥官对天文观测漠不关心，甚至对此愚昧无知"，更不用说海关延误、大雾和电缆断裂的情况了。终于，1884 年 4 月 5 日，美国人带着南美洲不同地区的经度，启航返回纽约。[88]位于巴西巴伊亚州的便携式天文台如图 3-7 所示。

在狭小而偏远的天文台里，美国、英国和法国的观测人员获取天文数据，并与电报线缆中的脉冲进行匹配。他们通过星星获得每个观测站的当地时间，通过电缆获得其他地方的时间。这项工作极其艰苦，不仅对测量结果要求很高，而且需要结实的电缆和统筹协调的团队合作。贝尔纳迪埃的一名法国伙伴将观测站设在利马南部的乔里洛斯镇的废墟附近，另一名合作伙伴则在布宜诺斯艾利斯海军学校的天文台里等着贝尔纳迪埃的电报。贝尔纳迪埃将各条电缆

---

① 1879—1883 年，秘鲁联合玻利维亚与智利进行争夺硝石产地的战争，被称为"南美太平洋战争"。秘鲁战败，智利夺取了世界上最大的硝石产地，并控制了秘鲁的两个省份。——编者注

连接起来，然后开始从瓦尔帕莱索向巴拿马发送信号。接线员沿途接力，设法保持信号不间断地传送：微小的电流使镜子发生转动，光经反射后闪烁。接线员一看到光点移动，就会重新发送信号。自 1883 年 1 月 18 日起，法国团队抓住了 3 个条件极好的机会，那 3 个夜晚非常适合天文观测和传送电子信号，而那时美国人还在华盛顿制备板条箱，为沿着秘鲁和阿根廷海岸的探险之旅做准备。就在他们完成了最后一次测量后，通往巴拿马的海底电缆断裂，切断了这座小小的天文台与巴黎的通信。但他们有了结果：瓦尔帕莱索股票市场上旗杆所在的经度比东方数千英里以外的位于蒙苏里的巴黎天文台早 4 小时 55 分 54.11 秒。

图 3-7　位于巴西巴伊亚州的便携式天文台

注：图片中的美国海军军官正在测量时间的同时性，由此计算经度差，以便更准确地绘制美洲地图。法国、英国和美国团队进行的经度探险活动，一部分是为了科学考察，一部分是为了军事，还有一部分异为了探险。通常，"天文观测站"只不过是几个轻便的小木屋，配备几件电报设备、磁铁、镜子和观测用的望远镜。但是，这项任务的代价很大：在实现美洲、亚洲和非洲海岸同步连接的过程中，很多测量员死于疾病或事故。

资料来源：GREEN, *REPORT ON TELEGRAPHIC DETEMINATION* (1877), FRONTISPIECE.

就在这一轮与美国人激烈的竞争和合作之后，1884 年 4 月 7 日，贝尔纳迪埃向科学院的同事发出了请求。通过他的报告，科学家们得知，法国在探测方面可能取得了新的进展：电报在南美洲实现了两大洋之间的通信，电缆蜿蜒着爬上了 12 000 英尺高的安第斯山脉。正如贝尔纳迪埃所说，经度局现在应该需要设想一下，如何建立一个"覆盖全球的大型测地线网络，从而精确地确定地球的形状和尺寸"。[89]

法国海军支持这个计划，提供了军官、水手和物资支持。贝尔纳迪埃将在圣地亚哥或附近的瓦尔帕莱索工作，其他人将在利马和巴拿马报时，结果将从北部布宜诺斯艾利斯横穿美洲大陆。就在几个月前，美国中南美电缆公司铺设了从利马到巴拿马的海底电缆线路。加上已有的从巴拿马经大安的列斯群岛，再从北美到欧洲电缆线路，贝尔纳迪埃和同事们有了一条一直延伸到巴黎的丝状线路。由于其他线路也从瓦尔帕莱索穿过布宜诺斯艾利斯、佛得角群岛，最终到达欧洲，整个线路由大约 20 000 英里长的、被杜仲胶包覆的铜线缆所组成，这样，两条线路的结果就可以相互核验。

从格林的美国使命和贝尔纳迪埃的法国使命中，我们可以看出，沿途线缆形成了一个巨大的多边形，环抱着世界，巴黎、格林尼治、华盛顿、巴拿马、瓦尔帕莱索、布宜诺斯艾利斯、里约热内卢和里斯本同时作为这个多边形的顶点。令人惊讶的是，在两个不同的方向上，这个不规则的八边形还有 150 码①就闭合了。多边形的各边延伸至亚洲，在那里，美国人使用电报标出了印度的地图轮廓，而法国人则在一个破旧不堪的竹棚里，用几件电力设备以及一些天文设备和电缆，开始用电报来对越南海防市进行精确定位。[90]

法国打造的这张覆盖全球的电缆和时间信号网，从巴黎向东西南北各个方向辐射。天文学家塑造了它的大部分特征，而经度仪却让天文台旧貌换新颜。以发表于 1890 年的《经度局年鉴》（*Annales du Bureau des Longitudes*）第四

---

① 1 码等于 3 英尺，约合 0.9144 米。——编者注

卷为例，开篇便描述了波尔多天文台的记录情况。报告明确指出，无论研究可能产生什么结果，建立波尔多天文台既不是为了寻找新现象，也不是为了将人类置于宇宙背景下。像其他很多城市一样，波尔多建立天文台，其目的是设置船只的精密时计，从而确定海上的经度。[91] 这意味着天文台的首要任务是确定自身的经度。1881 年 11 月 19 日，波尔多天文台使用巴黎的电报时间信号完成了这项任务，确定了自己的经度为首都以西 11 分 26.444 秒，误差为千分之八秒。

法国经度局逐个城市和国家地扩展了他们的经度观测点网络。首先，在全国范围内，将电报线路从巴黎延伸至各个偏远城市，然后通过海底电缆延伸到遥远的殖民地。到 1880 年，全球共计铺设了 9 万英里海底电缆，其中大部分是英国铺设的，这些电缆就如同一台重达 9 000 万磅① 的机器，连接着每个有人居住的大陆，穿过西印度群岛、东印度群岛和爱琴海，到达日本、新西兰和印度。

为了争夺殖民地，为了资讯，为了航运，为了声望，大国之间不可避免地因为电报线路网络发生冲突。因为时间是通过铜制电路流动的，在帝国时代，世界地图也是通过时间流动而划分出来的。

随着地图的合并，人们一致认为需要一条普遍认可的本初子午线。这个原点弧线会把一个国家的首都置于每一张全球地图象征性的中心位置，世界上的每一个时钟和每一次经度测量，都会回到这个国家的中星仪的正中央。尽管设置本初子午线是为了夺取象征性的中心地位，而不是掌控土地，但这次竞赛的重要性毋庸置疑。

1884 年 10 月 1 日，外交官和科学家在华盛顿特区的美国国务院外交大厅里迎来了正午时间。

---

① 1 磅约为 0.45 千克。——编者注

本初子午线之争

在会议召开的两年前，即 1882 年 8 月，美国总统切斯特·艾伦·阿瑟和美国国会通过了一项决议，要求在华盛顿召开国际会议，以确定一条唯一且通用的本初子午线。[92] 在美国政治家达成共识后，一群科学家齐聚一堂，参加 1883 年 10 月在罗马召开的国际测地线会议。瑞士天文学家阿道夫·赫希汇报了审议工作，首先对电报经度网络表示祝贺，有了这个网络，就能最终确定整个欧洲大陆的参考点。很多国家以本国首都为零经度点来绘制地图，但随之带来了新的问题：所有这些参考点能否都指向一条唯一的本初子午线吗？赫希说，现在是时候把与世界隔绝的科学理想放在一边了，转而进一步将科学与更广泛的实践领域结合起来，这样一来，大国才有机会推动航海、制图、地理、气象、铁路运输和电报通信的发展。是时候永久地选择一条通用的本初子午线了。赫希坚持认为，由于地球是球体，地球上并没有天然的本初子午线。也就是说，地球自转，自然形成零度纬线——赤道，但"自然"没有形成本初子午线。由于磁北极随着时间的推移而运动，所以即使使用磁北极，也无法选出任何特定的经度作为本初子午线。应该说，本初子午线必然是任意的，这属于理性范畴，受制于"纯粹的实用性和公约"。

专家们反复强调一个主题：在尊重国家自身特点的前提下，我们需要建立新型国际机构，以促进思想交流、产品交换以及人与人之间的沟通。地方公约必须服从于全球公约。邮政和电报技术的结合，使世界成为一个整体。《米制公约》已经使大多数文明国家团结在一起，他们制定了电气标准公约，知识、艺术和工业产权保护公约，以及冲突中的战斗人员保护公约。这些国家的测地线协会也证明，确定地球的确切形状这个切实的科学目标，便可以推动国家之间的配合协作。赫希断言，是时候找到切实可行的解决办法来统一经度了，因此大会建议将格林尼治作为本初子午线，与之相对的位于地球相反一侧的对向子午线为日期变更线。[93]

罗马会议一年后，华盛顿会议的代表们获得了美国国务卿弗雷德里克·西奥多·弗里林海森（Frederick Theodore Frelinghuysen）的支持。政治家和科学家认真、详实地记录并审批了会议内容，加入了确定零度经线的战斗中。当然，庞加莱读过这些会议记录，而且还在后来的文章中一字不差地引用了其中的内容。他和很多研究者一样，目睹了政治、哲学、天文学和测量学相互交织、不可分割的过程。

　　弗里林海森正式欢迎了与会代表们，明确宣布美国放弃在自己国家建立本初子午线的资格。随后，美国代表团的刘易斯·卢瑟福（Lewis Rutherfurd）就像在罗马会议一样，首先提议标准子午线应该穿过格林尼治天文台的中星仪中心。法国驻加拿大全权公使兼总领事艾伯特·勒费弗尔（Albert Lefaivre）马上提醒代表们不要仓促行事，并将罗马会议的决定贬低为"专家"的一面之词。这里是华盛顿，政治家们应该占据上风："我们有幸成为哲学家和世界主义者，不仅仅为现在，而且要为最遥远的未来考虑人类的利益。"[94]没有这样的远见卓识，就不会思考原则问题。于是，美国人做出让步，建议会议只接受唯一的本初子午线。

　　美国人的做法却激怒了英国人。英国皇家海军上尉F. J. O.埃文斯（F. J. O. Evans）持反对意见，他认为罗马会议缩小了问题的范围：本初子午线应该穿过一座伟大的天文台，而不是一座山、一个海峡或一座纪念碑建筑。毕竟，科学需要的是精确，而不是对地球自然特征的模糊表述。[95]美国海军部部长桑普森（Sampson）认同这种说法，他认为，所选择的天文台必须可以通过电报与全世界实现时钟同步："只有这样，我们才可以说，从纯粹的科学的观点来看，任何子午线都可以被视为本初子午线。"如果人们从方便和经济的角度进行考量，那么选择范围会减少；如果本初子午线穿过的天文台必须是全面连通且由政府支持的天文台，那符合条件的天文台就会少之又少；如果人们认识到，除非使用英国的格林尼治子午线，否则使用其他任何一条本初子午线，都需要修改世界航运地图 70% 的内容，那么就只剩下一个选择：格林尼治天文台。[96]毫无疑问，由于受到英美海军的双重火力的鼓舞，卢瑟福一鼓作气，重新加入了与巴黎对战的行列。他认为，"巴黎天文台位于城市的中心，城市占地广袤，人口众多"，因空气运动和地震可能会给这座城市带来影响，巴黎天文台不得不搬迁。"唯一能使巴黎天文台留在那里的，是人们脑海中对它曾经的辉煌时刻的回忆。" [97]

法国天文学家和代表团成员朱尔·让桑（Jules Janssen）可不这么认为。由于巴黎天文台与所有其他主要天文台保持着电力连接，它的电报制图技术可以与格林尼治天文台媲美，这充分印证了它的能力，所以它依然非常重要。历史上已记载，继托勒密之后，红衣主教黎塞留在加那利群岛的耶罗岛上设定了本初子午线。由于耶罗岛最东端在巴黎以西 19°55'3" 经度的海面上，原本的计算难度很大，18 世纪，法国天文学家简化了经度计算公式，规定耶罗岛的本初子午线在巴黎以西正好 20° 的位置。由于耶罗岛根本不可能向东移动 4'57"，即使是法国天文学家也办不到，所以让桑承认，这种公约使本初子午线"移"到了巴黎。

毫无疑问，让桑对政治的洞察力不亚于其他任何人，他明白，将巴黎伪装成耶罗岛取代格林尼治成为本初子午线毫无可能。但是让桑并不打算就此作罢。这位天文学家曾于 1870 年在巴黎遭受围困期间，乘坐热气球，顶着强风前往阿尔及利亚观测日食。由于会议倾向于最冷酷的决定，所以，是时候亮出耶罗岛更高的立场了。"我们没有提出要制定伟大的原则，要求在全世界找到一条子午线作为所有陆地经度的起点，因为这个起点首先就应该具有基本的地理性质和非个人性质。我们只是要问一个简单的问题：在所有的天文台中，哪一条正在使用的经线拥有最多的用户？" [98]

用户。这个想法与法国人的理性情感相悖。让桑希望海关和用户不要把英国的工业逻辑置于法国的哲学原则之前。他提醒与会者，水文测量在法国拥有悠久的历史，水文工程师还编有备受尊重的天文历书《关于时间和天体运动的知识》（*Connaissance des Temps*）。而且，在大革命时期，正是法国人支持米制，取代了长度单位"国王的脚"。理性的科学应该胜过商业贸易。[99] 让桑认为："毫无疑问，我们的历史悠久而辉煌，我们的天文历书举世无双，我们水文测量工作在世界上也占有一席之地，但变更子午线会给我们带来惨重的代价。尽管如此，如果有人向我们提出应该牺牲自我的建议，应该接受变更子午线是公众的普遍意愿，那么法国已经充分证明了我们热爱进步，一定会参与合作。"让桑总结说，协议应该公正、合理，而不能只保护一个缔约方。[100] 换句话说，全球的经度中心选在哪里都可以，唯独格林尼治不行。

　　随便吧，在哪里都可以，英国天文学家约翰·库奇·亚当斯（John Couch Adams）十分不满。由于在工作中与法国人发生了小冲突，亚当斯曾两次被迫调动工作，一次冲突是关于谁发现了海王星的问题，而另一次冲突是因为他反驳了拉普拉斯关于月球运动的结论。他在会议上说，我们不是彼此的敌人，而是各自中立，就像在所有科学问题上，我们都保持中立一样。我们不是在战争后划分领土，而是以友好的方式代表友好的国家。那问题来了：什么能给世界提供最大的便利？我们的选择是应该提供这种便利，不需要用将巴黎天文台伪装成耶罗天文台这样的法律拟制①，而是"用正确的名字"来称呼事物。当务之急是要沉着冷静地做出切实可行的决定。"显然，如果在座的各位代表都只考虑情感因素或维护自尊心，那么此次会议就会无果而终。"让桑反击道，如果说法国人虚荣，那么英国人就是俗不可耐，自我放纵：

　　　　我们认为，如果改革仅仅为了带来实际的便利，也就是说，为你们自己和你们所代表的人创造有利条件，而选择用最糟糕的办法解决地理问题，可以说，这样的解决办法前途无望，无论是在地图、习俗或传统方面，我们都不敢苟同，拒绝参与。[101]

　　美国人出于实用和商业目的而与英国人为伍。克利夫兰·阿贝问道：什么是中立？与历史、地理、科学和算术学科的中立概念一样吗？诚然，法国设立了中立的度量衡，但由于这些度量衡所依据的是标准的度量衡，因此这些度

―――――――――

① 法律拟制指法律中用"视为"二字，将甲事实看作乙事实，使甲事实产生与乙事实相同的法律效果。——编者注

量衡才具有任意性。"中立的"经度系统是"一个神话，一种幻想，一首诗"，除非你能准确地说出如何做到中立。[102]

让桑反驳说，中立有两大优势，即地理优势和道德优势。如果选择白令海峡，为了进行法定日期变更，本初子午线将不会出现在人口集聚中心，这样地球就会平均分为两部分：旧世界和新世界。如果不选择白令海峡，本初子午线也会放在其他引人注目的地点。与白令海峡相比，由于亚速尔群岛周边已经铺设了电报电缆，因此，在亚速尔群岛设立时间和经度零点的成本较低。但无论选择亚速尔群岛还是白令海峡，只要现有的天文台能够实现电报通信，人们就可以通过电报来定义经度零点，而不需要非得将本初子午线放在海峡中心。请注意，让桑刚刚提到，巴黎天文台拥有出色的电力连接性能。毫无疑问，让桑的矛头指向了亚当斯。他提醒同事们，记住英国和法国媒体关于发现海王星的"热烈讨论"，这两个国家都自诩在天文领域拥有优先权。深入了解历史之后，让桑发现，17世纪时，牛顿的捍卫者和莱布尼茨的捍卫者关于微积分争议不休，当时欧洲大陆和英国之间的局势就像现在一样紧张。"追求荣耀是人类最崇高的动机之一。为了荣耀，我们必须屈从，但也要谨言慎行，不要因此产生不良后果。"[103]

虽然支持者不多，但让桑没有放弃：出于经济原因，或许格林尼治、华盛顿、巴黎、柏林、普尔科沃、维也纳或罗马会处于优势地位，但这样所做的选择必然是人为的。"无论我们做什么，普遍认同的本初子午线就如同一顶皇冠，想要它的何止百人。让科学卫冕这顶皇冠，那么所有人都将向它鞠躬致敬。"确实如此，一个盎格鲁-撒克逊人回答说，无论本初子午线被选在哪里，它的背后都是一个国家。让桑反击说，根本不是这样，赤道是中立的，但它横贯各国。英国将军斯特雷奇（Strachey）反对地理学和天文学在经度概念上存在区别，他认为，"经度就是经度"。这种观点激怒了让桑，让桑反驳说，这怎么可能一样！与其他度量衡一样，经度测量也要取决于环境。"难道因为不同于商业称重，化学称重就没有必要存在吗？但是，它也是一种称重方式。"[104]

阿贝曾与美国计量学会协作，推动美国的时钟同步，他怀疑"中立"的自然性。如果俄罗斯重新征服白令海峡这边的国家，那该怎么办？如果美国买下了西伯利亚的一半区域，又该怎么办呢？"白令海峡的中间点不是世界性的区域。"只有地球上的星星，在人类顾及的范围之外，所以才可能被认为是中立的。[105]

弗莱明插话说，就是这样。他习惯从货物和人员运输方面阐述论点。他认为，从理论上来讲，法国关于"中立子午线的提议很妙，但我担心这完全超出了实用性的范围"。随后，弗莱明看着手里的航运清单，朗读了船舶和运输吨位的一些数字，这些都是按照不同的本初子午线汇编而成：首先是格林尼治，占总运输吨位的 72%；其次是巴黎，占 8%，其余的是世界其他地区。或许，为了安慰法国同行，弗莱明提出将本初子午线设置为与格林尼治正好相距 180°，位于太平洋的"无人居住"区域。[106] 他还说，这样做，实际上就不需要更改以格林尼治为基准的航海图上的天文事件，将午夜和中午的时间对调，也就是凌晨 2 点与下午 2 点对调，以此类推。从外交方面来说，从伦敦郊区翻转到地球另一侧的经度线，并没有愚弄任何人，尤其是法国人，他们对耶罗岛的长期研究，使他们完全了解本初子午线的代替用法。在中立子午线的投票中，投赞成票的有法国，还有巴西和多米尼加，其他 21 个国家都投了反对票。

勒费弗尔代表法国发言，他愁眉苦脸地说道，这场辩论是天文学、大地测量学或航海学的空白。英美两国自鸣得意，在这样的背景下，勒费弗尔不得不承认"格林尼治子午线的唯一优点是，围绕在它周围有一些值得尊重的利益。各国对此趋之若鹜，我也毫无避讳地承认，各国凭借自身的规模、能量和发展势头可以为自身谋利益，但没有哪个主张体现出对科学真挚的关怀"。没有理性、没有中立或没有公正，只有纯粹的商业目的。勒费弗尔认为，大英帝国是靠商业实力取胜的，而没有其他理由：

先生们，通过分析这些原因，也就是目前影响格林尼治子午线的唯一原因，这些物质优势和商业优势会影响你们的选择，这难道还不够明显吗？在这里，科学只是权力的卑微附庸，为他们的成功庆祝并加冕。但是，先生们，权力和财富犹如昙花一现，转瞬即逝。

无论曾经多么强大，所有的帝国最终都将覆灭。因此，不要束缚科学，不要让科学成为附庸。法国放弃子午线会获得回报吗？美国和英国会屈尊采用公制吗？不会。与会的资深科学家开尔文勋爵说："我们的行为只会牺牲我们的海军和国家科学事业所奉为珍宝的传统，以及金钱。"他认可让桑的观点，这是"商业安排"，而不是科学问题。要不了多久，人们会要求"采用穿过格林尼治天文台中星仪的子午线作为经度的起始子午线"，以此来解决这个问题。最终，圣多明各投票反对将格林尼治子午线作为本初子午线，巴西和法国弃权，其余 21 个国家投赞成票。[107]

还有一些争论困扰着世界经度系统，而这些争论，只有在电气化时间实现连接的世界里，才会有意义。事实上，整个会议可以被视为这一争论的延伸，争议点就在于建立起电气化时间分配的新的有线世界。美国代表威廉·艾伦刚刚在统一铁路时间方面崭露头角，他向与会者提出了所有这些发展的合乎逻辑的渐近线："这将是电气化时间的一种可能，即一个位于中心的时钟，钟摆一直摆动，秒针嘀嗒作响，可以调节地球上每座城市的当地时间。"[108]

与这个终极的时间幻想相反的是，在一个由地方风俗构成的宇宙里，"一天应该从什么时候开始"这个问题似乎很幼稚，却困扰着人们。有些人赞成一天从罗马的对向子午线开始，以方便用公历来计算古代日期。天文学家则希望一天从中午开始，这样可以避免将夜晚分成两个日期。与此同时，土耳其代表指出，奥斯曼帝国赞成午夜至午夜的计时模式，但也会用上升的太阳被地平线一分为二的方法来推算时间："由于民族和宗教，我们不能放弃这种计时模式。"[109]

这些跨文化的同步至关重要，所以会议上没有人怀疑这是巴黎和格林尼治之间的斗争。法国在一次又一次的决议中失利，只能寄希望于时间的十进

制，这是最后的一丝希望。巴黎方面立志要找到一种合理的、科学的时间度
量衡，类似于米制。在法国大革命的第二年，国民公会竭尽努力建立十进制
的时间系统，将时间分成数十个单位，每个单位有 10 天，而不是周，每天 10
小时，直角被分成 100 份，而不是 90 份。一些具有革命性特点的时钟仍然
存在，如图 3-8 所示，钟面上有一个三色等边三角形，表示在新的自由制度
下，月份被分成了几个相等的部分，三角形的 3 个顶点为休息日。尽管鲜有
科学家接受这个新系统，但拉普拉斯在他的划时代著作《天体力学》（*Celestial
Mechanics*）中认可了这个系统，甚至一些政府部门试图强行推广这个系统。
但是，由于公众的普遍反对，所以拿破仑与罗马天主教会达成了协议，取消
了时间十进制。[110]

图 3-8　法国大革命时期的钟表（约 1793 年）

注：钟面上的等边三角形表示，在新的自由制度下，月份将被分成相等的部分，顶点
为休息日。

资料来源：ASSOCIATION FRANÇAISE DES AMATEURS D'HORLOGERIE ANCIENNE,
REVUE DE L'ASSOCIATION FRANÇAISE, VOL.XX (1989), P.211。

　　让桑最后一次发言，呼吁在全球范围内恢复时间十进制和圆周的划分，这件事已经拖得太久了。由于十进制系统已经成为欧洲贸易和制造业主流的计数法，他希望十进制最终可能会推广应用到时间领域。如同前辈一样，让桑也遭到了公众的反对，所以他向代表们保证："人们担心，我们妄想破坏几个世纪以来约定俗成的习惯，打破既定惯例。"但人们的担忧并不合理。"如果说我们在大革命时失败了，那是因为我们实施的改革措施没有仅仅限制在科学领域应用，而且干预了人们的日常生活习惯。"这一次，这个系统不会强迫世界人民做出改变，而只是在有用的地方应用。

　　在法国历史上的每个阶段，从公制到时间和经度，以及时空的约定都受到法国大革命的影响。但是对于所有与会代表，以及他们所代表的更庞大的计量学界，确定时空约定绝不仅仅是绘制精确的地图或交错的轨道。如果把代表们在华盛顿会议上的争论和冲突视为向标准化理性迈进了一步，这样就不能理解同步的特征，即波动、偶然"临界乳光"，也无法理解实用主义与哲学、抽象与具体的不断交织与混杂。

　　在法国确定本初子午线失利后，代表们开始寻找方法来适应法国的十进制时间，但是，这种方法既不认同启蒙运动的目标，也不赞同任何实际的实施计划。最后，会议只是表示，"希望"能够重新就时间的十进制开展进一步的技术研究。[111]法国代表没有满载而归，甚至可以说是颗粒无收。为了推进时间十进制事业，而不仅限于这次小规模的投票，法国人需要一个具有卓越科学资历和工程管理影响力的人，由他从根本上支持实施这场时间公约的改革。近10年来，这个问题一直让法国技术界备受煎熬。现在，庞加莱来了。在本书第4章中，我们来聊一聊庞加莱。

第 4 章

庞加莱的地图

Einstein's Clocks and Poincare's Maps

这是十进制单位制的成就，法国实现了现代最重要的一项改革，在科学问题上，法国在世界上享有盛名。我们已经到达了十字路口，这两项定律象征着摆在我们面前的两条道路，我们必须选一条。

——萨罗通

如果我们的国家为现代科学的发展进步贡献了一己之力，那么我们就更没有理由放弃前辈们高举的法国的理性旗帜。我们享有公认的权利，难道我们应该以无能为力为由拒绝这些彬彬有礼的邀请吗？

——庞加莱

子午线之争仍未结束

1884 年国际经度会议选出格林尼治子午线为本初子午线后，法国表示坚决反对。让桑回到巴黎后，仍然对法国的溃败愤懑不平。1885 年 3 月 9 日，他来到了法兰西科学院，极其详尽地讲述了前一年的本初子午线之争。让桑首先从政治角度展开讲述：美国人拉拢了与其结盟的小国参加了那次会议。他让同事们放心，他们已经取得了一些胜利，并转达了法国代表团的一篇长篇演讲。让桑回忆说，美国人和英国人一个接一个地发言，作为英语母语者，他们在各自擅长的领域里，与法国人针锋相对。"尽管反对子午线中立原则的有政府部门，有知名人士，还有很多科学家，但这个原则还是承受住了种种打击，既没有受到干扰，也没有违背任何科学理论。法国提出的子午线方案仍然是公正、科学和明确的解决办法。我们认为，捍卫这个原则就是在捍卫法国的荣誉。"[1]在欧洲大陆，让桑并非唯一一个反对国际经度会议决定的人。1889—1890 年，阿贝·通丁·德·夸伦吉（Abbe Tondine de Quarenghi）以博洛尼亚科学院的名义发起了一项运动，要求将本初子午线移至耶路撒冷。[2]这座世界闻名的城市是古代世界三大洲的中心，也是世界三个宗教共同的圣地。①

与法国人不同，德国人没有因为格林尼治本初子午线而焦虑不安，而是忙于应对由于各个州长期的半自治造成的问题，因为这些州采用不同的机械和电气时间系统，犹如大杂烩一般，让整个国家的计时陷入混乱。为了解决时间不统一的问题，年迈的德意志陆军将领赫尔穆斯·卡尔·贝恩哈特·冯·毛奇（Helmuth Karl Bernhard von Moltke）于 1891 年 3 月 16 日在德意志帝国议会上发表了讲话。在冯·毛奇看来，铁路一直是德国战胜法国的关键。近半个世纪以来，他让同胞们深刻地意识到，火车在快速调度军事物资方面发挥着至关重要的作用。早在 1843 年，他就断言："铁路的每一次发展都是我们的军事优势；对国防来说，花费数百万建造铁路比建造新堡垒给国家带来的利益更加可观。"冯·毛奇推动了这些计划的完成，以新建铁路线的策略巩固了德国的军事力量。到 1867 年秋天时，他断言，利用铁路线路，德国南部各州可在 3 个星期内集结 36 万人，在 4 个星期内集结 43 万人。[3]

这些计划的实施让德国尝到了甜头。1870—1871 年的普法战争改变了欧陆国家的力量对比，胜利的普鲁士完成了德意志的统一，建立了德意志帝国，在此次胜利后的 20 年里，冯·毛奇与后来的陆军元帅阿尔弗雷德·冯·施利芬（Alfred von Schlieffen）都命令总参谋部监督军队的大规模扩张，使其成为统一帝国的力量所在。将军们像是着迷了一般，不厌其烦地进行着一系列没完没了的技术性战争演练，研究如何使用 10 万节火车车厢对 300 万士兵进行编组。1889 年，军方恳求德意志帝国国会采用标准时间来简化火车调度过程，但遭到了政界人士的反对。[4]

在 1891 年 3 月，冯·毛奇是普鲁士举世无双的英雄。当他出入公共场所时，人们无不肃然起敬，等他坐下再就座。因此，当他出席在国会举行的全体

---

① 古代世界三大洲指的是欧洲、亚洲和非洲，世界三个宗教指的是基督教、伊斯兰教和犹太教。——编者注

会议上提出铁路的时间标准问题时，引起了举国的关注。[5] 冯·毛奇用他那沙哑的声音说道：

> 铁路的良好运行离不开时间标准的统一，这已被普遍认可且不容置疑。但是，女士们、先生们，德国有 5 种不同的时间标准。在德国北部，包括萨克森，我们用柏林时间；在巴伐利亚，用慕尼黑时间；在符腾堡，用斯图加特时间；在巴登，用卡尔斯鲁厄时间；而在莱茵省，则用路德维希港时间。因此，我们在德国拥有 5 个时区，这导致了很多缺点和弊端。在我们的祖国就有这些，还不包括在法国和俄罗斯边界线的那些我们不愿面对的区域。我可以说，这是仍然遗留在曾经四分五裂的德国的祸根，但现在我们已经成为一个帝国，就必须解决这些问题。

观众大声疾呼："说得太对了。"冯·毛奇接着说，虽然目前这个问题可能只会让旅行者感到不便，但对于铁路，这是"至关重要的实际困难"，而对军队来说，这个问题可能更加严重。他问道：如果部队调动，会发生什么？肯定要有一个标准，即以勃兰登堡门以东约 50 英里处的第 15 经线作为参照；这样一来，德国各地的当地时间会有所不同，但即使是在德国领土的尽头，也只需要调整大约半小时而已。

> 先生们，单单对铁路进行时间统一，无法消除我所说的所有弊端；我们要在整个德国采取统一的计时方式，也就是说，取消所有当地时间，唯有如此，才能真正地实现时间统一。[6]

这是帝国发展的需要。冯·毛奇承认，公众可能会持不同意见。但是，天文台的科学家们经过一番"深思熟虑"后会纠正这一切，并"利用天文台的权威抵御反对意见"。他继续说道：

> 各位，科学的目标远高于我们的目标。科学不满足于仅在德国或

者中欧实现时间统一，而是希望实现以格林尼治子午线为基准的世界时间，从这个角度来说，这件事毫无争议，这就是科学的终极目标。

农场和工厂可以随心所欲地调整各自时钟的起始时间。如果制造商要求工人在破晓时开工，那么在 3 月的早上 6:29 就要打开工厂的大门。农民按照太阳估算时间，学校和法院使用着不严格的时间表。冯·毛奇想要的是基于格林尼治的全国同步的时钟系统。对德国陆军总参谋部来说，重要的是铁路和军队应该确保单一的时钟同步，即与新兴的电气化的世界地图联系在一起的时间。在国会发表讲话一个月之后，冯·毛奇就去世了。之后，欧洲大部分地区纷纷效仿德国，统一了时间标准。[7]

但不是所有欧洲人都支持格林尼治子午线。不久之后，发生了一起事件，可能是反对格林尼治子午线最著名也最黑暗的行动之一。1894 年 2 月 15 日，年轻的法国无政府主义者马尔西亚勒·布尔丹（Martial Bourdin）购买了一张从威斯敏斯特桥到格林尼治的车票，来到了格林尼治天文台。当时，有两名天文台助理正在楼下的机房聊天。其中一人回忆说："突然被一声巨大的爆炸声吓了一跳，爆炸的声音尖锐而清晰。我立刻对霍利斯先生说'炸药！快看时间'。"他们都受过观察时钟时间的训练，因此准确地记录了那场爆炸发生在 4:51。当一名警察到达天文台下方公园的爆炸现场时，发现了奄奄一息的布尔丹。他失去了一只手，全身被炸药和炸弹碎片所重创。事情过去多年之后，人们依然对布尔丹的自爆动机存有疑虑；无政府主义者怀疑这是警察的圈套；其他人则把这次爆炸事件连同 1893 年 12 月发生的巴黎众议院罢工和布尔丹去世前 3 天巴黎咖啡馆的罢工，都看作法国无政府主义者的一连串罢工活动。约瑟夫·康拉德（Joseph Conrad）在自己 1907 年的小说作品《间谍》（*The Secret Agent*）中对这些事件进行了原景重现：一幅阴暗的素描作品里，骗子、操纵者和野心家都不是清白无辜的。在康拉德描写的世界里，一个诡计多端的世界大国的第一秘书坚持要发动一场让阶级敌人闻风丧胆的袭击："通过示威游行，反对学习科学；通过袭击，震慑民众，让他们毕恭毕敬。"它必须击中物质繁荣的神秘科学核心。"是的，"这个秘书带着轻蔑的微笑说道，"炸毁本初子午线一定会让民众义愤填膺。"[8]

　　尽管本初子午线饱受争议，但它无疑是国家强大的象征。在法国，包括让桑在内的很多人都对独揽世界权力的英国感到畏惧，但也有一些人完全支持按照格林尼治天文台主时钟的时间设定法国时间。

　　法国经度局职员、庞加莱的盟友查尔斯·拉勒芒（Charles Lallemand）明确表示支持格林尼治时间。当然，全世界采用单一的世界时间，将引发一场彻头彻尾的灾难。举例来说，日本人肯定拒绝按照格林尼治的时间生活和工作。[9]拉勒芒断定，如果北美人"凭借他们令人钦佩的商业意识都没有想出一种巧妙的折中办法，将世界时间的所有优点与当地时间的优点结合起来，或者近似于划分时区"，那么时间改革就会陷入混乱的泥沼中。[10]

　　拉勒芒在 1897 年发表的文章中断言，在短短的 10 年时间里，一个简单实用的时区系统就将征服整个文明世界，这是人类改革进程中无与伦比的胜利。除了法国、西班牙和葡萄牙，其他欧洲国家都采用了这个时区系统。对法国而言，这项改革不需要大费周章，只需要将时间延迟 9 分 21 秒，一切就可以回归正轨。相比而言，法国现在的时间制度极其复杂，正如拉勒芒哀叹的那样，这还意味着在地球的另一边，巴黎和格林尼治的对向子午线之间存在一个跨越 250 英里的赤道地带，那里的日期还不能确定。站在或漂浮在那个炼狱般的时区，你所见证的到底是 1899 年 12 月 31 日还是 1900 年 1 月 1 日，要看摆在你面前的是哪一套地图。[11]

　　对拉勒芒来说，这种模棱两可让他无法忍受。在这场运动中，反对意见很快借助文章和报纸传开了，而且争论越来越激烈。有人声称，那些遵循了饱受争议的华盛顿国际经度会议决定的地区并不是"中立的"。对此，拉勒芒回应说，这种说法是错误的，因为新的时区系统不仅按照标准划分时区，采用 24 小时制，它在新旧世界的快速普及也恰恰证明了这种系统的中立性。他承认，有一条子午线穿过了格林尼治，这是千真万确的。世界上 90% 的水手已经熟悉了以经过格林尼治的子午线作为参照点。难道延迟 9 分 21 秒的时间来改变零度经线，就会剥夺法国人的独创性和科学人格吗？"一派胡言！"他怒斥道。长久以来，巴黎一直采用东经 20 度的位置，将耶罗岛作为子午线的基准。[①] 而且，即使是在革命性的《米制公约》中，中立性也是不准确的、言过其实的。在法国大革命时期，法国确定了中立的度量单位，即 1 米 = 地球子午线周长的 4 000 万分之一，但随着其他国家以巴黎制定的基准为参考标准后，度量单位就变得不再"中立"了。他问道，那么法国怎么反而认为修改本初子午线是一种耻辱呢？有些人回应说，因为变更了本初子午线，所有的法国地图都会因此废弃。拉勒芒回击说，并非如此，人们还可以用不同的颜色重新标记新的经线。他的结论是，法国并不会因此牺牲自己国家的子午线，若要满足电报、航海和火车旅行的需求，只需要将时钟偏移 9 分 21 秒即可。他认为，所有"进步人士"都应该支持时间改革。[12]

时间十进制，一场时间合理化的"革命"斗争

拉勒芒的"倒戈"表明，1884 年华盛顿国际经度会议上做出的决定在法国经度局引起了反响。与会代表们不仅决定将经过格林尼治的经线作为本初子午线，而且表示希望整合天文日和航海日的定义，使这两个日期都将从午夜开始。由于白天不利于进行天文观测，所以天文学家都是以中午开始一天的工作，这样日历变化就不会影响他们在宝贵的夜晚进行观测。与之相反，世界上其他地方利用夜晚的宁静在午夜进行一天的更替，使一个日历天里包含一个白天。由于加拿大天文研究所和多伦多天文学会开始关注此事，因此法国教育部长于 1894 年向法国经度局征求了意见。

庞加莱从自己的情况出发，表示将天文日和航海日整合会很不方便。"对

---

① 当时的法国人认为耶罗岛是旧大陆的最西端，恰好与巴黎的经度相差 20 度，很适合作为经度的基准。后来，人们才发现耶罗岛与巴黎的经度差并不是 20 度。——编者注

于一个天文学家来说，在夜晚观测过程中要改变笔记本上的日期显然非常不方便。"这个天文学家很可能会忘记变更日期，导致记录变得复杂。但是，对于在海上观测太阳的水手来说，同样要面临这种"不方便"的问题。事实上，水手每时每刻都面临着与天文学家完全相同甚至更加严重的问题。天文学家可以心无旁骛地工作，但水手有百虑千愁；天文学家总是能从崭新的角度来认识和解释观测结果，水手可能会因最轻微的错误而撞上浅滩。因此，就让天文学家在他们的笔记本上记下"11 至 12 日之夜"吧！可是，在变更当日该如何处理时间不连续的问题呢？庞加莱回应说，最好现在就消除这个"不方便"，而不是放到以后去处理。

如果这个提议遭到强烈的反对，那只会有一种情形：只要实施这类改革，英美的天文年鉴、法国的天文历书《关于时间和天体运动的知识》或德国的《柏林天文年鉴》(*Berliner Jahrbuch*) 等汇编著作势必会因此废止。如果这些汇编著作的任何一卷要改变其时间约定，那么它们彼此之间的转换会导致比现在的混乱局面更严重的问题出现。只有实施一项国际公约才能真正地简化时间。在达成这项国际公约之前，法国经度局认为，尽管大家都同意 24 小时制是人们在简化时间方面的进步，但法国人应该等等。[13] 不久，由于国际经度会议的与会代表有所退让，这让法国人抓住了推行时间十进制的"救命稻草"，甚至还要求对"一天 24 小时"这一制度进行审查。1897 年 2 月，法国经度局成立了一个委员会，由庞加莱担任秘书，委员会的任务是确定法国是否应该废除一天 24 小时和一个圆周 360 度的旧制，用真正合理的制度取而代之。经度局主席直截了当地问，为什么 1793 年的会议①没有将十进制推广到时间和圆周，而是反对采用这样新奇的制度呢？[14]

与庞加莱共事的一位专员，综合理工人兼著名的水文工程师布凯·德·拉·格雷（Bouquet de la Grye）做出了回应。他说道，该公约旨在法国全面实施共

---

① 1793 年 10 月 24 日，雅各宾党全国大会确定了法国大革命历法。历法规定，一年分为 12 个月，每月 30 天，每月分为 3 周，每周 10 天。——编者注

同的计量单位，以此消除一切使人们想起旧制度的计量习俗，使法国真正地实现统一。正是因为采用了米制，法国大革命成功了。但是时间改革仅仅持续了数月，便以失败而告终，拉普拉斯虽然胆识过人，但他推进时间十进制的尝试注定无果而终。格雷提醒同事们，留存于世的十进制时钟寥寥无几，除了法国人，其他国家的人对此毫无兴趣。这次失败使格雷受到启发，让他明白了当前的形势："公制之所以成功，是因为它是最简单的，而且结束了各地计量单位的不一致；全世界都采用相同的计量单位，而时间和圆周十进制的提议恰恰违反了这种一致性的原则，所以不可能成功。"[15] 便利至上。当改革给生活带来了便利，人们就会跟着改革的步伐走下去；当改革对普通大众没有帮助时，改革计划就会湮没在历史长河中。

庞加莱适时地记录了随后的辩论。经度局主席洛伊（Loewy）坚持认为，法国大革命没能成功推行公制时间，是因为法国天文学家没能联合其他欧洲国家进行改革。德拉诺（de la Noe）将军指出，地理服务和比利时的测地线工作确实都采用了十进制。科努认为，18 世纪末期与 19 世纪末期的差别在于是否废除了十二进制的约定。但令人感到奇怪的是，当时的英国工程师所受的教育都是基于英寸和英尺的原始计量单位，他们根本不理解十进制的优点。这位巴黎－里昂－地中海铁路公司的总干事并不是在对海峡对面、以英语为母语的同行表示绝望，反而对他们表示了些许同情；他说，很多英国工程师认为当前的计量系统太麻烦，希望摒弃英国的旧制。历史上法国人对革命的追求令人印象深刻，并在实现世界合理化方面发挥了历史性的作用，委员会因此受到鼓舞，所以投票决定推行时间十进制。

但投票后还有很多问题悬而未决。铁路代表向科学界的同事们保证，任何改变 24 小时工作制的企图都注定失败。格雷坚持将圆分成 240 等份，以此来统一时间和几何。洛伊承认，他曾经梦想着建立一个完全的十进制世界，但对过去的地图和测量结果的修正将成为巨大的负担，这让他悲哀地得出了结论：通往这样一个美好的新世界，关键不在于如何克服困难。他赞同格雷的折中之法，将圆分成 240 等份，使地球与时钟同步，即地球每自转一小时，世界将向前转动 10 度。庞加莱支持洛伊的观点，并补充道：

> 如果我们的面前是一张白纸板，那么最好的系统是将把一个圆分成 400 个部分，每四分之一圆为 100 度，或每度 100 千米……但我们一方面要考虑到公众是否存在反感情绪，另一方面，科学家自己也有依然要遵守的传统，所以我们不可能完全与过去割裂。[16]

庞加莱的想法是，把一天分成 24 小时，把一个圆分成 240 等份。海军学校校长居尤（Guyou）反对这种折中办法，他坚持要将圆分成 400 等份。但对于水手来说，海上航行的要求和潮汐的计算会让水手陷入无休无止的痛苦和困难中。为什么不为科学家或航海家提供易于使用的十进制，而让公众按照旧的习惯计算时间呢？居尤补充说，火车司机已经习惯了与城市时间相差 5 分钟的计时系统，同样也对 24 小时的时钟习以为常。为什么不能采用双时系统呢？庞加莱回答说，这样的组合系统并不可取。显然，民用时间与经度有关。无论哪种组合系统，都需要有真正方便用户使用的换算因数。[17]

"便利性""公约""连续性"，这些词语在庞加莱抽象的哲学体系中一次又一次地出现。但在这里，它们与以太的相关性不强，而是现实世界中工程师、海船船长、专横的铁路巨头和专注于计算的天文学家的担忧。巴黎 - 里昂 - 地中海铁路公司主管诺贝尔梅耶（Noblemaire）为了强调自己的意见，提出了以下论点：假设你早上 8 点 45 分离开火车站，下午 3 点 24 分到达目的地，那么你的旅程耗时多久？要想解决这个问题，人们必须想一想。如果用小数表示，那么就不会导致上午和下午的混淆，只需要进行减法计算：

开始时间：15.40 小时

结束时间：8.75 小时

持续时间：6.65 小时

　　社会与时俱进，便利性对人们来说至关重要。[18]和海军学校校长居尤一样，水手们在乎的只是向十进制时间和经度转变的好处。由于地图很容易就可以修改，所以物理学家应该不会反对。正如居尤所说，毕竟物理学家已经轻松地适应了厘米、克和秒这些计量单位。[19]

　　那么，时间的十进制能轻松实现吗？这个问题对于物理学家来说本来就是闻所未闻。当法国物理学会主席亨利·贝克勒尔（Henri Becquerel）在1897年4月初获悉这个提议时，并不觉得好笑。物理学家认为，即使不考虑更换所有时钟、航海精密时计、钟摆和手表的费用，采用十进制时间也会给电力工业和相关产业带来可怕的后果。国际社会直到1881年才采用厘米－克－秒单位制（CGS），而直到1896年4月，法兰西第三共和国总统才下令在本国所有事物中都应合理使用厘米－克－秒单位制。毋庸讳言，六十进制秒，即1小时的3 600分之一，是厘米－克－秒单位制的基石之一，现在它成为时间十进制推广的目标。如果采用十进制秒，即1小时的万分之一，不仅会彻底改变电流、功以及其他机械和电气单位，而且基于这些单位所定义的所有实际单位，例如安培、伏特、欧姆和瓦特等，也必须相应改变。"对于科学实践和整个机电工业来说，这就是一个巨大的麻烦！"不仅如此，所有的仪器也必须更改。"对科学和工业来说，这场改革所需的投资巨大，却无利可图！"如果要权衡利弊，那么物理学家的天平显然会倾向于维持现状，继续使用旧的秒制。对物理学家来说，新制度还没有开始实施就已经结束了。[20]

　　物理学家的悲泣并没有让庞加莱动容。或者更确切地说，面对来自公众、航海家和科学家的强烈抗议，庞加莱根本拒绝参与争论，而是提议用综合理工人的改革妙招来解决这个问题。1897年4月7日，庞加莱给委员会带来了一张他事先准备好的表格，上面列出了所有拟议使用十进制时间的系统，忽略因数10的表示角度的乘法系统，通过将时间转换成角度来表示经度的系统，将角度从旧的360度系统转换成拟议的十进制系统。例如，当圆被100等分时，要表示一圈半，即1.5圈的角度，根本没有转换因数，如果考虑10为因数，

转化结果就是 150 个单位。不用心算，乘数就是 1。如果 1 个圆周被划分为
400 个单位，那么一圈半的角度就是 600 个单位；要从 1.5 换算为 600 中的 6，
因为额外乘以 100 不需要多费脑力，所以只需要乘以 4。表 3-1 第 3 列说明
了如何从圆周转换成时间：如果整个圆周是 100 个单位，需要乘以 24 才能得
出小时数，即自转 100 个单位等于 24 小时；如果整个圆周是 400 个单位，需
要乘以 6 得出小时数。表格最后一列表示，如何转换成旧系统 360 度的圆周，
如果整个圆周有 400 个单位，则需要乘以因数 9；如果整个圆周有 100 个单位，
需要乘以因数 36。十进制的时间和圆周换算见表 3-1。

表 3-1　十进制的时间和圆周换算

圆周划分的单位数量	角度大于圆周的因数	圆周与时间的转换因数	转换为 360 度的因数
100	1	24	36
200	2	12	18
400	4	6	9
240	24	1	15
360	36	15	1

注：庞加莱的表格展示了将圆周划分为 400 个单位的情况。

资料来源：Henri Poincaré, "Rapport sur les résolutions de la commission chargée de l'étude des projects de décimalisation du temps et de la circonférence" [7 April 1897], Archives of the Paris Observatory。

庞加莱真不愧是计算高手。他扫了一眼表格，就找到了最简单的转换因
数。只有 400 个单位的系统不需要两位数的乘法。原来是这样。客观地说，
庞加莱有一个最"不方便"的解决方案，他很乐意捍卫这个方案，并厉声反对
废除世界上所有角度测量方法的提议。[21]

这场社会、经济和文化相互对抗的战争，最终因为工程而休战。尘埃落定
后，敌对派别做了进一步的妥协，保留 24 小时的时钟并采用十进制，即一小
时有 100 分钟，每分钟有 100 秒。[22] 这些权宜之计让居尤感到很失望。他讽

刺道，船长们习惯于阅读复杂的表格，对于所查阅的表格，无论换算公式难易与否，他们都无所谓。最终，委员会的成员几乎都各持己见，大致上形成了三大阵营：第一个阵营游说其他阵营将圆分成 400 个单位；第二个阵营支持将圆分成 240 个单位；第三个阵营主要是物理学家、船长和电报员，他们更倾向于按照传统的划分方式，将圆周分为 360 个单位，精确到十进制小数位。天文学家法叶反对所有这些提议，他要求将圆直接分成 100 个单位。

在这场冲突中，庞加莱和他的支持者试着依然置身事外，泰然自若地对这些相互竞争的系统进行评判。庞加莱担任抄写员兼撰稿人，尽职尽责地记录了他自己的观点，即完全赞同将民用时间和天文时间进行统一：所有这些"系统都是可以接受的，但人们必须在国际大会召开前选择成功概率最大的系统"。由于获得了主席的支持，庞加莱赢得了口头表决：角度按照"梯度"统一，即将圆周划分为 400 个单位。虽然这一观点在后续会议上得到了进一步的巩固，但争论并没有因此平息。有些委员持不同的意见。例如，法国水文局的总工程师提交了一份报告，反对重印水文局已发布的 3 000 张航海图，更不用说相关的说明书、表格和年鉴了，因为这项工作异常繁重。而且，与其让航海员的全部仪器在一夜之间变成废品，倒不如让他们把精密时计、钟摆、手表、经纬仪和六分仪直接丢进海底。还有一名抗议者称，十进制委员会通过这种拙劣的折中之法解决利益冲突，只会让公众失望。科努认为，有且仅有一种合理的体系，那就是拟议的改革既不是勇于冒险、挑战未来，也不是出于安全考虑而畏首畏尾，安于现状。对洛伊来说，十进制的支持者过于激进，忽略了重点：一个系统在历史演变过程中，会形成很多不合理和复杂的部分，这些部分对于新系统毫无意义，所以应该被删除。但目前，人们只能等待一个确定的答案了。洛伊和庞加莱的提议以 12 票赞成、3 票反对的结果，获得了委员会的支持，同意他们可自由进行部分改革。[23]

各个阵营并没有因为投票结果而结束关于时间测量的争论。在 1897 年下半年，科努和庞加莱在二人合编的期刊《电气照明》（*L'Eclairage Electrique*）上发表了一篇关于这场争论的文章。委员会的妥协显然让科努感到不舒服，他表示，"大多数人犹豫不决，意见相左"，他们制定了一个很难被普遍接受的解决方案。他说，在委员会做出妥协的决定之前，法国海军和陆军地理服务处都反对这一决定，因为它不仅没有简化法国海军的常规计算工程，实际上还会导致陆军地理服务处的发展倒退。根据科努的说法，十进制时间比十进制空间更复杂。长度改革满足了 3 个条件：第一，它给大多数人带来了显而易见的好处；第二，对于非直接相关的人，它不会造成巨大的不便；第三，它符合公众对长度统一的热情。长度改革后，人们就可以摆脱国家、省和社区边界的贸易混乱局面，皆大欢喜。科努可不想为这种有缺陷的时间改革拍手叫好。[24]他断定，应该采用十进制的是"天"这个自然的时间单位，而非完全人为设定的小时。如果以一天为基准，那么一天的百分之一就等于一刻钟，而一天的 10 万分之一就等于旧制的 0.86 秒。这个时间单位与正常成人的一次心跳时间非常接近，即与我们身体有关的"自然"的微小时间单位接近，所以将会令各方满意。

科努严厉地指出，"利益胜过逻辑"，而这种使时间恢复秩序的改革合乎逻辑，却无利可图。在米制改革之前的空间测量中，时间并不是混乱的。从某种意义上说，尽管在米制改革之前，各国还没有统一长度，但已经统一了时间。科努注意到，委员会同意人为地将一天划分 24 小时，并将这个毫无意义的小时改为十进制，这种权宜之计令人困惑，无可救药，现在委员会已经想要撒手不管。科努认为，一小时的十进制分数不是自然数，一小时的百分之一、千分之一和万分之一分别等于 36 秒、3.6 秒和 0.36 秒。这很难处理，因为天文钟不可能按照这样的时间间隔摆动，对钟摆来说，3.6 秒太长，0.36 秒又太短。科努花了数年时间建造并维护一个带有巨大钟摆的天文钟，而且他指出，人体赋予了"秒"特殊的含义。我们的脉搏大概每隔一秒就会跳动一次，我们大约需要十分之一秒的时间通过视觉或声音做出反应，这些都是"秒"作为一个时间单位的意义。根据科努的说法，人体、现有的时钟和太阳都阻碍了时间的十进制。此外，委员会的其他权宜之计也让科努感到失望。他对 24 小时制持反对意见，但若维持 24 小时制，那么从逻辑上应该将地球划分为 240 个单位，地球每自转一小时，都经过 10 个单位。可是，委员会也犯了错误，将地球的周长分成了 400 个单位。400 个单位不仅不能平均划分给 24 小时，而且也不方便地理学家进行精度计算。就科努而言，这场改革没有将"天"作为我们生活中的基本时间单位，也就无法将唯一真正自然的时间周期十进制化："科学家不应该通过折中之法为未来做准备，而是应该推动整个行业逐渐采用天和圆周的十进制，因为它们是公约的主旨。"[25]

庞加莱精心设计的折中解决方案，却受到了朋友和导师的公开抨击，所以他现在也不得不干预重印航海图的事情，人们甚至对委员会的合法性提出了质疑。像科努一样，庞加莱承认各派别存在利益之争，但与科努不同的是，他认为有冲突，就说明这个解决方案不够精细和完备。像以前一样，他始终寻求一种工程师常用的渐进中间路线，避免革命与反动。在他看来，至关重要的一点是使 8 小时 25 分 40 秒或 25°17′14″ 这样的"怪物"消失。只要是十进制，解决方案就可以采用，这才是关键。

庞加莱心知肚明，物理学家，特别是电学家，已经拒绝了这一提议，他现在要做的就是悄悄地把他们找回来。诚然，物理学家夸大了十进制的不便。倘若他们读了这份报告，他们就会同意自己的看法，至少庞加莱是这么想的。于是他开始从中引证。经过这么多年的努力，建立的电气单位系统好不容易被人们接受了，电学家现在不可能轻易放弃，这当然是可以理解的。但是，他力劝物理学家要保持理智。实际上，人们可以通过任何测量直接对两个事物进行比较，无论是一个时间与另一个时间，还是一个电阻与另一个电阻。在任何这样的工业操作中，人们都不需要追溯一个单位的基本定义。店主用米测量布料，但完全不需要记住一米等于地球子午线周长的 4 000 万分之一。只有所谓的绝对单位才会因改革而受到损害。例如，电流的绝对单位与任何特定的材料无关，而是通过安培来定义的，当恒定电流通过相距一米的两根无限长且无限细的平行导线时，会以一定的力相互排斥，这个恒定电流量就用安培来衡量。庞加莱说，实际上，英国人才会对绝对的自然神学忧心忡忡，对我们而言，关键是方便，而不是责任权。

事实上，庞加莱坚持认为，物理学家抱怨的对象是无关紧要的。根据旧的六十进制，每小时分为 60 分钟，每分钟分为 60 秒，而新的天文台时钟显示的是百分之一时，即一小时的百分之一，相当于 36 秒，这两者之间没法比较，但是那又怎样呢？精密时计只需要显示时间间隔，而间隔非常小，根本不需要按照一天中的特定时间重置。但是，这会把思想实验推向极限。

庞加莱继续说，想象一下，天文学家采用了十进制，随后将它在公众中广泛推广与应用，以秒为单位的时钟踪影全无，这会给那些想要测定电阻绝对值欧姆的极少数物理学家带来什么麻烦呢？麻烦就是，计算结果都必须乘以 36。"难道仅仅为了使他们避免这种操作，成千上万的水手以及数百万的小学生和学前儿童就应该每天都不得不进行烦琐的计算吗？"不仅如此，我们经常做的是什么呢？是频繁地测定电阻的绝对值，是确定我们在海上的位置，还是增加两个角度或者两次计算呢？总之，庞加莱指责物理学家阻碍了天文学家和公众的进步，而且这对他们自己也没有好处。就庞加莱而言，有些进展总比没有好。如果天文学论文和电气类书籍中的单位不同，一个数字竟有 3 种单位，比如 8 小时、14 分、25 秒，要摆脱这种荒谬，其实只需要付出小小的代价。[26]

在此次投票的过程中，尽管庞加莱的时间委员会做出了巨大的努力，可最终却止步不前。法国外交部得知外国公开反对这种时间改革的想法，于是在 1900 年 7 月通知经度局，国家不准备支持他们的提议。在法国大革命结束 100 多年后，时间合理化的革命斗争结束了。[27]

虽然他们推行时间十进制的努力付之东流，但委员会的很多参与者对时区和时间分配展开了激烈的争辩。例如，从不回避争论的萨罗通（Sarrauton）将矛头对准了时区系统。1899 年 4 月 25 日，他亲自给经度局主席洛伊寄了一篇关于时区提议的评论，言辞犀利。与很多有关时间的提议一样，萨罗通开篇表达了对铁路和电缆的敬意："地球表面纵横交错，火车在铁轨上纵横驰骋，快艇载满了旅行者和商品，消息通过空中和海底的电报线路以光速传送至全球的各个角落。在某种意义上，地球的表面已经收缩了。"解决方案是推行同步时钟的时区，但肯定不是英国的时区。

萨罗通要求将地球上楔形的时钟同步划分，从大英帝国的控制中解脱出来。他的怒火源自一项名为"布德努特"（Boudenoot）的定律，该定律将巴黎时间推迟了9分21秒："这就是格林尼治时间；不久前，英国子午线成为本初子午线，'法国输给了英国'，公制瓦解了！"在萨罗通看来，好在还有一种替代方案，即古齐和德洛纳定律（Gouzy and Delaune），它可以通过分区、十进制和失传的本初子午线来解决问题：一小时分为100分钟，一分钟分为100秒，把民用时间分为24个时区，从1900年1月1日开始计算白令海峡的经度。"这是十进制单位制的成就，法国实现了现代最重要的一项改革，在科学问题上，法国在世界上享有盛名。我们已经到达了十字路口，这两项定律象征着摆在我们面前的两条道路，我们必须选一条。"[28]但是，无论古齐和德洛纳定律会给追求理性的法国带来什么好处，他们的提议都没有通过。1911年3月9日，法国采用了格林尼治子午线。

在这些关于时区、十进制和本初子午线的激烈的辩论中，时间公约跨越了人们往往认为彼此相距甚远的领域。法律、地图、科学、工业、日常生活和法国大革命的遗留问题相互碰撞，吸引了法国科技界、知识界和科学机构的领军人物。在法国经度局，庞加莱从哲学角度对"约定"和"便利性"的希望撞上了航海家、电学家、天文学家和铁路工人的实际需求。就在1898年庞加莱出版《时间的测量》之前，改革派发起了激烈的辩论，在既抽象又具体的辩论中，汇聚了人们从物理学的角度和公约的角度对时钟同步的不同看法。

地图里的帝国雄心

如果说1897年法国经度局的一项任务是确立十进制时间，那么另一项更紧迫的任务就是绘制时钟同步的地图，这也是经度局辉煌的历史中难度最大的项目之一。早在1885年，法国海军部就委托经度局确定达喀尔和圣路易的确切位置，这两个地点位于当时法国的殖民地塞内加尔。[29] 经度局花了多年的时间，直到 1897 年才在其出版物中发布了关于塞内加尔的报告，刚好就在庞加莱出版《时间的测量》并担任经度局主席之前。

绘制殖民地地图并非易事。1865 年，法国总督路易斯·费代尔布（Louis Faidherbe）通过武力侵占了塞内加尔的沃洛夫和卡约尔地区，殖民者间歇地清理了从圣路易到佛得角半岛的道路。到 1885 年，殖民政府开始建设一条连接圣路易和达喀尔的铁路。

但是，铺设铁轨并没有阻止激烈的反殖民主义运动。法国军队仍然在东部和南部镇压反殖民主义者，但根本无法完全平息叛乱。在第一次世界大战前夕，叛乱依然频发。在殖民战争最激烈的时候，经度局派人前往塞内加尔确定这两个主要城市的位置，其中有一部分目的是与占领的部队协作，绘制殖民地内部的地图。不过，法国的殖民计划有更大的野心。如果确定了达喀尔的准确坐标，法国就能将电缆系统从达喀尔延伸到非洲西海岸，一直延伸到好望角。如果能实现这一目标，经度、火车轨道、电报和时钟同步将协同发展，从而使每一个领域都展示出一个新的全球网格。

当达喀尔－圣路易探险队从波尔多出发时，经度局已经将电报的覆盖范围扩展至加的斯圣费尔南多天文台，这座天文台位于直布罗陀海峡西北约 50 英里处。由于英国人在加的斯铺设了电缆，法国人借此将加的斯连接至特内里费岛天文台。特内里费岛天文台在不久前刚刚通过电缆与塞内加尔连通。天文学家每天晚上可以使用一小时的电缆。对于法国乃至整个欧洲大陆来说，从英国人那里租用电缆已经成为一种惯例。英国人控制着世界上绝大多数的海底电缆，可在法国与北非以外的殖民地之间传递信息。单单租用特内里费岛—塞内加尔、西非、西贡—海防和奥伯克—佩里姆的电缆，法国每年就花费了近 250 万法郎，这笔巨款都装进了竞争对手英国的口袋里。法国政府逐渐意识到了这一点。19 世纪 80 年代和 90 年代，在英国通信部门的统治之下工作，法国的军事、商业和新闻部门纷纷表示对此很恼火。可是，国民议会驳回了一个又一个电缆提案：1886 年关于铺设从留尼汪岛到马达加斯加、吉布提和突尼斯的电缆提案，1887 年关于铺设从法属西印度群岛到纽约的电缆提案，1892—1893 年关于铺设从布雷斯特到海地的电缆提案。[30]

法国当局不但依赖英国的电缆，还需要西班牙人的帮助。圣费尔南多的天文学家塞西隆·普加松（Cecilion Pujazon）将自己的天文台作为中继点，通过特内里费岛将巴黎发射的信号传送至塞内加尔。1895 年 3 月 15 日，天文学家们乘坐跨大西洋公司的"奥雷诺克号"轮船抵达了达喀尔，轮船的磨损情况比较严重。总督塞尼亚克－莱塞普斯（Seignac-Lesseps）立即派部队听候他们差遣。达喀尔驻军的指挥官帮他们找来了劳工和当地的泥瓦匠，把他们安置在军队的食堂里。据爱发牢骚的首席天文学家说，当时到处都找不到像样的酒店。首席天文学家注意到，乘客们像当地人一样睡在稻草床上，这让他很惊愕。

驻军对天文测量队的援助不仅仅是食宿。经度局天文学家在佛得角的一座堡垒中开始了测量工作，这座堡垒赫然耸立，原本用来保护煤场和锚地，避免炮兵受攻击，设计者用厚厚的混凝土筑成堡垒的墙壁。天文学家在掩体的遮蔽室里安装了计时钟摆，厚厚的墙体有利于控制最重要的时钟的温度，这在达喀尔的酷热环境中是绝对必要的。天文学家在堡垒外放置了子午仪，并在炮台的栏杆上安装了准直器。5 天后，也就是 3 月 20 日，天文学家乘船前往圣路易，在"殖民地的政治中心"受到了总督助理的热烈欢迎，并建立了圣路易观测站。[31]

总督颁布了一项法令，禁止人们在观测期间出入堡垒，因为脚步声会扰乱钟摆的节奏。只有少数当地人可以通行，但只能光着脚走在沙土上，禁止使用推车。观测从 1895 年 3 月 26 日开始，至 4 月 11 日结束。观测人员在 4 月 29 日和 5 月 2 日分别向达喀尔和圣费尔南多发出了第一个信号。

然而，观测工作进展并不顺利。由于当地的河水从北向南流动，增加了圣路易子午线的观测难度。为了躲避障碍物，观测人员在河岸上工作，但不能置身于河的正中央观测，因此也就无法看到正北的北极星。而且，一些"掠夺者"开始偷窃露天遗留的任何金属物品。

　　连接达喀尔和圣路易的电缆长 260 千米，蜿蜒穿过卡约尔灌木丛生的平原，铺设手段原始，而且当地人尽管没有对我们公开宣战，但敌对情绪高涨。电缆经常被切断，电线杆被撞倒，然后又被重新竖起来，情况时好时坏，根本不具备普通线路的正常物理条件。补充说明一点，在日落时分，露水很重，电线杆都在滴水。通常，在法国的话，安装 5 个绝缘体就可以解决这个问题，可在这里，就算安装 70 个绝缘体，也无济于事，没有一丝电波。[32]

　　天文学家沿着塞内加尔的火车轨道向外传送信号，可是在关键的观测夜晚，西班牙完成代表选举，通过陆地线路发送了大量的官方信号，所以从特内里费岛的圣克鲁斯到圣费尔南多的信号也受到了干扰。天文学家不得不进行修正：一是根据温度变化进行常规修正；二是通过"个人方程"进行修正，这是每个观察者在发出恒星穿过子午线的信号时特有的心理、生理滞后；三是对记录到达信号的镜式电流计的误差进行修正。最后，观测小组将一组观测数据的权重增加了 1 倍，并补偿了其他仪器和人为产生的错误后，确定了圣费尔南多与圣路易之间的经度差为 41 分 12.207 秒。[33] 由于很少有轮船从达喀尔前往特内里费岛，天文学家不想错过返程的机会，于是，他们召集了一些思乡的水手，迅速收拾好仪器，准备返回巴黎。回到巴黎后，观测小组向经度局提交了报告，这份报告于 1897 年印刷出版。

　　就在塞内加尔的报告即将出版之时，英法两国由于殖民地问题而关系日益恶化，电缆成为很多争端的中心问题。英国电缆公司拒绝雇用外国人，甚至在清楚地读取巴黎和达喀尔或西贡之间的法语电报之后，才将这些信息传到法国当局的手里。虽然美、英、法等国在 1884 年签订了《保护海底电缆公约》（*Convention for the Protection of Submarine Telegraph Cable*），这项公约自 1885 年起正式生效，但是，英国主张交战国可以破坏敌对国家的电缆，这显然对英国有利，毕竟当时全球共有 30 艘电缆船，其中 24 艘归英国所有。1898 年，紧张的局势升级，战争一触即发。为了控制苏丹境内的部分尼罗河区域，让·巴普蒂斯特·马尔尚（Jean Baptiste Marchand）上尉所属的法国中队准备向英国提出权利要求，并进行磋商，可就在英国军队继续与伦敦保持联系时，法国的电报却莫名其妙地"消失"了。当法国总督在达喀尔，也就是法国经度局的观测人员刚刚去过的地方装上大炮时，电缆又神奇地恢复了通信。[34]

在巴黎，英国和法国之间的经度之争并没有结束，而且不仅局限于政治领域。就在经度局继续为法国时钟是否应该以格林尼治时间为基准而烦恼的时候，天文学家却为了一个又一个最基本的问题争论不休：相对于伦敦的位置，巴黎位于哪里？或者更确切地说，巴黎天文台在皇家天文台以东的具体位置在哪里？早在 1825 年 7 月，英法两国曾从英吉利海峡发射火箭，尝试利用爆炸来同步时钟，以确定两地的相对位置。1854 年，勒威耶和乔治·艾里通过电报再次进行了尝试，确定两地之间的经度差为 9 分 20.51 秒。但随着美国为进行大规模的海岸勘测活动而铺设了跨大西洋电报电缆，英法两国之间达成的共识在 1872 年被打破了，经美国测定，巴黎与伦敦之间的时间差为 9 分 20.97 秒，与英法两国之前的测定值相差约半秒。当时，人们追求的精度为百分之一秒，甚或千分之一秒，半秒的误差实在太大了，任谁都不能容忍。于是，1888 年，英国皇家天文学家联合法国陆军地理服务处处长佩里耶将军（General Perrier）和巴黎天文台台长海军上将穆谢（Admiral Mouchez），希望能够彻底地解决这个问题。

天文学家计划在英国和法国分别任命两名观察员，一名法国人和一名英国人为一组，两人肩并肩地站在一起，齐心协力地完成测量工作，两组人一组在英国，一组在法国。他们共用一条电报线，电报信号在拉芒什海峡[①]来回穿

行，协调观测工作，对个人错误进行精细的校正。为避免不必要的热量可能导致仪器读数失真，他们甚至共用一个电池供电的电灯。在蒙苏里，英国人和法国人分别把各自的仪器放在相距 20 英尺的桥墩上。然而，由这些仪器测出的经度差结果令人沮丧：

英国人的测定值：9 分 20.85 秒

法国人的测定值：9 分 21.06 秒

　　两个结果相差了五分之一秒。差距还是太大了。于是，1892 年，也就是庞加莱当选为经度局常任委员的那一年，经过多年的谈判，两国再次连通了电缆。天文学家再次将各自的仪器固定在石墩上发射电波，并煞费苦心地简化数据。令他们感到非常尴尬的是，这次的结果没有比 1888 年那次好多少。这两个欧洲最伟大的天文台都自称有能力绘制整个世界的地图，却不能就这个五分之一秒的误差达成一致。1897—1898 年，洛伊和科努相继担任经度局主席，电气化时钟同步的危机到了最紧要关头。巴黎天文台协同国际大地测量协会，坚持要求两个天文台进行适当的时间转换，以此确定欧洲地图。[35]

　　显然，约定问题并不局限于几何学或哲学领域；相反，约定无处不在。约定涉及本初子午线、时间十进制、海底电缆、地图制作，甚至还涉及巴黎和伦敦的相对位置。从 1897 年至 1898 年经度局的工作来看，时空世界的国际间协调似乎已迫在眉睫。

　　与纯粹的隐喻性著作相比，庞加莱的《时间的测量》读起来截然不同。首先，在 1897 年，对于当时的经度局来说，无论是在伦敦、柏林还是在达喀尔等巴黎之外的某个地方来计算巴黎时间，是经度局地图制作任务中最紧迫的问题，所以这并不是抽象问题。其次，长久以来关于传统的时间十进制的争论也在 1897 年愈演愈烈，就连庞加莱也深陷其中。简言之，1897 年，经度局比以往任何时候都更加专注于精确的同时性测量工作。这项工作将展现一幅更加广阔、更加精确的世界地图。

的确，当庞加莱在《时间的测量》中提出必须将同时性理解为一种约定时，重要的是如何将约定落实在书面上。对于法国、德国、英国和美国的测量员来说，标准做法是通过观测天文事件与实现远程时钟同步，如金星凌日、月亮掩星、月食以及木卫食①，都可用于在遥远的殖民地海岸上设置时钟，只是精度不算太高。1897 年，庞加莱加入经度局已有 4 年，他非常清楚，由于很多原因，电报已经取代这种通过观测天文事件进行时钟同步的方法，成为最准确的同时性标准。

作为替代方法，庞加莱将通过电报确定的经度作为建立异地同时性的基准，这是至关重要的一点。在《时间的测量》中，他提出了自己最著名的观点，即时钟同步的过程中必须考虑信号传输的时间。随后，他补充说，对于实际应用来说，小小的误差无关紧要，而想要计算电报机信号的准确的传输时间，则非常复杂，绝非易事。1892—1893 年，庞加莱曾教授过信号的电报传输理论课程，并回顾研究了测量铁线和铜线中电传输速度的实验。但他依然热衷于研究时钟同步的问题。1904 年，他在巴黎高等电信学院的一系列讲座中，综合分析了"电报方程"，将该方程与其他人的方程进行了比较，并详细阐述了海底电报电缆的物理学理论。[36]

在信号传输的实践中，时间是解决问题的关键。乍一看，电脉冲信号同时跨越大陆和海洋，对于维多利亚时代的制图员来说，他们似乎不可能考虑到信号传输时间的问题，可是他们力图解决程序中的各种错误，我们需要看看他们实际的工作内容，才能一窥究竟。事实上，电气化的地图制图员在纠正错误的过程中，由于要将巴黎的时钟与美国、东南亚、东非和西非的异地时钟进行同步，早就精确地考虑了信号传输时间的问题。换句话说，在巴黎和格林尼治之

---

① 木星最著名的 4 颗卫星是伽利略发现的，当它们绕到木星后面时，就会发生木卫食现象。——编者注

间无法就精确测量值达成一致的过程中，他们就已经考虑了传输时间的问题，不需要等待相对论理论的问世才想起这一原因。

正如我们所看到的，早在 1866 年，美国海岸测量办公室[①]通过第一条横跨大西洋的电缆，确定了马萨诸塞州坎布里奇和英国格林尼治之间的经度差，为此他们付出了巨大的努力。虽然当时的测量员纠正了时钟速率和恒星位置测量中的常见误差，但他们心知肚明，在法国加来按下电报发报键，瓦伦提亚并不能立刻收到信号。产生延迟的一部分原因是观测人员不能在瞬间就做出反应，另一部分原因则是仪器的响应速率。例如，镜式电流计上的磁铁需要很长时间才能充分转动小镜子，使光束发生明显的偏转。天文学家将这些困难称为"个人标注错误"，在受控的情况下测量这些延迟所需的时间，可以消除大部分误差。除此之外，还有一个关键因素会造成传输和接收之间的延迟，即信号从加拿大新斯科舍省穿越大西洋到达爱尔兰所需的时间。在所有误差中，还包括将传输时间测量值打印到纸面上所需要的时间。[37]无论是美国海岸测量办公室对墨西哥、中美洲和南美洲的无数次测量任务，还是贝尔纳迪埃的任务，抑或欧洲各大天文台之间的庞大联系网络，都印证了这一点。

各地的测量员都在测量电报信号通过电缆传输和接收所需的时间，然后使用延迟校正的方法来确定远程同时性。接下来，我们讲一讲测量员的推理过程。为了简单起见，我们将信号在传输过程中所需的时间夸大设定为 5 分钟。假设东部观测小组在东部当地时间的中午 12:00 向位于他们以西、距离为地球 1/24 周的西部小组发出了信号，也就是两地时间差正好为 1 小时，即西部小组的时间比东部小组慢 60 分钟。由于传输时间导致的延迟，西部小组将在本地时间的上午 11:05 接收到信号。如果他们在校正过程中没有考虑 5 分钟的延迟，则得出的原始结论就是：西部小组与东部小组之间的经度差为 55 分钟，即西部比东部慢 55 分钟。

---

① 美国海岸测量办公室隶属于美国商业部国家海洋与大气管理局。——编者注

东部到西部的表观时间差 = 实际经度差 + 传输时间

结果：-55 分钟 =-60 分钟 +5 分钟

现在，让我们想象一下，当一个信号从西向东传送会发生什么。西部小组在当地时间中午 12:00，即东部当地时间下午 1:00 发送信号，但当东部小组收到信号时，东部的当地时间不是下午 1:00，而是 1:05。如果观测人员不知道信号传播需要时间，就会得出西部比东部慢 65 分钟的结论。换句话说，如果观测人员忘记考虑信号传输时间，则实际的经度差会小于计算值。这意味着：

西部到东部的表观时间差 = 实际经度差 - 传输时间

结果：-65 分钟 =-60 分钟 -5 分钟

如果把东部到西部的表观时间差和西部到东部的表观时间差这两个测量值相加，传输时间的正值和负值直接抵消了，结果是真实经度差的 2 倍。而且，如果从东部到西部的表观时间差中减去西部到东部的表观时间差，结果就是传输时间的 2 倍：东部到西部的表观时间差 - 西部到东部的表观时间差 =2 × 传输时间。由此得出以下公式：

传输时间 =（东部到西部的表观时间差 - 西部到东部的表观时间差）÷2

对于世界上任何一个远程测量队而言，不管是在西印度群岛还是在中美洲、南美洲、亚洲和非洲，这个计算传输时间的简易公式都是他们工作程序的一部分。当然，经度局的天文学家四处奔走，将木制观测棚从一个地方搬到另一个地方，无论是在中国香港与海防之间，还是在布雷斯特和坎布里奇之间，他们长期以来都在使用这个公式计算传输时间。制图员也明白和理解传输时间的问题，而且非常清楚地表示必须考虑电磁信号的传输时间，这样才能建立精确的同时性，从而确定经度。如果在 1898 年前后，庞加莱还不知道这一点，那我们只能假设，在加入经度局后，他没有看过经度局里的任何一份报告，而且也没有参与过或听到过有关实际操作程序的任何讨论。我们不得不做出上述假设，因为庞加莱在《时间的测量》中写道"让我们观察电报经度测量员的工作，寻找他们探索同时性的规则"时，不知何故，并不明白在过去四分之一世纪里经度局的观测人员以及英国、美国、德国和瑞士的各个经度观测小组一直都在做什么。这太让人难以置信了。

早在 19 世纪 70 年代末，当贝尔纳迪埃中尉、勒克莱尔（Le Clerc）上尉和天文学家洛伊试图将法国重新纳入欧洲地图时，他们之间最重要的联系就是如何通过电报来确定巴黎与柏林之间的经度差，这毫不夸张。解决时间延迟的难题刻不容缓。1882 年，有人指出，电报信号会受到各种原因产生的小误差影响，所有这些原因都必须认真考虑，其中包括由于电磁铁响应造成的误差、仪器部件的机械迟缓造成的时间损失、笔尖的相对间隔造成的误差，以及电通量传输的非实时性造成的误差。为了确定传输时间，天文台想尽了各种办法。例如，测量员必须确定传输信号时使用的电流总是相同的，还要假设电磁信号在两个方向上的速度是相同的。在同意通过电磁信号交换来确定时间的程序时，测量员首先要确定使用哪种约定的语言。柏林和巴黎为了两地的时钟同步，不仅制定协议，缔结合约，甚至还提前准备了车站之间的问候语。就像《米制公约》一样，同时性公约要求制定统一的国际标准，并对同步过程中的每一步都做出详细的规定。

在经度局发布的巴黎 - 柏林报告的主题中，我们找到了与信号交换有关的公约，现在这一切就都说得通了。[38]1890 年，当经度局在地图上标注出波尔多时，在钟摆误差和个人观察误差等误差修正列表中，我们终于发现了它："电力传输延迟 S"。[39]对于在塞内加尔进行观测的法国小组来说，考虑到电脉冲信号的有限时间是完全正常的；与 1897 年之前开展的很多电报任务一样，该观测小组直接使用了计算传输时间的简易公式："从圣路易到达喀尔的表观时间差和从达喀尔到圣路易的表观时间差之间的差异为 0.326 秒，这个结果等于传输时间加上其他误差导致的时间延迟之和的 2 倍。"[40]虽然这是常规算法，但庞加莱和经度局的同事要得到非常精准的测量值，就必须考虑对这些误差进行修正。经过一次又一次的测量，测量员想方设法消除巴黎和格林尼治之间或者巴黎和法国在遥远的西非、北非和远东殖民地之间仍然存在的经度争议，如何补偿时间延迟的问题变得日益突出。

在某种意义上，经度测量员显然必须考虑到传播时间。毕竟，他们声称可以标示出千分之一秒的经度，而光传播 6 000 千米以上的距离所需时间约为 1/50 秒，电波通过同样长度的海底电缆时，速度比光速慢了几倍，修正后的结果接近 1/10 秒，这对于 19 世纪晚期追求制图精度的人们来说是无法容忍的，因为赤道上每一秒的时间误差就意味着在东西方向上有 500 米的混乱。

因此，庞加莱在《时间的测量》中探讨如何通过电磁信号交换来定义同时性并不是对约定主义的想象性推测。在他出任经度局主席之前的几个月，经度局的 3 名常任学术委员之一提交了一份关于标准的测地线实践的报告。庞加莱发现，周围的人都在借助经度局的电缆网络、钟摆和移动观测站开展同时性的研究。

庞加莱还发现了科学程序是如何与哲学相融合的。大约 12 年前，他在巴黎综合理工大学的朋友、物理学家兼哲学家卡利农曾建议他从自然的角度看待时间和同时性，庞加莱深表赞同。1897 年，当庞加莱沉浸于时间十进制的研究中时，卡利农出版了一本共 30 页的新书，名为《关于数学运算中的各种数量的研究》（*A Study of the Various Quantities of Mathematics*），阐述了我们关于时间持续等同性推理中的恶性循环。例如，一个容器装满了水，然后通过底部的小口使里面的水流出来，那么在每次重复这一过程时，排空容器所需的时间是否一样长？要回答这个问题，必须有一个独立的时间度量方法。但是卡利农指出，即使采用独立的时间度量方法，有一个问题始终无法避免，那就是使用什么仪器对校准器进行校准呢？显然，庞加莱被卡利农的表述所吸引，并在《时间的测量》中引用了这个问题："对于从容器中排空水所需的时间这类问题，其中一种影响因素是地球的自转。如果地球的自转速度发生变化，那么当这种现象重复发生时，这就是一种不再保持不变的情况。但假设地球自转速度是恒定的，就等于假设一个人知道如何测量时间。"[41]

卡利农比庞加莱研究得更深入。他强调，历史上人类对时间的划分具有任意性。例如，人类选择季节不是基于任何科学或形而上学的概念，而是一种简单的、物质的实用程序。科学家应该选择最简单和最方便的机制，对时间测量而言，这意味着时钟的指针必须按照某种方式运行，通过这种方式推导出的行星运动公式也尽可能简单。卡利农得出结论，在时间的测量上存在一种最简化且最方便的选择："实际上，可测量的持续时间是一个变量，由于它特别适合表示简单的运动规律，所以我们在研究运动中出现的所有变量时选择了它。"[42]

在巴黎综合理工大学的圈子中，无论是在铁路工人、电工和天文学家所代表的技术世界里，还是在综合理工人研究的科学哲学中，庞加莱在时间测量这个问题上不断考虑"选择""便利性""简单"。《时间的测量》正是这种交叉性的标志。时间的测量是一种约定，与科学过程的现实联系在一起。然而，事物有正反两个方面。庞加莱的《时间的测量》并不是对同时性的探究，而是把对同时性的原则性修正内容纳入了他的物理学核心思想里。这篇文章对参照系、电动力学或洛伦兹的电子论只字未提。与测地学家一样，1898 年初，庞加莱认为电磁信号交换为探究同时性提供了一种约定的、规则性的方法，并认为同时性的时间延迟定义的科学结果只是另一种修正，既与镜式电流计产生的惯性有关，也与观测人员的心理生理学有关。可是，与测地学家不同，庞加莱在修正过程中发现了重要的哲学观点。像卡利农一样，庞加莱从科学家对时间的测量过程中看到了哲学的观点，但不同的是，他直接参与了远程时钟同步研究。只有庞加莱正好站在那个十字路口；只有他抓住了电磁信号的交换，把一个常规的物理过程变成了对时间和同时性重新进行哲学定义的基础。他把测量员的行动与自然哲学家的行动结合起来，使得一项日常技术突然在这两个领域同时发挥了作用，而这项技术既可以用于蒙苏里的钟楼，也可以为《形而上学与道德评论》杂志增色。

1897 年，同时性的约定在庞加莱周围无处不在，甚至没有人愿意自称为信号传输时间修正规则的发现者。测量员的日常实践犹如一片浩瀚无名的知识海洋，而测地人员的修正工作犹如沧海一粟，还达不到申请专利或撰写科学论文的门槛要求。在每一次国际技术会议上，在每一项关于长度、电力、电报、子午线和时间的协议中，一个又一个公约涌现出来，数量激增。

再来回想一下庞加莱在《时间的测量》一文中关于物理定律的本质的那句话："规则不能普遍适用，何谈严谨；很多小规则适用于特定的情形。"庞加莱认为，重新定义时间是经度测量员做出的另一种修正，不应该从根本上削弱牛顿定律的简单性："这些规则不是强加给我们的，人们可以通过发明其他规则来自娱自乐。然而，我们不知道的是，如何在偏离这些规则的同时，使物理定律、力学定律和天文学定律的表述不会变得复杂。"人们常常引用庞加莱的话，他认为，我们之所以选择这些规则，不是因为这些规则是正确的，而是因为它们能给我们带来方便。对 1898 年的庞加莱来说，他要捍卫早已确立的牛顿定律，因为没有更为简单的替代方案。"换句话说，"他总结道，"所有这些规则，所有这些定义，只不过来源于一种无意识的机会主义。"庞加莱对时间公约性的坚持，让我们有所启发。现在，我们可以认识到这些想法一直在法国经度局和巴黎综合理工大学的大厅和电缆线路中回响，在这个技术宇宙中，外交官、科学家和工程师利用国际公约来管理国家之间因空间、时间、电报和地图而产生的冲突。这个世界也是庞加莱的世界，也是一条与爱因斯坦相距甚远的科学之路。

测量地球形状的大型探险

1898—1900 年，庞加莱和法国经度局紧锣密鼓地利用电报进行经度测量工作，公布了达喀尔和圣路易的确定经度。数月之后，经度局全力推进，启动了另一次大型探险。此次目的地是厄瓜多尔，由庞加莱担任科学秘书。其实，经度局很早就讨论过这次探险，确切地说应该是在 1889 年的巴黎世界博览会期间就开始讨论了。在世博会的技术展览会期间，当时美国驻国际大地测量协会的代表要求确定子午线的长度，即地球表面沿着经线的弧长，以此确定地球的形状。如果地球在赤道附近略宽而两极相对扁平，就像牛顿在两个世纪前所预言的那样，那么与靠近两极天文纬度为 5 度的经度弧相比，在赤道附近天文纬度为 5 度的经度弧应该较短一些。人们早就知道地球是扁圆形的，随着时代的发展，当时的问题是如何精确地确定地球的形状。厄瓜多尔总统同意了，并表示厄瓜多尔将全力支持法国进行此项工作。这项工作的重要性显而易见，但由于军务部、外交部和陆军地理服务处对这项提议来回推诿，导致费用上涨。[43]之后，厄瓜多尔政坛风云突变。1895 年 6 月 5 日，埃洛伊·阿尔法罗（Eloy Alfaro）将军当选厄瓜多尔新一任总统，发动了激进的自由主义革命，以期全面改革国家生活。地球形状的测定工作不得不搁置一旁。

1898 年 10 月 7 日，在德国斯图加特举行的国际大地测量协会会议上，美国代表再次提出了那项搁置已久的工作——启动厄瓜多尔基多的考察工作，重新测定地球形状。法国代表布凯·德·拉·格雷提醒与会者，就在 4 年前，厄瓜多尔的全权公使曾提议对基多进行考察，但由于 1895 年的自由主义革命而不得不将考察工作"延期"。美国代表彬彬有礼地承认事情属实后，英国代表就不那么胆怯了：愿望是美好的，但测地学家需要明确什么可以做和什么应该做。英国人要求法国人对此次子午线测量工作予以回应。格雷"被说服了，法国人期望就重新测量秘鲁子午线弧长的事情进行协商"。当看到美国海岸测量部队沿着美洲向上和向下确定位置时，当看到英国为了追求制图野心而近乎垄断海底电缆后，法国人豁然开朗，如果他们还犹豫不决，美国海岸测量办公室将捷足先登。正如庞加莱所说，如果美国人攫取了制图领域的领先地位，"就会玷污我们国家的荣誉"。[44]于是，法国人行动了。

在巴黎，公共教育部长提供 20 000 法郎的资金，由军务部委派的人员前往基多执行勘测任务。在这次最新的尝试中，公共教育部长会把 18 世纪备受瞩目的纬度测量值向北增加 1 度，向南增加 2 度，并对每个基地周围的地区进行地形总结和地平线测量。就这样，法国立即派出了先锋队，这支先锋队迅速行动，在短短 4 个月内就穿越了世界上 3 500 千米的山脉。1899 年 5 月 26 日，探险队从波尔多出发，快速前进，速度惊人。探险队出发后，法国与英国的紧张关系加剧。在英法争夺尼罗河殖民地的角逐中，法国的电缆线路"莫名其妙"地发生故障，然后在第二次布尔战争①期间，英国于 1899 年 11 月 17 日对电缆进行了彻底的审查。1899 年 12 月 8 日，法国殖民地部长发布了一项规模空前的电报法案。仅仅一周后，部长会议通过了一项预算为 1 亿法郎的帝国网络计划。关于电缆工程的争论出现在左右两派的出版物上。[45] 基多探险队在这场动乱中返回法国，于 19 世纪的最后一天抵达巴黎。

在 1900 年 7 月 23 日的会议上，法兰西科学院需要决定是否以及如何完成此次勘测任务。庞加莱毫不怀疑，法国的科学家定会不辱使命：

> 如果我们的国家为现代科学的发展进步贡献了一己之力，那么我们就更没有理由放弃前辈们高举的法国的理性旗帜。我们享有公认的权利，难道我们应该以无能为力为由拒绝这些彬彬有礼的邀请吗？与 150 年前的法国相比，我们的国家依然充满活力，而且更加富裕。为什么要把法国曾经启动的任务留给后来者去完成呢？[46]

公共教育部长要求科学院指挥这次行动；8 月，庞加莱敦促科学院要推进下一步的工作。18 世纪时，路易·戈丁（Louis Godin）、皮埃尔·布格（Pierre Bouguer）和查尔斯-马利·拉孔达明（Charles-Marie La Condamine）这些无畏的前辈从 1735 年 4 月开始在基多勘测经线的部分弧度，难道他们不应该继承前辈们的遗志吗？然而，一个半世纪后，学者们很可能会问，科学家是否有必要跟随探险队一起进入安第斯山脉。庞加莱承认，这样的探险需要的不仅仅是计算能力：

---

① 第一次布尔战争发生在 1880 年 12 月 16 日至 1881 年 3 月 6 日，是英国与南非布尔人之间的一次小规模战争。第二次布尔战争发生在 1899 年 10 月至 1902 年 5 月，为征服只有数十万人口的布尔人，英国投入了 40 多万人，损失巨大，最后以签订和约宣告结束。——编者注

　　探险队员不仅要具有很高的科学能力、技术能力，还要养成严谨
有序的习惯，更要面对巨大的体力消耗、资源匮乏和各种不利的气候
条件。他们必须知道如何领导队员，确保队员与非专业人员服从指挥。
在智力、体力和道德层面，陆军地理服务处的军官都具备探险所需的
良好的综合素质。[47]

　　在巴黎，科学院所能做的就是通过一个负责检查观测记录的委员会提供科
学方面的支持。

　　庞加莱亲自指挥勘测任务。1900 年 7 月 25 日，他在报告中明确表示，需
要建立 3 个基地，才能使电网覆盖赤道地区，并且应该使用法国确定子午线长
度时所使用的相同仪器来确定基地的位置，这样才能确保可靠性。基多观测站
的负责人由里昂天文台的弗朗索瓦·戈内西亚（Francois Gonnessiat）担任，
他是最具天赋的法国天文学家之一。整个任务所需资金由匿名捐赠者慷慨资助，
后来人们才得知这位捐赠者是罗兰·波拿巴（Roland Bonaparte）王子。为了
确保测定经度的精确，法国官员在建立基站的同时，戈内西亚将会在基多进行
观测。就像以前一样，电报是确定异地同时性的关键：首先铺设一根从基多至
瓜亚基尔的电报电缆，使用中继设备增强信号；再铺设一根电报线缆，将基多
与遥远的北部基站连起来。如果中继设备在同时性测定中经常出现不可接受的
误差，庞加莱将按照常规的做法，增加初始站的电池功率，放弃使用中继设
备。目前，探险队已经开始把电报网络与南部基站连起来。这样的话，这个遥
远的山脉网络的各端将与基多连在一起，而基多的时间将与瓜亚基尔的时间相
连，反过来，瓜亚基尔将通过北美借助海底电缆与世界网络相连，以实现时钟
同步。[48]

　　庞加莱的报告经科学院批准后，在 1900 年 10 月通过了国际大地测量协
会的批准。美国代表向法国表示祝贺，同时表示如果法国有任何需要，美国愿
意第一个帮忙。这不太可能。1900 年 12 月 9 日，工兵上尉莫兰（Maurain）
和炮兵上尉拉勒芒（Lallemand）作为先锋队成员，前往厄瓜多尔执行为期 4

年的基多勘测任务。[49]

1902 年 4 月 28 日，庞加莱向巴黎的院士们报告说，先锋队成员花了几个月时间采买驮畜，组建车队。当他们开始进入山区时，法国远征军有 40 名印第安搬运工和 6 名厄瓜多尔军官，以及 120 匹骡子。由于对勘测至关重要的测量杆由两种不同的金属组成，这两种金属的热反应不同，所以必须由搬运工背着。夜晚的湿气很重，导致观测用的千分尺严重变形，在早上 6 点到 9 点之间几乎无法进行观测。上午 11 点，大风呼啸，卷着尘土，肆虐整个营地，损坏了仪器，探险队员也饱受折磨。营地里的温度变化莫测，探险队员很想知道，在这样的气候环境中，测量设备能否保持可靠的稳定状态。于是，他们决定使用个人方程进行计算，而不是改变观测人员的位置，要不然，就得让印第安人独自负责大本营。拉勒芒带着两个人去遥远的北方执行一项临时任务，希望将网络延伸到哥伦比亚，但不久他们就因为当地的政治动荡而撤回来。庞加莱用略带乐观的口吻向探险队转达了领导们的希望，那就是在 1904 年之前，实现除哥伦比亚以外所有北部基站的电报联系。[50]

一年后，庞加莱回到科学院，再次起草报告描述了此次艰难的探险之旅。1903 年 4 月 6 日，委员们遗憾地发现，前一年的任务几乎没有哪个方面是顺利的。首先，山顶几乎总是雾气笼罩，无法瞄准观测点。佩里耶将军在海拔 12 000 英尺的米拉多尔执行勘测任务，他在指定地点待了 3 个月，几乎每天都是阴云密布，细雨连绵，只能看到营地所在的地平线。狂风大作，营地里的一切都随风飘摇。佩里耶原本要在 15 天的时间里执行 21 次测量任务，最终只完成了一次，而且也没有瞥见尤拉·克鲁兹（Yura Cruz）向他发送的信号。山谷将他们二人分隔，一条湍急的云河从东部奔涌而来。经过几个月的等待，佩里耶等到了更平静、更晴朗的天气。于是，他抓紧时间测量，完成了任务。[51]

其他小队也遇到了类似的问题，根据庞加莱的估计，这些问题对小队成员的素质是一种考验。莫兰驻守在塔昆加，趁着天气晴朗时抓准时机，只能断断续续地进行观测。猛烈的东风夹杂着暴风雪，使工作极难进行。狂风肆虐，毁坏了观测站的屋架，横向撕裂了帐篷。拉孔布（Lacombe）驻扎在卡惠托站，被困在雾和雪中好几天，无法进行一次观测。拉勒芒担任勘测小队的指挥，并负责在极其险恶的地形中进行信号建设，但他掉进了科托帕希地区的一处裂缝中。当士兵找到他时，他已经被困在裂缝中 3 个星期了。在这些与自然因素的斗争中，探险队推测，恶劣的天气可能与马提尼克岛灾难性的火山爆发活动有关。[52]

然而，并非所有不幸都能归咎于自然。探险队员辛辛苦苦建立的标记点，却遭到了土著白人和印第安人的破坏。显然，测量杆的标记点要多于坐标位置。对当地人来说，这些标记点预示着埋藏的财富。在寻找黄金的过程中，寻宝者不仅移走了测量杆，还挖空了附近的一切。因此，法国人在缺氧、积雪覆盖的山峰待了几个月才辛苦标记的位置，只能重新测量和标记，有时要重复两次甚至三次。法国人不得不向教会求助，嘱咐当地主教和医生为居民提供医疗服务，并使其远离营地，但科学和宗教也拿挖掘者毫无办法。1904 年，法国人发现观测站共计遭到 18 次破坏，出于无奈，他们只能在恶劣的高山条件下重新测量了 360 对观测点。第二年，令他们沮丧的是，崎岖不平的高山区域结冰了，这时探险队才意识到，正如当地合作者所说的，他们关于能见度的报告不准确。测地学家终于明白，他们根本没有主动攀登到这样的高度。当地人只有为数不多的几次真正冒险攀登到了高海拔区域，而"能见度"是指他们能够看到足够多的东西，以便上山和下山。与探险队不同，当地人既不需要也没兴趣为了测定经度和纬度而看到那么远。与此同时，拉勒芒感染了黄热病，被同事送回了法国。

庞加莱在任务总结中说道："在风雪和大雾的天气中，漫长的等待并没有磨灭探险队员们的斗志，这些军官和所有工作人员的热情、恒心和奉献永远值得赞扬。他们是科学的先驱，他们的勇气和成就值得我们赞扬。"[53] 经过 8 年的时空测量，法国终于获得了地图坐标。庞加莱在 1907 年的报告中提到，探险队已经返回法国。

整个经度勘测任务从 1899 年开始计划，到 1907 年结束。在这个过程中，庞加莱在哲学和物理学这两个截然不同的领域都推进了同时性技术。这并非偶然。1900 年 7 月 25 日，他完成了基多勘测任务的目标报告，也就是从这一刻开始，他全神贯注地研究电报同时性的每一个细节，就连电报线路的电池功率也不放过。他向同事证明，绘制基多地图具有两方面的重要性：一是为了捍卫法国的荣誉，"高举法国的理性旗帜"；二是确定地球的形状，绘制世界地图，这属于科技问题。可是，这还不是全部。

庞加莱不再纯粹从数学的角度思考同时性的问题，而是更广泛地反思物理学的哲学基础和传统基础。在督促科学院的院士们加紧推进基多勘测任务后，1900 年 8 月 2 日，他在一次重要的哲学会议上发表了一篇论文[54]。会上，他提出了他认为最核心的一个科学基本问题：力学本身的基本思想可以改变吗？庞加莱认为，在法国人看来，力学长期以来被认为是经验所不能及的，是一门演绎科学，不可避免地会从假定的牛顿第一运动定律中得出结论。但在英国，力学根本不是一门理论科学，而是一门实验科学。如果想在力学领域取得实质性的进步，这种跨学科的矛盾必须通过分析来解决。在这门最崇高的科学中，哪一部分属于实验范畴，哪一部分属于数学领域呢？或者用庞加莱的话说，哪一部分需要约定呢？

对于这些问题，庞加莱凭借自己对几何学、大地测量学、物理学和哲学基础的全部研究，向哲学家阐述了自己对力学起点的猜测。他的观点可以概述为以下 4 点：

1. 没有绝对的空间，我们只能设想存在相对运动。然而，在大多数情况下，我们在阐述力学事实时，好像存在可以引以为证的绝对的空间一样。

2. 没有绝对的时间。当我们说两个时间段相等时，这种说法毫无意义，而且我们只能通过约定才能获得意义。

3. 我们无法直接感知两个时间段是否相等，也无法仅凭感知来确定两个事件是否同时发生。

4. 最后，欧氏几何本身不就是一种语言的约定吗？

对庞加莱来说，非欧几何也可以用来阐述力学，虽然可能没有欧氏几何表达得那么方便，但也完全可以解释得通。绝对的时间、绝对的空间、绝对的同时性，甚至绝对的欧氏几何不应该强加给力学。这些绝对情况"在力学存在之前并不存在，就如同在用法语表达真理之前，从逻辑上说法语也不存在一样"。[55]

上述 4 点表达了庞加莱方法的精髓。第一点再度强调了他从哲学和物理的角度都不认同绝对空间的存在。第二点和第三点简明扼要地重述了《时间的测量》中的观点，第四点将自己之前关于几何学的约定与讨论内容结合起来。"加速度定律和力的合成定理仅仅是任意的约定吗？没错，它们就是约定，但不是任意的。实验引导科学奠基人采用实验进行科学研究，虽然实验并不完美，但足以证明这些理论是合理的。如果我们考虑实验，那么结论就会是：这些理论不是任意的约定。我们必须时不时地从实验的角度关注约定的起源。"对庞加莱来说，实验是物理学的原材料，理论的目的是以最大的概率获得最多的预测。也就是说，我们想要揭示世界的本原和大致的运动模式，并希望通过力、质量和加速度等概念的约定或定义来体现，这样的话，实验就可以作为力学的基础。然而，这并不意味着实验会直接使初始定律失效；在他看来，在最坏的情况下，实验会表明一个基本定律只是近似正确的，"而且我们对此已了然于心"。[56] 同样在 1900 年，庞加莱在与物理学家的一次交谈中，总结了他对理论作用的思考。像往常一样，他使用了机器工厂的比喻，把实验作为"原材料"，把理论作为组织指导。"可以说，问题在于如何提高科学机器的产出。"[57]

即使在数学领域，庞加莱也认为机器和机械结构至关重要。早在 1889 年，庞加莱就抨击过逻辑学家对"畸形"函数的传播。1900 年 8 月，在巴黎召开的国际数学家大会上，他再次提及了此事，再次使逻辑学家和直觉主义者形成对立。虽然他认为逻辑和直觉对数学的发展都非常重要，但他毫不犹豫地站在了某一方。按照庞加莱的划分方式，一位数学家同时也是一位逻辑学家，他可以发表一页又一页的报告，明确地证明一个角可以分成任意数量的相等部分。相比之下，庞加莱向观众介绍了哥廷根大学的数学家菲利克斯·克莱因："他正在研究函数论中最抽象的问题之一，即在给定的、抽象的黎曼曲面上是否总是存在一个给定奇点①的函数。这位著名的德国几何学家研究了什么？他使用电导率按一定规律变化的金属表面代替黎曼曲面，将电池的两个点和电池的两极连接起来，形成电流，金属表面上的电流分布将定义一个函数，它的奇点恰恰是我们要求的奇点。"克莱因非常清楚，这个推理过程不够严谨，但是庞加莱说"他从推理过程发现，即使这个论证不够严谨，至少也有一定的可靠性"。更确切地说，逻辑学家永远无法理解直觉主义者的思想。[58]可是，庞加莱确实在纯数学、大地测量学和哲学领域的理论中表述了这种机器思想。在这些领域中，他继续致力于电学和磁学的研究，并将自己关于电磁时钟协调的思想融入了物理学的核心领域。

当庞加莱与洛伦兹面对面

1900 年 12 月 10 日，就在庞加莱刚刚委派拉勒芒和莫兰从圣纳泽尔前往基多执行经度勘测任务的两天后，他站在莱顿大学的讲台上，概述了他关于空间、时间和以太的想法。他与其他名人齐聚一堂，共同向洛伦兹致敬②。在庞加莱和爱因斯坦的心目中，洛伦兹是一位独树一帜的物理学家，在很多方面，洛伦兹都是"理论物理学家"这一新职业类别中的典范。对于很多物理学家，尤其是英国以外的物理学家来说，洛伦兹以可理解的方式解释了麦克斯韦的电磁理论。洛伦兹并非循规蹈矩地按照英国的传统将所有的物质还原为以太流、

---

① 函数的奇点指函数在定义域内某些点上出现的异常现象，如使函数变得无限大或无限小等。——编者注

② 莱顿大学为庆祝洛伦兹获得博士学位 25 周年，在 1900 年 12 月举行了系列纪念和庆祝活动。——编者注

涡旋、压力和张力，而是提出了一种更明确的学说：世界上有两类东西，一类是电场和磁场，它们以以太的状态而存在；另一类是物质，即在以太中运动的带电粒子。电场和磁场可以对带电粒子产生作用，而带电粒子可以产生电场和磁场。洛伦兹还曾努力解释包括地球在内的物体是如何在弥漫于宇宙中的、无处不在的以太中运动的，这也是实验物理学家一直未能揭示的难题，但洛伦兹的贡献远不止这些。

　　像所有同时代的物理学家一样，庞加莱曾在一段时间里对洛伦兹的理论了如指掌。1899 年，庞加莱在索邦大学演讲时也曾对洛伦兹的理论做出了尊重的、批判性的评价，他认为这个理论是目前最好的理论。1900 年，庞加莱在莱顿大学演讲时，洛伦兹就在台下的观众席里，他直接表达了自己的困惑，因为洛伦兹的解释违反了作用和反作用的原则。大炮发射了炮弹，炮身就会向后倒退，但根据洛伦兹的说法，以太和原子具有奇特的性质，原子会对以太产生作用，但物质接受者只在受到原子的作用之后，才能做出反应。在这个滞后过程中发生了什么？以太似乎太虚无缥缈了，无法承载动力。庞加莱告诉洛伦兹和在场观众，他可以打消他们的疑虑。"我不屑使用这个理由，因为我的理由比这个好上百倍。好的理论具有灵活性。如果一个理论向我们揭示了某些真实的关系，那么它可以通过 1 000 种不同的形式抵抗各种攻击，但无论如何，它的本质保持不变。"洛伦兹提出的理论具有灵活性，是真正的好理论。庞加莱说，虽然自己批评了洛伦兹的理论，可是，他"不会因此而歉疚"。相反，他只是感到遗憾，因为自己几乎没有对洛伦兹的旧思想进行补充。[59]尽管有免责声明，庞加莱还是改变了洛伦兹理论的物理学意义。

　　洛伦兹旧思想的根源是从理论的角度解释以太物理学中看似棘手的难题。以太只能被透明物质拖曳吗？如果这种透明物质是地球大气层，为什么从来都没有实验揭示地球如何在以太中运动也就可以说得通了。遗憾的是，19 世纪中叶，法国物理学家阿曼德·斐索似乎通过实验排除了这种可能性。他将光照射到流速不同的水中，从而证明，假如以太被拖曳，那也只是一部分。但假如以太不受物质牵引，换言之，以太在宇宙中是固定的，那么我们应该能够通过以太来探测我们的运动。这正是美国实验物理学家迈克尔孙的发现，迈克尔孙所用的实验设备是他自己发明的一种光学干涉仪，精度非常高，如图4-1所示。

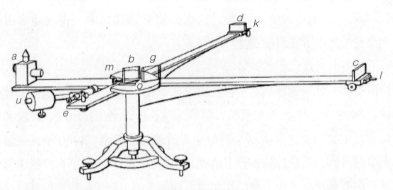

图 4-1　寻找以太

注：迈克尔孙通过一系列引人注目的实验，试图通过难以捉摸的以太来测量地球的运动。上图是他在1881年的实验装置。从 a 点发射的一束光，经过 b 点放置的一面半镀银镜子后被分成两部分：一半光线经 d 点反射到目镜 e 上；另一半光线穿透 b 点的镜子，经 c 点反射后，再从 b 点反弹到目镜 e 上。在目镜 e 上，两部分光线相互干扰，观察者可以看到一种特有的明暗相间的模式。如果一个波发生延迟了，哪怕只是波长较长的一部分光发生延迟，那么这种模式就会发生明显的变化。如果地球真的在以太中飞行，那么以太风会影响两束光往返所需的相对时间，因为两个波的相对相位发生了变化。因此，迈克尔孙满心以为，如果转动仪器，两束光的明暗模式就会随之变化。可是，他发明的仪器特别灵敏，无论如何转动，暗光都毫无变化。对洛伦兹和庞加莱来说，这意味着干涉仪的两臂就像所有物质一样，为了掩蔽以太的影响，在穿过以太后发生收缩。对爱因斯坦来说，这个证据更有启发性，证明了以太的概念是"多余的"。

资料来源：MICHELSON, "THE RELATIVE MOTION OF THE EARTH AND LUMINIFEROUS ETHER," *AMERICAN JOURNAL OF SCIENCE*, 3RD SERIES, VOL. XXII, NO.128 (AUGUST 1881),P.124。

其实，迈克尔孙认为自己讨论的是以太。假如以太风真的存在，那么光束的往返时间应该会发生变化，具体取决于光进入以太风的方式：是穿过以太风还是进入以太风。可是，当迈克尔孙的实验装置转动后，干扰暗点丝毫未动。这一结果精确地证明了使用光学方法无法探测到光通过以太的任何运动。尽管迈克尔孙认为这个寻找以太的实验就是白费力气，但包括洛伦兹在内的其他物理学家都基于这个实验建立了理论学说。

鉴于迈克尔孙的实验毫无结果，1892 年，洛伦兹假设存在静止的以太，并引入了一个惊人的概念：在以太中运动的所有物体都沿运动方向收缩。尽管"洛伦兹收缩"的概念听起来很奇怪，但洛伦兹巧妙地设定了收缩因子，而这个因子正好补偿了假定的以太风的影响，所以从某种意义上来说，这一假设也是颇有效果的。洛伦兹收缩解释了为什么高精度实验，即使是迈克尔孙发明的高精度干涉仪，也无法揭示以太风对光学现象的影响。

值得注意的是，洛伦兹收缩的假说还无法完全解决问题。为了证明一切光学现象都可以用大致相同的方式来描述，他在 1895 年提出了第二个创新概念——虚构的"地方时"，表示为 t_{local}。[60] 他认为，只有一个真实的物理时间，表示为 t_{true}。真实时间是指在以太中静止的物体所使用的相应时间。洛伦兹用数学技巧虚构的地方时被证明是有用的，它适用于在以太中运动的所有物体，地方时的概念使物体的电磁定律与以太中静止物体的电磁定律产生人为的类似。地方时（t_{local}）取决于物体穿过以太的速度（v）、光速（c）和物体的位置（x），则 t_{local} 等于 t_{true} 减去 vx/c^2。洛伦兹为什么选择这个地方时呢？究其原因，如果单从形式上来看，这个参数是直观且纯粹的：有了地方时，便可以将以太中运动的真实物体重新描述为在以太中静止的虚构物体。对于洛伦兹来说，地方时只是方便数学研究才提出的。

对于洛伦兹的理论及其关于长度收缩和地方时的假设，庞加莱持谨慎的态度。即使在 1899 年索邦大学的讲座中，他也没有将地方时与自己对同时性的技术哲学定义联系起来。事实上，他认为洛伦兹的地方时对于地球在以太中运动的修正微乎其微，举例来说，对于相隔 1 千米的两个时钟来说，地方时的修正幅度仅为 10 亿分之一秒，可以直接忽略不计。[61] 与此同时，庞加莱更加沉浸于电报经度测定的工作中。1899—1900 年，他不仅忙于策划基多经度勘测任务，而且还在 1899 年担任经度局主席一职。如果说他以前对同时性程序的细节置若罔闻，那么现在确实是全身心地投入在这项研究中。

例如，1899 年 6 月 23 日，庞加莱写信给皇家天文学家，谈到了法国和英国关于巴黎－格林尼治经度差的测量结果存在差异，令人感到困惑不解。他想知道，英国是否能立即开展新的研究工作。同年 8 月 3 日，威廉·克里斯蒂（William Christie）回复庞加莱，恳求能够多给他点时间，他承诺会公开、详细地分析研究过程，准备仪器，并指出"法国也应该详细公布巴黎－格林尼治的测量结果"。关于这个问题，克里斯蒂还给经度局的其他人员写过信，他把相关信件也转发给了庞加莱。克里斯蒂告诉洛伊，他猜测，基于铅垂线的观星仪与水平仪之间存在差异，从而导致误差。据说，法国军队曾经暗示，误差可能来源于英国的时钟，克里斯蒂则回答说，这是不可能的。相反，他建议格林尼治和巴黎都重复测量巴黎－格林尼治的经度差，现在只需测量格林尼治和蒙苏里的两个码头之间的经度差。据推测，这种方法会避免信号在英吉利海峡传输的过程中所产生的一切误差。庞加莱马上在 8 月 9 日答复了他，表示自己希望能尽快收到英国的公开文件，详细描述计算过程以及简化数据的方法；相应地，法国人也开诚布公，因为双方都迫切希望缩小巴黎和格林尼治之间那令人尴尬的经度差。[62]

在英国和法国重新测量经度和排除故障期间，庞加莱在 1900 年 12 月莱顿大学举行的会议上与洛伦兹见面了。为了准备此次会议，庞加莱用一种全新的视角重新解释了洛伦兹的地方时。首先，尽管他没有引用，但是介绍了自己在 1898 年《时间的测量》中提出的观点，即通过电磁信号交换进行时钟同步可以实现同时性。他交叉结合了经度测量和形而上学的观点提出了这一论断。现在他深入研究，把电气化时钟同步的技术哲学思想转移到物理学，形成了三重交叉。他第一次探讨了在以太中运动的时钟进行时钟同步的方法。庞加莱豁然开朗：当物体在以太中运动时，电报员执行时钟同步的程序，从而得出了洛伦兹虚构的地方时，即 t_{local}。

庞加莱认为，地方时只是时钟在运动的参考系中所显示的"时间"，它通过从一个时钟向另一个时钟发送电磁信号来实现同步。它不是数学虚构的时间，而是运动的观察者实际上会看到的时间：

　　我猜想，不同地点的观察者通过光学信号来设定各自的手表；他们试图通过传输时间来校正光学信号，却忽略了信号的平移运动，认为这些信号沿两个方向传播时的速度是相同的，这种情况仅限于交叉观察。一个信号从 A 点发送至 B 点，然后另外一个信号从 B 点发送至 A 点。按照这种方式设置的手表，所显示的地方时是相同的。[63]

　　这个电磁信号实现同时性的过程是庞加莱从两个不同的角度得出的结论：一个是从经度测量员的角度；另一个是从哲学理论的角度。现在，庞加莱又从物理学的角度将这个过程带入了一个运动的参照系中。

　　更确切地说，这是庞加莱的论点。设想一下，A 点的时钟和 B 点的时钟正以恒定的速度 v 在以太中向右运动。由于时钟运动，假设从 A 到 B 的光信号在进入以太风中时遇到逆风；信号速度是光速 c 减去风速 v，这就像飞机从欧洲飞到美国时遇到逆风一样。从 B 到 A 返回的光信号遇到的是顺风，因而信号速度变快，等于光速 c 加上风速。

$$A \to （信号速度：c-v）\to B \quad ///// 以太（静止）/////$$
$$A \leftarrow （信号速度：c+v）\leftarrow B \quad \to v= 坐标系速度 \to$$

　　由于两个方向的信号速度不同，由天真的物理学家所主导的单向时钟同步将会出错。例如，如果 B 使用来自 A 的信号来设置时钟，则信号"实际上"以 $c+v$ 的速度相对于以太传播。相对于以速度 c 传播的"正确"信号，B 收到信号的时间提前了。收到顺风信号的时间与收到"正确"信号的时间相比，B 离 A 越远，两个时间的差异就越大。因此，B 点的时钟需要稍微往回调整：离 A 越近，调整幅度就越小；离 A 越远，调整幅度就越大。庞加莱注意到，为解释过快信号（$-vx/c^2$）而进行的偏移校正，只是校正了地方时的虚构值。[64] 庞加莱的结论是：像以前一样，必须通过发射电磁信号来同步以太中的运动时钟。可是，在运动坐标系中进行时钟同步就需要考虑时钟偏移，以此来补偿以太风造成的影响。

洛伦兹在 1901 年 1 月 20 日公开发表的一封信中，承认了庞加莱的批评很中肯，但关于庞加莱对地方时的解释只字未提。洛伦兹对于其他方面都没有疑问，唯独对反作用原理的问题绝不认同。洛伦兹认为，如果物理学家想解释某个实验，那么这个问题就始终存在；如果以太是绝对不变且不可移动的，那么人们就不能清晰、有条理地描述以太受到的力。因此，洛伦兹一直认为，以太可以对电子施加作用力，电子反过来却不能对以太施加作用力，而且以太的一个部分也不能对另一个部分产生作用力。洛伦兹这么说，其实是引入数学虚构。毫无疑问，对于计算以太最终以何种方式使电子发生运动，这种虚构还是有用的。但这毕竟是虚构的，或者可以说，洛伦兹推测，以太是无限大的，在这种情况下，电子可以对以太产生作用力，而不会使以太发生运动。"在我看来，这是一种人为的解释方式。"洛伦兹在信中写道。

洛伦兹提出的理论非同寻常，彻底改变了物理学。根据这个理论，世界被划分为两个部分：一部分是巨大且不可移动的以太；另一部分是物质电子。这个理论相当成功，解释了无数的实验，从光谱线到反射，这些简单的光学实验都得到了解释。但是，洛伦兹在拓展这个理论时发现自己找到了各种各样的工具，他乐于承认这些工具是人为制造出来的。洛伦兹假定物质在穿过以太时会收缩，这违背了作用和反作用的原理，而且这个理论需要对地方时进行数学虚构。

庞加莱以不同的方式对待洛伦兹的理论。像往常一样，庞加莱惯于将理论分成多个部分，然后发展其中最有价值的部分。1900 年，在莱顿大学时，庞加莱将自己对同时性约定的解释与洛伦兹的地方时结合起来，发展出了经度测量员和哲学家之间的约定。他低调地证明了如何从物理学的角度来解释洛伦兹的地方时，即将电报员的约定应用到以太风中。

庞加莱对这个理论做出的任何更改都丝毫不会影响他对洛伦兹的评价。恰恰相反，1902 年 1 月，庞加莱提名洛伦兹获得诺贝尔奖，并且向瑞典当局解释，洛伦兹如何发现了以前的物理学家未能找到以太，或者说，洛伦兹解释了为什么没有找到以太的原因。庞加莱说："显然，一定有一个普遍的原因；洛伦兹先生发现了这个原因，并巧妙地发明了'缩短时间'，以难以置信的方式把它描述出来。"两个发生在不同地方的现象，即使不是同时发生，可能看起来也是同时发生的。一切都发生了，就好像其中一个地方的时钟是在另一个地方的时钟运转之后才开始运转，就好像基于已有的经验无法发现这种不一致。在庞加莱看来，实验物理学家未能观察到地球穿越以太的运动，可能因为实验本身只是徒劳的尝试而已。[65]

庞加莱继续游说诺贝尔委员会。他承认，人们经常认为洛伦兹的理论是脆弱的。看一看过去的理论废墟，任谁都可能成为怀疑论者。但是，如果要把洛伦兹的理论和其他理论一起埋入失败理论的巨大坟墓中，任谁都不能理直气壮地说洛伦兹对"真实的事实"的预测是偶然的。"不，这绝非偶然，因为洛伦兹的理论向我们揭示了未知的关系，而这些关系在此之前一直真实地存在于彼此陌生的事实里；也就是说，即使电子不存在，这些关系依然是真实的。这就是我们希望能够在理论中找到的真理，而且真理在这个理论之外继续存在。正是因为我们相信洛伦兹的工作包含了很多这样的真理，所以才提名他获此奖项。"[66]

大地测量学、哲学和物理学的三重协作

到 1902 年底，庞加莱已经花了整整 10 年时间，从 3 个截然不同的角度来解决时钟同步的问题。自 1893 年 1 月以来，庞加莱一直在经度局工作，帮助和领导经度局探索如何在全球范围内实现同步时间。19 世纪 90 年代中期，当传统的时间十进制的问题重新出现时，是庞加莱指导和评估了替代方案，并最终在 1897 年的报告中将这个问题推向风口浪尖。后来，他开始研究哲学。1898 年，他向一些主要研究哲学的听众表示，同时性只不过是一种约定，这种约定可以精确地定义同时性，如同经度局一直在研究如何通过电报进行时钟同步一样。在《形而上学与道德评论》杂志上发表文章之后不久，庞加莱又继续研究物理学，但这回他比以往任何时候都更深入地研究了基多探险队的经度测量问题。从 1899 年起，他一直负责推进和执行科学院的基多勘测任务，这

项任务复杂而又危险重重，其目的是通过同时闪烁的电磁信号将时间和地理学联系起来。1900 年夏天，他就同时性的约定主义理论发表了一份强有力的哲学声明，这份声明被收录在《科学与假设》中，成为书中被引用次数最多的部分。接下来，他又继续研究物理学。1900 年 12 月，庞加莱"回顾"了洛伦兹的理论，将地方时转变成电报员的程序，在以太中运动的观察者通过交换信号进行时钟同步。

这不仅仅是一个从物理学"概括"到哲学，或者说，将数学或哲学的抽象概念"应用"到物理学的问题。相反，庞加莱正在研究一种新的时间概念，并证明了这种概念是如何适用于大地测量学、哲学和物理学这三种不同"游戏规则"的。在这三大领域，庞加莱关于同步性和同时性的表述都发挥了作用，而且具有独特的重要性。

庞加莱的努力奠定了法兰西第三共和国进步主义思想的形成，即人们认为可以通过一种理性，即合理的、机械的现代主义，来改变世界的各个方面。他的信仰带有一种抽象工程似的乐观主义，坚定不移地相信理性可以抵达世界地图的任何一点，无论是地理世界还是科学世界。在一切条件相同的情况下，庞加莱会采用十进制的办法尽快解决问题，也就是通过将各种立场放在一起进行比较、分析，抽丝剥茧，挑选出其中最简单或最方便的关系。对庞加莱来说，"关系"是真实存在的，是牛顿或洛伦兹所发现的关系或者数学的关系，而非我们感官的特定对象。"可以说，以太和任何外物一样是真实存在的；说这个物体存在，就等于说这个物体的颜色、味道、气味之间存在着密切的关系，牢固而持久；说以太存在，就等于说所有光学现象之间天生就具有'血缘关系'，这两个命题的价值是一样的。"[67] 客观实在只不过是世界上的各种现象之间普遍存在的关系。对庞加莱而言，根本不存在超脱凡尘的世界。科学知识的重要性在于坚持特定的真实关系，而不在于柏拉图式的理念世界[①]或无法理解的本体。

[①] 柏拉图认为，世界可以分为现实世界和理念世界，现实世界是理念世界的影子。理念世界包括了所有真正意义上的事物和思想。——编者注

庞加莱通常回避公开发表政治言论或有关道德的绝对性观点。偶有几次，他改变了自己原本中立、温和的语气。1903 年 5 月，他在巴黎的一家餐馆向学生总会的学生们表示，"众所周知，我们有两个奋斗目标：走向科学真理和走向道德真理"。他用平淡的语气说："这两个崇高的理想似乎相互矛盾。一方面，我们想要诚心诚意，为真理服务，可另一方面，我们又想变得强大，能够脚踏实地地去行动。最近发生的一件事让这种矛盾升级了。双方大多数人都是出于崇高的理想。"庞加莱的这番话暗指当时让这个国家饱受磨难的德雷福斯事件[①]，他用平缓的表述掩盖了自己的痛苦，因为他既高度忠诚于法国军队，也同样坚定地忠诚于论证的标准。在此之前，1899 年 9 月 4 日，在德雷福斯案二审进行到一半时，庞加莱曾经通过代理人干预了此案。德雷福斯被指控曾将法国国防部机密文件的清单列在一张便签上，向德国泄漏了法国的国家机密。对此，庞加莱写信猛烈抨击这项指控毫无科学依据："不可能。"他总结道，任何"受过良好科学教育"的人都可以证实，控方提供的统计数据简直是捕风捉影。法院对此案做出了严厉的一审判决，可二审还是重判德雷福斯有罪，尽管总统以特赦令让他重获自由，但自由不等于清白。[68] 几年后，庞加莱用更加有力的技术证据再次为德雷福斯辩护。现在再回到庞加莱在 1903 年对学生们所说的话。他坚持认为，行动必须与思想相结合。

> 若有一天，法国不再有士兵，只有思想家，威廉二世将坐拥欧洲。你认为他的雄心壮志会和你的一样吗？你指望他会用自己的力量捍卫你的理想吗？还是会寄希望于人民，希望他们并肩实现共同的理想？这便是人们在 1869 年时的期望。不要以为德国人所谓的权利或自由就是我们想要的权利或自由，它们只是名字相同。忘记我们的国家，就是背叛理想和真理。如果没有前仆后继的士兵，革命还能剩下什么？[69]

---

① 德雷福斯事件指 19 世纪 90 年代法国军事当局对军官阿尔弗雷德·德雷福斯（Alfred Dreyfus）的诬告案，他被人诬陷向德国泄露国家机密，历时 12 年才得以平反。围绕这一事件，法国社会舆论分成了德雷福斯派和反德雷福斯派两大阵营，双方斗争异常激烈，整个法国陷入一场严重的社会和政治危机。——译者注

庞加莱补充说，每一代人都想知道自己的命运，但只有他们自己最清楚。

> 我的同辈人在成年时受到了普法战争的沉重打击，开始努力修复战争造成的灾难。几年过去了，徒劳无果，所以我们扪心自问：我们是否继承了这个梦想？没有这个梦想，我们所有的牺牲都是徒劳无益的吗？或许是这样吧。对我们来说，这种不公正难以容忍。对你们而言，一个流血的伤口只是代表一段不堪回首的历史，就像遥远的阿金库尔战役或帕维亚战役①的灾难一样。[70]

无论是在政治上，还是在哲学和科学上，庞加莱的关注点一直是危机和修复。如果说，他那一代法国人的政治理想是修复 1871 年的战争灾难，那么科学机器进行重新安排、修复和改进的机会即将到来。1904 年 4 月，他再次获得机会来修复德雷福斯事件造成的损害。在法庭的要求下，庞加莱和天文台的两名科学家同事仔细审查了证据。他们使用精密的天文仪器重新检查了笔迹，并重新计算了控方所做的概率推理的每一个细节。这些推理试图从统计学的角度来证明，那张关于法国国防部机密文件的清单是德雷福斯所写。对此，庞加莱的结论是：笔迹分析只不过是将推理错误的概率不正当地应用到错误还原的文件上。[71] 1904 年 8 月 2 日，在庞加莱长达 100 页的报告的支持下，案件的结论被成功推翻了。例如，庞加莱驳斥了控方关于德雷福斯在便签上的"intérêt"字迹的指控。控方著名的笔迹专家阿方斯·贝蒂隆（Alphonse Bertillon）辩称，这个词只能使用军事地图的网格来书写，军事地图的比例尺将"sou"的直径设定为 1 000 米。庞加莱和同事将这个词放大，然后绘制成图。他们得出的结论是：贝蒂隆关于字母的曲率、长度、轴和高度的说法过于武断，因为每个字母都有不同的变化，而贝蒂隆对抑扬符所进行的伪显微分析也同样武断。这个词没有几何学上的特殊性，也没有任何迹象表明，这个词是

---

① 阿金库尔战役发生在 1415 年，英国步兵军队以少胜多，战胜了法国贵族组成的精锐部队。帕维亚战役是 16 世纪初，西班牙和法国两大强权在意大利帕维亚地区的一次大战，法国国王被俘，损失惨重。——编者注

由坐在参谋办公桌前工作的人用军事地图的比例所写。[72] 这份报告令人信服，法院最终为德雷福斯平反。庞加莱再次利用技术方法解决了这场彻头彻尾的危机，只不过这次，起作用的不仅仅是一张图表，就像庞加莱在解决十进制危机时所列出的因数表格一样。但从某种意义上来说，庞加莱借助技术和计算推理来化解危机的精神追求始终没变。

其他地方的危机也接踵而至。几周之后，1904 年 9 月，在美国密苏里州圣路易斯举办的世界博览会召开了国际艺术与科学大会，以庆祝科技进步。庞加莱在会上发表了演讲，阐述了物理学的未来，恰当地概括了整个领域的发展情况并指出了该领域的弱势。时钟同步是重头戏，被置于持续进步的更大框架内。"诚然，有迹象表明物理学存在严重的危机。"庞加莱在演讲中坦诚地说，"请不必惊慌。我们相信，这种危机不会致人死亡，我们甚至可以希望危机对我们有所裨益，因为过去的历史似乎已证明了这一点。"[73]

庞加莱所说的是牛顿万有引力定律。这是第一个理想形式的数学物理学定律，即宇宙中的每一个物体，每一粒沙子，每一颗恒星，都被一种力所吸引着，这种力的大小与它们之间的距离的平方成反比。这个定律简单、多变，适用于不同种类的力，是物理学史的第一个阶段。进入 19 世纪后，由于物理学家所面临的工业过程变得复杂，人们发现牛顿的理论难以维系，这时在这个和平的王国之外发生了一场危机。人们需要新的原理来描述整个过程，而不需要像牛顿所说的那样，明确说明机器的每一个细节。这些新原理规定，一个系统的质量总是保持不变，或者说一个系统的能量随时间的变化保持不变。在这个新阶段，物理学的一个伟大胜利就是麦克斯韦电磁理论，麦克斯韦的理论囊括了光学和电学的所有原理，把世界整体描述为一种巨大的、以太无所不在的状态。

19 世纪，物理学史上的第二阶段，是否远远超出了牛顿的梦想呢？那是当然。那么第二阶段是否表明了第一阶段毫无意义呢？庞加莱对世界博览会的观众说："这种说法毫无道理。大家想一想，没有第一阶段，哪里会有第二阶段呢？"在第二阶段，庞加莱自己的原理就是基于第一阶段中牛顿关于向心力的观点得出的。"正是前辈们的数学物理学使我们逐渐了解到这些不同的原理，使我们习惯于透过这些原理的外在伪装来认识它们。"[74] 前辈们将这些原理与经验进行了比较，学会了如何修改原理的表达方式，使之与既定的经验相适应，进而发展并巩固了原理。最终，我们把能量守恒等原理看作实验真理。渐渐地，向心力的旧概念似乎变得冗余，甚至成为一种假设。牛顿经典力学的框架动摇了。

对庞加莱而言，这场新危机是他从战争创伤中恢复的前奏。15 年来，他一直赞同改良主义者的立场，并坚信，摆脱过去的信仰并不需要与过去决裂："科学理论框架是有弹性的，这个框架没有断裂，而是变大了；我们的前辈是理论框架的创建者，并不是徒然劳碌；而且，在今天的科学中，我们认同这些理论框架草图中的一般特征。"[75] 庞加莱认为，1904 年，物理学仍然处在新阶段的边缘，具有划时代的意义。科学家发现了"革命性的元素"——镭，它破坏了公认的物理学真理，引发了危机，让 19 世纪物理学的每一个原理都摇摇欲坠。

人们曾希望通过测量地球在以太中运行的速度来赋予以太意义。对此，庞加莱哀叹说，无论怎么尝试，即使迈克尔孙采用最精密的干涉仪进行尝试，都以失败告终，这让理论物理学家感到黔驴技穷。"如果洛伦兹成功了，那只是各种假设结合的结果。"其中有一种"假设"让庞加莱印象深刻：

> 地方时是（洛伦兹）最巧妙的想法。想象一下，两个观察者想通过光信号来设定手表的时间。他们心里清楚，信号传输不是瞬间完成的，他们要谨慎对待信号交换过程。当 B 站收到 A 站的信号时，时钟显示的时间不是信号发射那一刻与 A 站相同的时间，而是这个时间加上一个表示信号持续时间的常数。

起初，庞加莱认为，A 站和 B 站相对于以太是静止不动的，所以观察者处于静止状态。可随后，就像他自 1900 年开始一直做的一样，庞加莱提出了问题：当观察者所在的参照系在以太中运动时，会发生什么呢？在这种情况下，举例来说，"由于 A 站对由 B 站发出的所有光信号都会扰动其向前运动，而 B 站对 A 站发出的光产生扰动后退的作用，这样，信号在两个方向上传输所需的持续时间就会不同。按照这种方式设定手表时，不会显示出真正的时间，而是地方时，其中一块手表会相对于另一块手表发生时间偏移。但这并不重要，因为我们没有办法感知到偏移"。真实时间和地方时不同。可是，庞加莱认为，A 站并不会认识到自己相对于 B 站发生了时钟倒退，因为 B 站时钟会被等量的倒退时间所抵消。"例如，在 A 站发生的所有现象都会发生时间倒退，但倒退的时间幅度相同，观察者的手表也会发生时间倒退，所以观察者感知不到这一点；因此，正如相对论原理所述，我们没有办法知道观察者是静止的还是在绝对运动中。"[76]

　　然而，对于所有基于原理的经典物理学来说，同步的时钟本身不足以成为解决一切问题的"万能良方"。根据庞加莱的说法，放射性给物理学带来了各种挑战，就如同乌云蔽日一般。因为放射性，高能放射性粒子的自发发射，给能量守恒带来了挑战；因为放射性，快速带电粒子的运动影响了质量守恒，它们的质量看起来好像取决于自身的速度。因为放射性，作用和反作用原理也受到了影响，原本根据洛伦兹的理论，灯射出一束光，会发生收缩，而在光束达到的地方，吸收器因光束而发生收缩。不仅如此，因为放射性，相对性原理也似乎受到了威胁。为此，物理学家提出了地方时和长度收缩的应对良策。怎么办呢？当然是相信实验人员。然而，对庞加莱来说，理论物理学家就是始作俑者，他们造成了这个烂摊子，就该负责收拾。要从理论的角度拯救物理学的基本原理，不是摒弃前辈的物理学就可以做到的。相反，要想进步，就必须重新审视过去："让我们基于洛伦兹的理论，在每个理论方向上一点一点地修改，也许一切都会迎刃而解。"庞加莱希望，物理学是一个有机体，尽管千变万化，但万变不离其宗，就像动物褪下旧壳换新装一样。他始终认为，在这场与放射性的战斗中，放弃相对性原理等物理学原理，就等于牺牲了"左膀右臂"。[77]

　　庞加莱和洛伦兹确实在各个方向上修改了理论，竭尽全力地推动理论进步。1904 年 5 月，洛伦兹修改了以前关于长度收缩的假设和虚构的地方时，然后将这两个参数引入物理方程中，在以太中保持惯性运动的任何参照系中，这些方程不再近似相同，而是完全相同。[78] 这一惊人改动，使庞加莱关于相对性原理的理解得到了证明，这位法国博学家要开始继续推进工作了。1905 年 6 月 5 日，他向法兰西科学院提交了总结报告。这是他首次找到了一个理论，既能解释光学实验，又能解释新的快速带电粒子实验，而且这两个领域都在洛伦兹的物理学弹性框架内，这正是他翘首以盼的结果。1906 年，庞加莱发表了《论电子的动力学》(*On the Dynamics of the Electron*)，走完了时钟同步方案的最后一步，为那由来已久的时钟同步项目画上了句号：由于时钟同步，洛伦兹改进了地方时，由此在所有参照系中，物理学方程的表达形式均相同。

　　仅仅几个月后，在 1906 年到 1907 年的冬季学期，庞加莱向学生准确地阐明了洛伦兹改进的地方时如何符合洛伦兹收缩的原理，从而使我们完全不可能探测到地球相对于以太的运动。[79] 1908 年，他再次提出，传输的表观时间与表观距离成正比："相对性原理是自然界的普遍规律，这是无法回避的事实，即使人们通过所有可以想到的方法，也都无法找到除物体相对速度以外的任何证据。"同样，相对于以太的运动永远不会被发现，也永远无法找到证明以太运动的证据。[80] 几十年来，庞加莱基于旧物理学的弹性框架，竭力完善物理学体系，形成"新力学"，在挑战空间、时间和同时性的旧思想的同时，保护以太。这就是抽象机器的现代主义。

　　无论相对性原理所体现的理论多么美好，庞加莱早就清楚地表明，原理源自实验，既然如此，实验反过来可能会给原理带来麻烦，相对性原理也不例外。的确，庞加莱在《论电子的动力学》的开头就提出了警告，新的实验数据可能危及整个理论。[81] 洛伦兹也从实验室里发现了问题。1906 年 3 月 8 日，他写了一封信给庞加莱，表示为两人的结果一致而感到高兴。可是，这意味着他们面临的危险也是类似的："不幸的是，我提出的电子扁平化假设与沃尔特·考夫曼（Walter Kaufmann）先生的新实验结果相矛盾。我认为，我必须摒弃这个结果；虽然我已经学完了拉丁语，可在我看来，要建立一个完全不受翻译影响的、电磁和光学现象的理论，似乎是根本不可能的。"[82]

庞加莱和洛伦兹写信交流彼此的忧虑。他们尽心尽力，找寻电子的微观物理学的解释之法；他们坚持不懈，毕生都在思考如何用实验论证相对性原理；他们无休无止，渴望明确以太的状态。在这个过程中，两人都明白了物理学的本质岌岌可危。1905 年之后的那几年，一些物理学家将新理论融入更加古老的雄心壮志，即通过电学解释所有的物理学现象。其他人则侧重于使用数学方法来寻找答案，忽视了时间的变革。但最后，最大的威胁并不是来自考夫曼用来研究电子在电磁场中的偏转速度的磁铁、电子管和照相板，也不是来自其他实验室。虽然庞加莱提出的物理学的"真实关系"被保留了下来，但他不仅认为以太是数学理解直观化的必不可少的框架，而且认为真实时间与表观时间是截然分开的，从长远来看，在物理学的规范表述中，这种关于现代物理学中时间和空间的看法丧失了地位。一位年仅 26 岁、名气不大的物理学家在伯尔尼专利局提出了一种新的思路：不考虑电子结构、以太以及表观时间和真实时间之间的区别。相反，他在理论中采用了同步的时钟，不是为了从物理学角度解释地方时，而是作为相对性原理最重要的组成部分。

第 5 章

爱因斯坦的时钟

Einstein's Clocks and Poincare's Maps

Einstein's Clocks and Poincare's Maps

你无须跑遍巴黎，就能注意到很多时钟，无论是公共的还是私人的，这些时钟显示的时间都不一致，那么，哪个时钟最不准确呢？事实上，即便只有一个时钟不准确，所有时钟的真实性就会受怀疑。只有当同一时刻、同一距离的每个时钟全体显示一致，公众的时间需要才能得到保证。

——法瓦尔格

从此以后，空间本身和时间本身都注定要消失在阴影中，只有两者的结合才能保持独立的现实。

——闵可夫斯基

钟表王国的时间具体化

1905 年 6 月，爱因斯坦与庞加莱之间的差距远非一丁半点儿。庞加莱，51 岁，法国院士，教授，拔群出萃，在法国的著名机构中任职，负责管理部际委员会，著有天体力学、电磁、无线电报和热力学等领域的众多书籍，发表了 200 余篇技术文章，改变了整个科学领域。他的哲学随笔《科学与假设》最为畅销，这本书阐述了他对科学意义的抽象思考，启发了像爱因斯坦这样的广大读者。相比之下，26 岁的爱因斯坦只是伯尔尼专利局的一名普通职员，住在伯尔尼的一间普通平房里。

瑞士既不是法国或英国这样的殖民大国，也与美国或俄国不同，没有横跨多个经度的广阔土地，也没有让任何一寸土地因为铁路、电报和时钟同步而沦为殖民地。其实，瑞士很晚才采用电气化时间，与其他欧洲国家相比，修建铁路网的时间也较晚。19 世纪后半叶，当瑞士这个多山的国家有了铁路和电报时，时钟同步的运动很快获得了发展动力，这不难理解，因为到 19 世纪末，精密钟表的生产已经成为一个不仅关乎瑞士的民族自豪感且关乎经济发展的紧迫问题了。[1]

　　马提亚斯·希普——钟表业的知名人物，获得了瑞士人的青睐。1848 年前后，他因支持共和和民主而被家乡符腾堡列入黑名单。他的工作就是制造各种钟表，他发明了一种摆动非常有规律的电动钟摆，在电磁助力的推动下，沉重的钟摆可以自由摆动。电动钟摆的规律性远远超过了机械钟摆。除此之外，他还完善了计时器，从根本上改变了实验心理学。他与物理学家和天文学家合作，探究电报信号和光的传播速度，发明并改进了利用电和时钟来进行时间具体化的新方法。虽然他与科学家，尤其是瑞士的天文学家阿道夫·赫希合作密切，但是与其说他是像数学家一样的学者，不如说他是一位工匠企业家。1861 年，他在日内瓦建立了瑞士第一个公共的电气化时钟网络，随着公司的日益壮大，又陆续在伯尔尼、纳沙泰尔和苏黎世创立了电报机厂和电器厂。1889 年，希普公司变更为法瓦尔格（Favarger）公司，从那时起到 1908 年，这家公司一直在扩大他们的主时钟所覆盖的范围，从天文台和铁路延伸到教堂的尖塔大钟以及旅馆里的报时时钟。[2] 时钟数量剧增，人们在大街小巷都可以看到时间，工程师要想办法将它们连接起来，于是，他们发明了大量的专利，完善了继电器和信号放大器。

　　如果要在一座主要的建筑上显示时间，你需要不止一个时钟才能完成时间统一。如图 5-1 所示，1880 年前后，日内瓦岛的钟楼有三面时钟：当中央的大钟面显示日内瓦中部时间约上午 10:30 时，左边的钟面显示以 "巴黎 - 里昂 - 地中海" 电缆为基准的巴黎时间上午 10:15，右边的钟面显示伯尔尼时间为上午 10:35，比日内瓦中部时间提前了 5 分钟。瑞士的时钟同步是公开的，但时间不同步的混乱局面也尽人皆知。

　　1890 年，伯尔尼终于建立了自己的城市时间网络，瑞士其他地方也在完善并扩展旧的时间网络的同时，纷纷建立了新网络。无论是欧洲客运铁路和普鲁士军队，还是四散各地、迫切需要一致的时钟同步方法的瑞士钟表制造业，对他们而言，最重要的是精准同步的时间。[3] 但是，时间是客观存在的，而且从物质经济的需要和文化想象的角度来看，时间具有很强的实用性。柏林天文台的威廉·福斯特教授曾按照天空的景象设置柏林主时钟，他轻蔑地认为，精度超过一分钟的城市时钟就是一台 "彻头彻尾骗人的机器"。[4]

图 5-1　日内瓦岛钟楼的三面时钟（约 1880 年）

注：在时钟同步之前，像这样的精美钟楼公开展示了时间的多样性。

资料来源：CENTRE D'ICONOGRAPHIE GENEVOISE, RVG N13 × 18 14934。

爱因斯坦所在的专利局为这个用电气化计时的世界打开了一扇窗，开启了瑞士时钟同步的关键时刻。尽管冯·毛奇强烈支持德国各地开始实施时间统一的计划，而且北美大力提倡世界采用同一个时间，但希普公司的首席工程师兼希普公司的掌管人阿尔伯特·法瓦尔格（Albert Favarger）对时钟同步的进展速度非常不满意。他打算在 1900 年巴黎世界博览会上公开表明自己的看法。博览会举办期间，国际计时大会讨论了时钟同步工作的现状。[5]法瓦尔格发言时，他上来就问，为什么电气化时间分配完全跟不上电报和电话技术的节奏呢？首先，他认为存在技术上的困难。开展远程时钟同步工作，不是依靠三两好友来监督就能克服困难，而是如同蒸汽机、发电机或电报一样，需要全人类共同参与，携手完成。其次，存在技术人员的缺口。最好的技术人员都配备给了电力和通信工作，而不是时间机器。最后，他哀叹道，公众没有为时间分配提供应有的资金。公众的支持度不高，这让法瓦尔格百思不得其解："我们是否曾经真正经历过对时间的急迫、绝对的需求，需要时间以精确、均匀、规律的方式分配？向商务繁忙、疲于奔命的 19 世纪末的公众阐述这个问题近乎鲁莽，这些公众自己也有一句格言——时间就是金钱。"[6] 图 5-2 所示为时间统一后，1894 年后的日内瓦岛钟楼。

图 5-2　日内瓦岛的单面钟楼（1894 年后）

注：时间统一后，图 5-1 所示的钟塔只需要一面时钟，人人都可以清晰地看到统一后的时间。

资料来源：CENTRE D'ICONOGRAPHIE GENEVOISE, RVG N13×18 1769。

法瓦尔格认为，时间分配的遗憾状况与现代生活的迫切需要极不相称。他断定人类需要一个精确到秒的准确而通用的计时系统。老式的机械、液压或气动计时系统都不行，电气化的时钟是通往未来的关键，只有当人类摆脱了机械时钟所象征的过去技术时代的混乱、无序和单调，这个未来才会来临。就当时而言，一个电气化的时钟同步的世界必须基于一个理性而系统的方法。正如他提出的：

> 你无须跑遍巴黎，就能注意到很多时钟，无论是公共的还是私人的，这些时钟显示的时间都不一致，那么，哪个时钟最不准确呢？事实上，即便只有一个时钟不准确，所有时钟的真实性就会受怀疑。只有当同一时刻同一距离的每个时钟全体显示一致，公众的时间需要才能得到保证。[7]

否则会怎样呢？他向聚集在国际计时大会的与会者们提醒，火车呼啸着穿越欧洲时的速度达到每小时 100、150 甚至 200 千米。那些驾驶火车和指挥火车的人必须有准确的时间，更不用说那些把生命托付给飞驰列车的乘客了。每秒 55 米的速度，每一秒都至关重要，现行的老式机械同步系统已经落伍了。只有电气化的、自动同步系统才真正合适："那些非自动系统，最原始却广泛应用的系统是我们必须摆脱的时间无政府主义的直接原因。"[8]

时间无政府主义，法瓦尔格所指的无疑是在侏罗山脉的钟表匠当中居支配地位的无政府主义，或者，也可能会让巴黎听众想起法国无政府主义者布尔丹在格林尼治天文台外自爆的事件。就在一年前，彼得·克鲁泡特金（Peter Kropotkin）① 在 1898—1899 年所写的《一个革命者的回忆》（*Memoirs of a Revolutionist*）中广泛宣传了钟表匠的无政府主义思想：

> 我在侏罗山脉里发现的那些平等关系，见到的从工人中滋长的、独立的思想和感情，以及他们对理想的无限奉献，使我的情绪受到了

---

① 俄国革命者和地理学家，无政府主义的前卫理论家。——编者注

强烈的感染；而当我与这些钟表匠待了一个星期之后从山里出来的时候，我对社会主义的看法就清楚了。我是一个无政府主义者。[9]

然而，法瓦尔格更加关心的是无政府主义，而它的特征是个人与社会规则的分裂。对他而言，气动系统是由蒸汽驱动的、分支管道固定的时间系统，将压缩空气的时间脉冲信号发送给维也纳与巴黎固定的公共时钟和私人钟表，这种系统比较古老，不可能解决时间混乱的问题。只有通过电气化手段实现时钟同步，才能确保"时间统一的区域无限扩展"。[10] 不管是为了满足火车调度的实际需要还是实现企业家的雄心壮志，抑或是有助于现代公民理解时间对其内心生活所具有的意义，无论是出于何种目的，法瓦尔格都坚定地支持异地时钟同步的同时性。时钟同步的事业同时具有政治性、营利性和实用性。

法瓦尔格向听众保证，如果能够摆脱这种可怕的无政府主义的时间状态，人们就可以填补对世界认知的巨大空白。他认为，虽然总部设在巴黎的国际计量局已经开始解决空间和质量这两个基本量的问题，但最后的边界，即时间问题，还没有被探索。[11] 而且，要攻克时间问题，就要建立不断扩大的电网，与天文台的主时钟相连，主时钟会驱动继电器放大信号，然后向各大洲的酒店、街角和尖塔发送时钟自动重置信号。隶属于法瓦尔格公司的一家子公司决心在伯尔尼的自有网络实现时钟同步。1890 年 8 月 1 日，伯尔尼启动了时钟同步的指针，媒体纷纷为这场"时钟革命"而欢呼。[12]

今天，在伯尔尼，人们还可以清晰地看到矗立在街头的几座大型公共时钟的钟面。1890 年 8 月，当这座城市的时间开始统一时，人们将时钟同步的顺序镌刻在由拱廊和教堂组成的城市建筑上。就这样，瑞士钟表制造商公开加入了世界时钟同步的行列，携手推进全球电气化时钟同步的计划。

19 世纪 90 年代，爱因斯坦根本没有关注过时钟问题，但 1895 年，16 岁的爱因斯坦非常关心电磁辐射的性质。那年夏天，爱因斯坦在纸上记录了自己关于以太在磁场作用下的状态变化的思考。例如，当电磁波经过时，以太的各部分会如何膨胀。通常观念是把电磁辐射看成静态的、实体的以太中的波动，但即使当时尚未受过正式的训练，他也感觉到这种观念是错误的。后来他回忆说，假设有人能追赶上一束光波并驾驭它，就像经典物理学推断的那样，那么，就像冲浪运动员驰骋在海浪上一样，这个人会看到电磁波在自己面前展开，在空间上产生振荡而在时间上完全没有变化。然而，这与任何的观察事实都不相符。[13] 爱因斯坦感觉这种思维方式有问题，但不知道哪里有问题。

1895 年，爱因斯坦在苏黎世联邦理工学院[①]的第一次入学考试失败后，便开始在瑞士阿劳的一所高中读书拿学位，并于 1896 年成功考入苏黎世联邦理工学院。这所大学成立于 1855 年，是瑞士乃至欧洲最伟大的技术大学之一。当然，与庞加莱在 19 世纪 70 年代初就读的巴黎综合理工大学相比，1896 年的苏黎世联邦理工学院是迥然不同的。确切地说，这两所大学都重视工程学，但巴黎综合理工大学一直以培养精英的方式而著称，注重利用纯数学教学与科学培训相结合的教学方法，为毕业生进入矿业学院等地方深造打下基础。自拿破仑时期以来，法国人的目标一直是培养高等数学精英，在适当的时候能够满足他们所控制的世界的实际需要。相比而言，苏黎世联邦理工学院成立于 19 世纪中叶，瑞士自然资源短缺，但渴望赶上法国、英国和德国的快速工业化进程，所以，苏黎世联邦理工学院既想要理论与实践的直接结合，又一直关注着公路、铁路、水利、电力和桥梁的建设需求，甚至可以说无时无刻不在关注着这些需求。[14] 以力学为例，在巴黎综合理工大学，庞加莱将这门学科誉为所有学生的"出厂印记"，无论是那些努力成为抽象数学家的学生，还是立志加入行政部门或军队部门的学生。数学，在理工大学的地位相当于王后，搭建起了力学的教学框架，逐渐使力学的抽象思维具体化，进而满足实际应用。相较而言，早在 1855 年，苏黎世有一位对抽象数学不感兴趣的采矿工程师，为力学课程定下了基调。瑞士人的教学路线更多源自德国，而不是法国。他们认为，

[①] 苏黎世联邦理工学院，其德语全称为 Eidgenössische Technische Hochschule Zürich，英文简称为 ETH 或 ETH Zurich。这所学校最初由瑞士联邦政府以巴黎综合理工大学为蓝本而创立。——编者注

不应该等着在下一阶段的教育中再把抽象学科与应用结合起来。从电报、火车到水厂和桥梁，这一切都需要瑞士实业家的努力。从一开始和整个历史进程来看，苏黎世联邦理工学院一直重视抽象理论与应用的结合运用。

因此，当庞加莱和他的同代人在圆形剧场前观看实验演示来学习实验时，爱因斯坦花了大量时间在苏黎世联邦理工学院设备齐全的物理实验室里动手实践。对于巴黎综合理工大学而言，工作重点是以庄重的方式对待设备的原理。科努想研究同步时钟，于是便写了一套漂亮的物理学理论作为研究基础。相反，爱因斯坦的物理老师海因里希·弗里德里希·韦伯（Heinrich Friedrich Weber）在课堂上准确地讲述了花岗岩、砂岩和玻璃的导热能力。就像爱因斯坦在笔记中认真记录的那样，苏黎世联邦理工学院在热力学方面的重点一直摇摆不定，时而重视基本方程和详细的数值计算，时而重视玻璃、泵和温度计的实验室操作。[15] 事实上，这两所大学之间的差异反映出他们对于理论如何描述世界的看法。在巴黎综合理工大学，庞加莱发现学校引以为傲的是对原子或者很多其他假设的物理对象的不可知论，而在苏黎世联邦理工学院，韦伯和他的同事们没有时间去做这种"博眼球"的事，也没有兴趣去探索人们如何通过各种方式解释一系列的现象。韦伯引入了"热"，但没有关注其本质，认为是物理量之间的联系直接导致了力学现象，在这一前提下，热只不过是分子运动。然后，他计算了分子的数量，并确定了分子性质。在这个过程中，没有形而上学的实在论思想，有的只是一名实事求是的工程师所进行的评估，他要确定原子是否让热运动继续进行。[16]

1899 年的夏天，爱因斯坦还在为以太、运动物体和电动力学的问题而冥思苦想。他想起了爱人米列娃·玛丽克（Mileva Marić），当他在阿劳读中学时，他就想出了一种测量方法，或许能够解释，当一个透明物体被拖曳着穿过以太时，光是如何在透明的物体中传播的。[17] 现在，他把这个想法告诉了米列娃，有了这种测量方法，那些原始的以太物质观，不管是对以太无所不在的看法，还是以太的运动方式，统统都迎刃而解了。毫无疑问，苏黎世联邦理工学院强调测量的作用，这塑造了爱因斯坦对理论的严谨态度。然而，关于麦克斯韦的电磁学理论，学校没有提供更多、更新的信息，这显然让爱因斯坦感到沮丧。于是他开始自学，许多非常重要的信息都来源于赫兹的研究。赫兹将麦克斯韦复杂的电磁学理论，用简单的方程式进行表示，并通过实验证明了以太中存在电磁波，这太令人不可思议了。在赫兹短暂的一生中，他特别关注构建电磁理论的不同方法，公开质疑"电"或"磁"这些名词本身是否与任何实质性的东西相对应。随后，爱因斯坦借用赫兹的这种观点来质疑当时仍然存在且具有影响力的以太：

> 我归还了那本赫尔姆霍兹的书，现在正在非常仔细地重读赫兹关于电场传播的论文，因为我不理解赫尔姆霍兹关于电动力学中最小作用原理的约定。我日益确信目前表述的运动物体的电动力学并不合乎事实，并且将有可能以更简单的方式来表述。在电学理论中引入"以太"，就会导致产生这样一个介质的概念，我们可以描述这种介质的运动，但很有可能，我们无法赋予它物理意义。[18]

爱因斯坦认为，不应该将电、磁和电流定义为物质以太的变化，而应该是"真正"的电质量与物理实在在真空中的运动。与物质以太相比，静止的、非物质的以太概念可能会更有用，而且根据广受欢迎的洛伦兹理论，很多著名的物理学家都想到了这一点。由于实验物理学家既不能拖曳以太，也不能探测到以太中物质的运动，所以在 1901 年前后的某段时间里，爱因斯坦解决了这种静态的虚体问题。作为 19 世纪物理理论核心的以太，已经不复存在。对爱因斯坦来说，以太既不是带电粒子的最终组成部分，也不是光传播的必要物质。甚至在进入专利局之前，爱因斯坦就已经搞明白了这个谜题的关键部分，很可能当时就已经开始引用相对性原理了。[19] 当然，他重新思考了麦克斯韦方程组的意义，同时弄明白了运动电荷的真实情形。于是，他否定了以太的存在。不过，这些都不是与时间直接相关的。

1900—1902 年，爱因斯坦在制度化的科学边缘苦苦挣扎。1900 年 7 月，尽管他获得了苏黎世联邦理工学院的数学教学文凭，但仍旧无法在大学找到工作。迫于无奈，他开始做家教。而在离开大学之后，他继续从两个方面深入研究理论物理学。一方面，他通过统计力学①探索了热力学的本质及其基础和扩展。另一方面，他努力探究光的本质及其与物质之间的相互作用，但没有出版过相关论文。最重要的是，他想知道如何利用电动力学来寻找运动的物体。

从爱因斯坦所写的无数封书信中可以看出，他乐观、自信，不屈不挠，对自鸣得意的科学权威不屑一顾。1901 年 5 月，他在写给米列娃的信中吐露："不幸的是，在苏黎世联邦理工学院中没有一个人掌握现代物理学的最新知识，而我虽然没有成功，但已经全部研究过了。如果有一天我做得很不错，我是否也会在智力上变得懒惰呢？我不这么认为，但老实说，变懒惰的危险似乎确实很大。"20 大概在同一年的 6 月，爱因斯坦针对导电原理的领军人物保罗·德鲁德（Paul Drude）专门写了一篇评论，然后他对米列娃说："你猜我面前的桌子上有什么东西？我给德鲁德写了一封长信，针对他的电子理论提出了两个异议。这些问题非常简单，他几乎找不到任何合理的论点反驳我。我非常好奇，他会不会回应我的问题，会怎么回应。当然，我也说了，我没有工作，言外之意非常明显了。"

爱因斯坦在物理学上坚持己见、寸步不让，同样，他也不会为了迎合至亲好友而改变自己的个人生活。当发现朋友们明显在置喙他的行为举止时，他立即反驳道："想象一下温特勒夫妇对我的指责，说我在苏黎世过着放荡的生活。"21

刚刚进入巴黎综合理工大学，庞加莱就与自己的老师们结下了终生之缘。他敬重长辈，用他们的名字为自己的很多数学创造命名。相比之下，虽然爱因斯坦被以前的老师所否定，找工作也屡屡遭到拒绝，而且他的母亲极力不赞成他和米列娃的婚姻，但他毫不畏惧。于是，当德鲁德在 1901 年 7 月驳回了爱

---

① 统计力学是基于热力学发展起来的一门学科，它通过对微观粒子的运动状态和行为进行统计分析，来预测宏观物理现象。——编者注

因斯坦的反对意见时，这位年轻的科学家只是把德鲁德当作一位手足无措的权威人士而已：

> 关于那些德国教授，你说得一点都不夸张。我也曾有类似的经验，当时那位教授还是德国最杰出的物理学家之一。我就他的一个理论提出了两点反对意见，证明他的结论存在显而易见的缺陷。对此，他回信告诉我，他的另一位绝对可靠的同事也赞成他的观点。不久，我发表了一篇优秀的论文，让他很难堪。如果专家冲昏了头脑，就成了真理最大的敌人。[22]

　　爱因斯坦可能会让专家很难堪，但这些专家并不打算对他的"刁难"做出回应，所以没有提供任何工作机会。他的申请一个接一个地遭到拒绝，就连位于伯格多夫的一所技术学院也拒绝了他提出的机械技术系高级教师的职位申请。[23] 当得知自己的朋友、数学家马塞尔·格罗斯曼（Marcel Grossmann）在弗劳恩费尔德的一所州立学校找到工作后，爱因斯坦向他表示了由衷的祝贺，并补充说，这所学校环境安全，工作稳定，在这工作肯定令人十分愉快。爱因斯坦也曾试着申请。"我这么做只是不想告诉自己我太胆小了，不敢申请，因为我知道自己根本没有机会得到这样的职位或者其他类似的职位。"[24]

　　然后，爱因斯坦迎来了真正的工作机会。位于伯尔尼的瑞士专利局刊登了一则招聘广告。爱因斯坦在申请信中直接写道："本人，署名人，在 1901 年 12 月 11 日的联邦公报上获悉了招聘广告，特此冒昧地申请联邦知识产权局二级工程师的职位。"[25] 他向专利局保证，他曾在苏黎世联邦理工学院数学和物理专业教师学校学习物理和电气工程，并承诺已经准备好了所有的文件，静候佳音。1901 年 12 月 19 日，他欢呼雀跃地告诉米列娃："亲爱的，让我吻你，快乐地拥抱你吧！现在认真听我说。哈勒① 给我写了一封亲笔信，让我申请专利局新设立的一个职位！现在，此事已定。我收到了格罗斯曼的祝贺。为了表

---

① 指弗里德里希·哈勒（Friedrich Haller），当时的瑞士专利局局长。——编者注

示感激之情，我把博士论文给了他。"[26] 有了工作，或者几乎有了工作，他和米列娃就可以结婚了。

爱因斯坦也转变了对以前的论文评估人克莱纳（Kleiner）的态度。12 月 17 日，他告诉米列娃，他要"突袭那个讨厌的克莱纳"。爱因斯坦希望获准在圣诞假期期间工作。"想想这些老学究给一个非己同类的人设置的所有障碍，真是令人望而生畏！这种人本能地认为，每一个聪明的年轻人都会威胁他们脆弱的尊严，这就是我此时此刻的看法。但是，如果他有胆量拒绝我的博士论文，我就会原封不动地将他的驳回意见连同论文一起发表，那么他可就会出丑了。相反，如果他接受了我的论文，那么就拭目以待，优秀的德鲁德先生会采取什么立场。毕竟，他们都卓尔不群。如果古希腊哲学家第欧根尼还活着，他会提着灯笼寻找一个真正诚实的人。[①]" [27]

两天后，第欧根尼的小灯笼给爱因斯坦带来了更温暖的光："今天，我和克莱纳在苏黎世整整待了一下午，畅谈了各种各样的物理问题。他并不像我想象的那么愚蠢，而且，他人很不错。"没错，克莱纳还没有读过爱因斯坦的论文，可爱因斯坦毫不担心，因为他把注意力已经转移到了别处："克莱纳建议我发表论文，阐述关于运动物体中光的电磁理论以及实验方法。他认为，我提出的实验方法显然是最简单、最合适的方法。" [28]

毫无疑问，受到这种意外的支持和鼓舞，爱因斯坦更加深入地研究了以太及其内部运动的理论。他决定研究洛伦兹和德鲁德关于动体的电动力学理论，这或许表明了之前他与主流科学界的脱节。他还从自己的朋友米歇尔·贝索（Michele Besso）那里借了一本物理学著作。在 1899 年的演讲中，庞加莱反复强调了旧的物理学方法的价值。麦克斯韦、赫兹、洛伦兹等很多物理学家都发现了物理量之间的"真实关系"，虽然当时部分方法已经不起作用，但仍值

①"第欧根尼的灯笼"现喻指寻找真理的方法，或在腐败的社会中寻找真正诚实的人的方法。——译者注

得仔细研究。可是，爱因斯坦不适合做这种需要耐心的工作。1901 年底，他对米列娃说："米歇尔给了我一本 1885 年出版的关于以太理论的书。人们会认为这本书年代久远，书中的观点已经过时了。可在我看来，这本书让我感受到现代知识的进步有多么快。"[29] 不久前，他曾告诉她，自己和贝索一直在思考"绝对静止的定义"。[30]

1902 年的最初几个星期里，爱因斯坦把一小部分家居用品从沙夫豪森搬到了伯尔尼。当时，他在沙夫豪森的一所私立学校担任临时职务。当年 2 月 5 日，他再次开始寻找补习学生：[31]

数学和物理私人家教

阿尔伯特·爱因斯坦

获得苏黎世联邦理工学院数学教学文凭

正义街 32 号一层　免费试听

几天后，那则家教广告帮他找到了两个学生，此时爱因斯坦打算写信给伟大的统计力学专家路德维希·玻尔兹曼（Ludwig Boltzmann），而他在物理领域之外的研究也在迅速进行中："我怀着极大的兴趣几乎在今晚读完了马赫的书。"[32]

奥林比亚科学院

爱因斯坦有两个好友，分别是莫里斯·索洛文（Maurice Solovine）和康拉德·哈比希特（Conrad Habicht）。索洛文是一名新生，从罗马尼亚来到伯尔尼大学读书；哈比希特正在攻读数学博士学位。他们三人一起创建了"奥林比亚科学院"，这是一个非正式的俱乐部，专门讨论哲学或一切让他们感兴趣的话题。索洛文说："我们会先看一页或半页的书，有时只读一句话，对于很重要的问题，我们会讨论好几天。我经常在中午见到爱因斯坦，他离开办公桌，我们继续前一天晚上的讨论。比如，'你说过……但你不觉得……？'，或者是'关于昨天的讨论，我想补充说一点……'等。"[33]

他们讨论过马赫的作品。作为一名哲学家、物理学家和心理学家，马赫对感官无法理解的事物持无情的批判态度。对于马赫过分强调感官的观点，爱因斯坦从来没有表示过完全赞同，但他确实从马赫的著作中发现了重要的观点来对抗形而上学的谬误，比如"绝对时间"和"绝对空间"的概念。[34]爱因斯坦最喜欢马赫在 1883 年出版的《力学及其发展的批判历史概论》(*The Science of Mechanics*)，在这本书中，马赫对牛顿的绝对时间和空间提出了异议，并在开篇引用了牛顿的话："绝对的、真正的和数学的时间自身在流逝着，而且由于其本性而均匀地、与其他外界事物无关地流逝着……相对时间、表观时间和普通时间是对绝对时间的某种可感知的外部度量。"根据马赫的观点，这些思想所代表的不是坚守真理的牛顿，而是中世纪的哲学家牛顿。对马赫来说，时间并非用来测量现象的原始概念，恰恰相反，时间本身源于物体的运动，比如地球自转、钟摆摆动。想要通过绝对时间来解释这些现象，注定徒劳无功。马赫直截了当地反驳了这种看法："要想测量绝对时间，可以将它与不运动的状态进行比较。因此，绝对时间既没有实用价值，也没有科学价值；谁都没有理由说他对此有所知。这个概念属于毫无用处的形而上学。"[35]

在接下来的几年里，爱因斯坦经常强调马赫的时间分析对他来说至关重要。例如，在 1916 年纪念马赫的一篇文章中，爱因斯坦写道："这些来自《力学及其发展的批判历史概论》的引文表明，马赫清楚地认识到经典力学的弱点，因此几乎提出了接近广义相对论的理论。而这几乎是半个世纪之前的事！在马赫生活的时代，如果物理学家能对光速不变的意义提出质疑，那么马赫或许会偶然发现相对论，这也不是不可能的。没有麦克斯韦－洛伦兹电动力学理论的刺激，即使马赫偶然发现相对论，人们也不会认为需要对异地空间事件的同时性进行定义。"与庞加莱的想法一样，同时性对爱因斯坦来说处于电动力学和哲学的交叉点上。[36]

　　奥林比亚科学院还讨论过卡尔·皮尔逊（Karl Pearson）的观点。皮尔逊是维多利亚时代的数学家兼物理学家，因对统计学、哲学和生物学的贡献而闻名。但有趣的是，皮尔逊借鉴了马赫的观点和德国哲学的传统思想，也对"绝对时间"的原始解读持批判的态度。在皮尔逊于 1892 年出版的《科学的规范》（*Grammar of Science*）中，爱因斯坦和奥林比亚科学院的好友发现，皮尔逊尖锐地批判了所有可观察到的时钟与牛顿绝对时间之间的关系："格林尼治天文钟所显示的小时，以及最终按照天文钟进行时钟同步的所有普通钟表所显示的小时，与地球绕地轴旋转的角度相对应。"因此，所有时钟的时间最终都是天文时间。可是，在这个过程中，地球这座"大钟"的自转因潮汐等因素而发生改变。牛顿用"绝对的、真实的和数学的时间"来描述我们的感官印象，而皮尔逊则称之为"框架"。"但是在感官世界里，印象本身或者说绝对的时间间隔是不存在的。"在两个不同的场合，从一个午夜到下一个午夜，观察星星穿过中星仪的子午线，我们发现普通人记录的感觉印象的顺序大致相同。皮尔逊说，这就对了。这两个午夜之间的间隔是"相等"的，但这与绝对时间无关，我们不应该自欺欺人。他说："在我们概念时间 ① 记录的顶部和底部的空白区域，并不是我们赞同过去或未来时间永恒性的正当理由，我们也不能以此为由而混淆概念和知觉，并要求时间永恒性在现象的世界中、在感觉印象领域中具有实在的意义。"[37]

　　除了马赫和皮尔逊的著作，奥林比亚科学院的阅读书目还包括理查德·阿芬那留斯（Richard Avenarius）的著作《纯粹经验批判》（*Critique of Pure Experience*），这本书对非经验范畴的一切事物持质疑的态度；还有约翰·斯图尔特·米尔（John Stuart Mill）的《逻辑体系》（*A System of Logic*），这本书告诫读者谨慎看待"光以太理论的主流假设"，理查德·戴德金（Richard Dedekind）关于数的概念的犀利分析，以及休谟在《人性论》（*Treatise on Human Nature*）中关于所述观点的详细分析。[38]但是，所有这些著作将科学的

---

① 皮尔逊认为概念时间像一张画了相等距离的平行线的白纸，我们可以在上面标记我们的知觉序列。——编者注

基本概念置于人类思想所能接触到的批判背景之下。索洛文从中挑出了一本书进行了特别评论，这本书在1904年刚刚出版了德文版："庞加莱的《科学与假设》让我们爱不释手，读了好几个星期。"[39]爱因斯坦和他的好友从这本书中为马赫和皮尔逊的观点找到了强有力的支撑。此外，庞加莱还在这本书中提到了自己的重要文章《时间的测量》。

爱因斯坦和奥林比亚科学院的好友也许纷纷寻找《时间的测量》一文的原始版本。但原文发表在一本法国的哲学杂志上，这对他们来说似乎不太可能找到。不过，一个有趣的转机出现了。与英文版或法文版不同，德文版《科学与假设》的出版商不仅翻译了这本书，还将《时间的测量》一文中一大段结论作为这本书的脚注。所以，1904年，爱因斯坦和好友通过这本书了解到庞加莱的观点：明确否认一切关于同时性的"直接直觉"，坚定地认为"之所以选择这些规则来定义同时性，不是因为它们是正确的，而是因为它们能够给我们提供最大的便利"，庞加莱最终声明"所有这些规则、所有这些定义都只是无意识的机会主义的成果"。事实上，这篇文章的译者还进一步参考了众多哲学家、物理学家和数学家的观点，这些人否定了绝对时间，支持相对时间，其中以约翰·洛克和达朗贝尔为首，而非欧几何的创造者之一罗巴切夫斯基也表示，时间只是"用于测量其他运动的运动"。庞加莱著作的德文译者坚持认为，我们可以选择某种事物运动作为时间单位，例如钟摆的摆动、弹簧钟的伸缩和地球自转，以此来定义物理学的时间。可是，这种选择与绝对时间没有任何关系。相反，我们的选择再次印证了庞加莱关于同时性和持续时间的物理定义中的机会主义论点。[40]

有人认为，任何一位哲学家的思想的细枝末节都融入了爱因斯坦的观点中，虽然这种说法失之偏颇，但爱因斯坦在伯尔尼生活的最初几年里，就提出了这样一种观点，即我们凭借经验可以理解的东西与隐藏在感知背后不可理解的东西之间存在明显的区别，这是毋庸置疑的。爱因斯坦的这一观点强调可知论，尤其是人类通过感官对自然世界的了解，而且，这种观点是由奥古斯特·孔德（August Comte）提出的实证主义学说的关键，也是很多孔德的追随者的目标。爱因斯坦在 1917 年对哲学家莫里茨·施利克（Moritz Schlick）说："你认为，相对论本身表明了实证主义，但又不需要实证主义，这种观点非常正确。就这一点而言，你也清楚地看到了这种观点深深地影响了我，更具体地说，也影响了马赫和休谟，在发现相对论之前，我曾狂热地研究过休谟所写的《人性论》，并对他深感佩服。倘若没有这些哲学研究，很可能我也不会找到相对论。"[41]

哲学至关重要。爱因斯坦提倡同时性的程序概念，否定形而上学的、绝对时间的主张。他不以文化时代精神为基础，他的做法与马赫、皮尔逊、穆勒和庞加莱为巩固基本物理理论而采取的一系列行动直接吻合。爱因斯坦和好友找来这些学者的书，一本一本地研究讨论。

爱因斯坦发表的第一批重要的物理学论文主要阐述了热力学理论，并提出了"热是分子运动的产物"的统计力学观点。或许是在哲学探索的过程中，或许是在苏黎世联邦理工学院潜心钻研热力学的过程中，抑或是在大学毕业后专注独立研究的过程中，爱因斯坦建立了一套物理学方法，这种方法强调原理而无须构建详细的模型。众所周知，热力学可以通过两个简单而伟大的命题对孤立系统进行描述：孤立系统的总能量保持不变；熵——系统的无序程度，永不减少。对爱因斯坦而言，他毕生的科学理想就是简化表述方式，论证这一理论的广泛适用性。他发现，庞加莱在《科学与假设》中明确提出了这样一种观点：物理学关注于这些原理的分析过程。

然而，对于"约定"和"原理"这两个术语，当时，爱因斯坦以及很多德国物理学家都没有和庞加莱产生共鸣。或许是在推行《米制公约》的过程中，或许是时间十进制公约的拟议过程中，庞加莱和他的物理界同仁们在法语中赋予了"convention"这个词三重含义：法律协议、科学协议以及《米制公约》。《科学与假设》被翻译成德文，就意味着打破了这种特殊的联想链。其实，这本书德文版的译者对这个词的翻译是按照不同的理解分开的，有时使用具有法律协议含义的德语名词（Ubereinkommen），有时把它翻译为公众传统约定

（konventionelle Festsetzung）。[42] 更重要的是，庞加莱坚持原理即定义，纯粹是因为其便利性才会保留下来，但我们在爱因斯坦的著作中很难找到庞加莱式的坚持。

爱因斯坦认为，原则不仅为科学提供支持，在后来的岁月里，它们可能比科学本身更重要。爱因斯坦曾反思道：

> 我对科学的兴趣基本局限于对科学原理的研究，这很好地解释了我的全部行为，也正因如此，我发表的文章并不多。我迫切希望能掌握原理，所以把大部分时间都花在了徒劳无果的研究上。[43]

爱因斯坦非常重视物理学的基本原理，同时也非常关注批判性的哲学反思，因为通过反思可以删繁就简，发现物理概念的基本要素。在伯尔尼生活的岁月里，爱因斯坦的工作和思想都与机器的物理原理密切相关。从一开始，爱因斯坦就认为专利局的工作并没有影响自己的科学研究，反而让他感到充满了乐趣。

1902 年 2 月中旬，他遇到了一名苏黎世联邦理工学院的往届毕业生，这名毕业生也在专利局工作。爱因斯坦说："那个毕业生觉得专利局的工作无聊透顶，有些人觉得一切都很无聊，但我就觉得这里很不错，只要我活着，我就会感激哈勒。"爱因斯坦后来也证实了这一说法："从事技术专利权的鉴定工作，对我来说是一种真正的幸福。它迫使我进行多方面的思考，也激励着我对许多物理问题进行深入思考。"[44]

那时间统一计划的进展如何呢？ 1902 年，洛伦兹早就尝试使用虚构的数学变量，对以太中运动物体的时间变量 t 进行定义。随着庞加莱和其他物理学家的进一步研究，"以太是固定不变的"这一观点获得了认可。众所周知，庞加莱通过电磁信号同步的时钟解释了同时性的定义。虽然他最初完全忽略了以太，后来在以太中的运动系统中，又以不同的方式使用了以太的概念，但他从未动摇过，始终坚信以太是思维的工具，是有效地应用直觉的前提条件，具有极大的价值。他从来没有把移动参考系中测量的"表观时间"等同于在以太中静止时测量的"真实时间"。[45]

在力的作用下，在以太中运动的电子发生聚集、收缩和结合；这种力使迈克尔孙干涉仪的机器臂发生收缩；电子中的所有负电荷因受到力的作用而不会被分散。基于以上动力学的分析与假设，庞加莱、洛伦兹和迈克尔孙都决定以此为起点建立理论。他们想从这些已建构好的、建设性的物质理论中推导出运动学[①]，即普通物质在没有外力的情况下所发生的行为。

爱因斯坦的目标截然不同。他认为，时间的起点不是动力学。1905 年年中，他重新解释了时间和空间的概念，提出运动物体的物理学应该建立在简单的物理原理之上，就如同热力学的起点是能量守恒和熵永远不会减少一样。

洛伦兹假定了一个人为的时间概念，即地方时 t_{local}，这样便于使用方程式进行求解。庞加莱发现了地方时对恒定运动的参照系所产生的物理影响。然而，在爱因斯坦之前，庞加莱和洛伦兹都没有将时钟同步作为连接物理学某些伟大原理的关键所在，也都没有预料到，重新认识时间会颠覆他们对以太、电子和运动物体的定义，更没有预料到洛伦兹收缩理论本身可以被视为时间重新定义的结果。

1905 年 5 月之前，爱因斯坦只承认洛伦兹在 1895 年提出的物理学基本特征，并否认了庞加莱所有的电动力学理论。相反，爱因斯坦正在读有关科学基础的哲学著作，其中就包括庞加莱的著作。爱因斯坦发表了关于热的分子运动统计理论，并探索了动体的电动力学原理。在进入专利局之前，他没有表露过自己对时钟、时间或同时性有任何兴趣。

---

① 运动学（kinematics），力学的一个分支，从几何的角度描述和研究物体位置随时间的变化规律。——编者注

爱因斯坦的奇迹年

1902 年 6 月，爱因斯坦来到了伯尔尼专利局。[46] 这个地方对包括爱因斯坦在内的所有职员来说，既是工作场所，也是培训场所——一所严谨的思维机器培训学校。在爱因斯坦任职期间，弗里德里希·哈勒是这所专利局的局长，他对待下属非常严苛，要求这位年轻的审查员应该在提案评估的每个阶段都要持批评态度。他说："当你拿起一份申请时，要认为发明者讲的任何东西都是错的。"总之，哈勒告诫爱因斯坦不要轻信发明者的话，因为审查员所面临的诱惑是"发明者的思维方式会把你套进去，左右你的判断。你必须保持高度警惕"。[47] 对爱因斯坦来说，他常常把他认为的、武断的权威观点视作过时的、迂腐的和懒惰的观点，所以局长让他质疑一切的命令简直是正中下怀。他更愿意使用装置和电线来检测发明者自信满满的专利申请，在物理学的一些无法感知的领域中，他也采用了类似的打破常规的做法。在运动物体的电动力学里，有一个问题 7 年来不时地困扰着爱因斯坦，而这个问题也日益成为困扰当时的大物理学家们的难解之谜。

1902 年，爱因斯坦的电动力学研究还有涉及对时间本质的探究。可是，电气化时钟同步的同时性在当时属于热点话题，也让他着迷。每天，他出门后向左转，去专利局上班，走一段路就到了。他对朋友说："这份工作的工作内容非常多样化，而且需要多思考，所以我非常喜欢。"[48] 每天，他都要路过伯尔尼那座宏伟的钟楼，时钟同步就在那里进行；每天，他都要路过大街小巷无数的电气化时钟，它们与中央电报局相连。爱因斯坦从他家所在的克拉姆加斯街道走到专利局，必须途经这座城市最著名的时钟（见图 5-3 和图 5-4）。

哈勒是爱因斯坦在专利局的老师，就好像他在苏黎世联邦理工学院的老师韦伯和克莱纳一样。在哈勒的领导下，专利局确实像是一所技术学校，旨在提出具体且严谨的技术提案。哈勒很早就责备爱因斯坦说："作为物理学家，你根本不懂制图，你必须学会掌握制图技术和规范，我才能让你转正成为正式雇员。"[49] 1903 年 9 月，爱因斯坦已经完全掌握了专利世界的视觉语言，他也因此收到了专利局的长期任用通知。尽管如此，哈勒还不打算提拔他。有一次，哈勒评价爱因斯坦："必须等到他完全掌握机器技术，从他的学习经历来看，他是一位物理学家。"爱因斯坦全身心地投入专利审查的工作中，最终对机器技术了如指掌。不久之后，他告诉米列娃说，自己"和哈勒的关系有所改善。有一名专利代理人对我的发现提出了异议，甚至引用德国专利局的决定来支持自己的观点，哈勒完全站在我这一边"。[50] 工作了 3 年半后，爱因斯坦已经让专利局相信，尽管他学的是物理学，但他学会了用图表和技术规范来寻找创新技术核心的新方法。1906 年 4 月，哈勒晋升他为二级技术专家，并认可了爱因斯坦"属于专利局中最受尊敬的技术专家之一"。[51] 在专利局的申请提案中，有关电气化时间的专利申请日益增多。

图 5-3　伯尔尼的同步钟楼

注：每当爱因斯坦走出克拉姆加斯的公寓，左转走向伯尔尼专利局时，都会抬头看一眼这座城市最宏伟的钟楼之一，在 1905 年前它是时钟同步的主钟。

资料来源：BÜRGERBIBLIOTHEK BERN, NEG.10379。

图 5-4　伯尔尼的电气化时钟网络（大约 1905 年）

注：电气化时钟同步不仅具有现实意义，而且可以增加市民们的文化自豪感。1905 年，同步电气化时钟成为整个伯尔尼一道亮丽的现代城市景观。

资料来源：BERN CITY MAP FROM THE HARVARD MAP COLLECTION;CLOCK LOCATIONS SHOWN USING DATA FROM MESSERLI, GLEICHMÄSSIG (1995).

　　有关时钟同步的技术专利遍布电力网络的每个领域，比如低压发电机、电磁接收器及其擒纵机构和电枢、接触器等专利。在 1900 年后的 10 年里，计时装置技术得到了繁荣发展，其中最有代表性的是戴维·佩雷特（David Perret）发明的新型接收器，它可以检测并使用直流计时信号来驱动电枢旋转。这种新型接收器于 1904 年 3 月 12 日获得了瑞士专利，专利号为 30351。与其不同，法瓦尔格公司生产的接收器是从主时钟获取交流电，然后将电流转化为齿轮的单向运动。法瓦尔格公司的这项专利在 1902 年 11 月 25 日由专利局受理审查，经过漫长的常规评估期后，于 1905 年 5 月 2 日审批通过，此后这种接收器被广泛应用。随之出现了很多与时钟同步相关的专利，有的专利可以用时钟系统来激活远程的警报器，有的专利则针对钟摆进行远程的电磁调节。有人提交了通过电话线甚至无线电来传输时间信号的专利申请，还有人以火车进出站情况的监测方案或不同时区的时间显示方案为由申请专利。此外，也有一些专利明确了如何保护远程运行的电子时钟不受大气电流的影响，或如何接收微弱的电磁时间信号。

其中一些专利系统地解决了时间分配同时性的问题。例如，佩雷特在1902 年 11 月 7 日下午 5:30 提交的第 27555 号专利 "一种用于时间传输的电气装置" 于 1903 年正式发布；佩雷特在 1904 年再次提交了类似的专利申请；来自意大利特尔尼市的 L. 阿戈斯蒂内利（L. Agostinelli）就 "一种带同时显示多个异地时间的中央时钟和可预定时间自动呼叫闹铃的装置" 申请了专利，专利号为 29073，并于 1904 年正式发布；像西门子这样的大型电气联合公司为 "主时钟继电器" 提出了专利申请，申请编号为 29980，发布于 1904年；德国 Magneta 公司的专利申请编号为 29325，于 1903 年 11 月 11 日提交，1904 年发布，这家公司制造了伯尔尼联邦议会大厦上的远程时钟；还有一些规模不大但也很重要的瑞士公司同样获得了专利。1904 年初，一名保加利亚人发明了一种主时钟及其电子次级时钟，因此获得了专利。伯尔尼专利局收到的专利申请堆积如山。[52] 来自纽约、斯德哥尔摩、伦敦和巴黎的发明者都想通过专利局实现他们的计时装置梦想，但这个行业的主导者是瑞士钟表制造业。

在爱因斯坦担任专利审查员期间，人们对电气化时钟系统的兴趣逐渐高涨。1890—1900 年，除 1890 年有 2 个和 1891 年有 6 个之外，每年都只有三四个相关专利申请。随着电气化时间传输与电报系统的同步发展，同步时钟开始在公共场合和私人场所发挥越来越大的作用。据数据显示，在伯尔尼专利局发布的有关电气化时钟的专利中，1901 年有 8 项，1902 年有 10 项，1903 年有 6 项，1904 年有 14 项，其中 1904 年也是 1889—1910 年的专利申请高峰年。在爱因斯坦和同事们批判的目光下，很多专利申请都消失在了历史的洪流中。[53]

所有这些瑞士的测时发明以及很多其他相关发明都必须通过伯尔尼专利局的审批，毫无疑问，其中很多都是爱因斯坦处理的。[54] 后来，爱因斯坦晋升为三级技术专家，主要负责评估电磁设备和机电设备的专利。[55] 在他的木制讲台前，他和专利局的其他 12 名技术专家一起仔细分析每一份申请材料，以找出其中的基本原理。[56]

爱因斯坦在机电设备方面的专业知识一部分源自家族企业。他的叔叔雅各布·爱因斯坦（Jakob Einstein）拥有一项测量用电量的灵敏电子钟表设备的专利，他的父亲赫尔曼（Hermann）和叔叔雅各布就利用这项专利创办了企业（见图 5-5）。在 1891 年法兰克福国际电工技术展览会上，他父亲的公司的一块电表尤为引人注目，旁边有几页纸介绍了当时非常典型的备用主时钟的安装机制，用于确保电气化时钟系统的持续运行。电气测量系统与电气化钟表技术密切相关，在雅各布·爱因斯坦与塞巴斯蒂安·科恩普罗布斯特（Sebastian Kornprobst）申请的专利中至少有一项明确表示该专利适用于电气化钟表装置。相反，很多专利申请人提供的装置既适用于电气化时钟，也适用于电气测量系统。[57]

图 5-5　雅各布·爱因斯坦公司

注：爱因斯坦的父亲和叔叔共同经营一家电工技术公司，该公司主要生产精密的电气测量设备，与电气化时钟技术有很多共同之处。

资料来源：*OFFIZIELLE ZEITUNG DER INTERNATIONALEN ELEKTROTECHNISCHEN AUSSTELLUNG*, FRANKFURT AM MAIN (1891), P. 949。

从 1902 年 6 月到 1909 年 10 月，在担任专利审查员的这段时间里，爱因斯坦见到了各种各样的机器。可悲的是，爱因斯坦的专家意见大多石沉大海，只有少数意见因为专利流程将审查推向了法庭，才避免了自动销毁并得以保存下来。其中一份是 1907 年爱因斯坦对当时世界上最有实力的电气公司——德国通用电力公司（AEG）的审查意见："1. 专利申请范围不正确，内容不准确、不清晰。2. 只有明确权利要求、确定专利申请对象，我们才能审查该专利的说明书是否存在缺陷。"[58] 说明书、摘要和权利要求书是专利的组成部分，这是哈勒担任专利局局长时期制定的审查流程，所以爱因斯坦也要求审查员严格执行这一流程。

爱因斯坦另一份审查意见涉及德国安许茨公司和美国斯伯利公司之间的专利侵权诉讼案。20 世纪初期，陀螺罗经①的生产竞争非常激烈。磁罗经最忌用于新型的电气化金属船，可是，在世界船舶和飞机的装备竞赛中，安许茨公司怀疑美国人窃取了他们的发明。公司的创始人赫尔曼·安许茨–凯普夫（Hermann Anschutz-Kaempfe）打电话给爱因斯坦申诉。美国人声称他们在 1885 年获得的一项专利是其"新发明"的依据，但爱因斯坦对此不屑一顾。因为爱因斯坦发现，1885 年的专利所涉及的陀螺罗经在所有三维空间中都无法自由移动，这种老式的机器在海上船舶颠簸的情况下是不可能准确运行的，所以驳回了美国人的诉求。安许茨公司赢了。爱因斯坦成了陀螺罗经专家，并在 1926 年为安许茨公司的一项主要专利做出了决定性贡献，他也因此拿到了版税，直至 1938 年这家公司被清算为止。值得注意的是，1915 年，爱因斯坦曾明确地用陀螺罗经作为磁性原子的理论模型。机器和理论的交叉应用深深地吸引了爱因斯坦，于是他暂时搁置了对广义相对论的研究，转而着手进行了一系列的合作实验。这些实验非常精细，结果显示铁原子确实像亚微观环境中的陀螺罗经一样工作。[59] 专利技术和理论理解之间的关系可能比它们看起来的更接近。

---

① 一种完全不依赖于外部的声、光、电、磁等一切信息，自主式地寻找真北的惯性器件，是航海上广泛应用的重要导航设备。——编者注

几年后，爱因斯坦明确表示，即使他的研究对象与发电机或陀螺罗经相去甚远，他也会把写作和阅读的过程视为专利审查。1917 年 7 月，他的好友、解剖学家和生理学家海因里希·仓格尔（Heinrich Zangger）写信给爱因斯坦，就自己整理的一篇关于医学、法律和因果关系的文章征求他的意见。爱因斯坦回信说，他喜欢"具体的例子，但不喜欢其中一部分抽象的内容。在我看来，这部分抽象的内容往往是没必要的，而且说得太笼统，措辞不够清晰、明确，但也不用字字珠玑，有的放矢。尽管如此，我还是看明白了这些内容；很可能是因为我一直坚持自己的偏好以及在专利局的工作习惯，导致我对文本的要求过于苛刻"。[60]

无论是在工作中还是在生活中，爱因斯坦都对机器和专利局的约定非常着迷。他与好友康拉德·哈比希特和康拉德的兄弟、见习机器技师保罗·哈比希特张口闭口都离不开机器，不停地交流着关于继电器、真空泵、静电计、电压表、交流电流记录仪和断路器的想法。尤其是保罗，他提出了一个又一个方案，有时还每两天就给爱因斯坦写一封信。有一次，保罗给爱因斯坦写信，详细描述了一种类似直升机的飞行器装置，直接征求爱因斯坦的意见："我应该立即申请专利吗？还是先发表文章或开始商业谈判，然后再申请专利？"[61]

爱因斯坦也想申请专利。他的想法很多，其中有一个想法是研制一种灵敏的静电计，用来测量极小的电压差。他对小机器的理论问题和详细的制造过程都非常着迷。[62] 他写信给一位合作伙伴，询问他们需要多少汽油来清洁硬质橡胶和硫化橡胶零件，以及如何确保电线能正确地浸入硬质橡胶盘上的水银珠。"我从实验中得知，"他补充说，"利用水银接点便可实现，只是有时要花点工夫使仪器正常工作，而且一旦仪器转得太快，水银就会喷出来。"[63]

爱因斯坦关注机器，全身心地通过实验研究真实的机器和想象的机器。在写给朋友的信中，他会自如地将话题从纯粹的理论问题转向实用的技术问题。1907 年，爱因斯坦给康拉德·哈比希特写了一封信，告诉他自己正在写一篇关于相对论原理的文章，并对水星近日点的最新研究情况做了概述，可话锋一转，下一句又谈到了机器。大约一年后，他告诉朋友及合作伙伴雅各布·劳布（Jakob Laub）："为了对电压不到 0.1 伏的机器进行测试，我发明了静电计和电压电池。如果你能看到我制造的东西就好了，一定会忍不住笑出声来。"[64] 爱因斯坦对机器的研究以及后来在陀螺罗经和爱因斯坦－德哈斯效应上所取得的成就，只是爱因斯坦对高灵敏度的机电设备特别着迷的几个例子，这些设备将电学和力学两个领域连接起来。爱因斯坦对电气化时钟同步的专利申请非常感兴趣，因为这类申请提供了将小电流转化为高精度旋转运动的方法。

专利局不断收到关于时钟同步的专利申请。例如，1905 年 4 月 25 日下午 6 时 15 分，专利局收到了一份专利申请，专利名称是一种可以接收信号并同步控制远程摆钟的电气化钟摆。[65] 对于所有这类发明，发明者需要提供的资料必须包括模型、具体的图纸以及说明书和权利要求书。评估工作很辛苦，往往持续好几个月。

1905 年 5 月中旬的某个时候，爱因斯坦和他的挚友贝索从各个角度研究了电磁学的问题。"然后，"爱因斯坦回忆道，"我突然明白了解决问题的关键在哪里。"第二天，他遇到贝索时略过寒暄直奔主题说："谢谢你！我已经完全解决了这个问题。我的解决办法是分析时间概念。时间不能被绝对地定义，时间与信号速度存在不可割裂的联系。"[66] 爱因斯坦先是指了指伯尔尼的一座钟楼——伯尔尼著名的同步时钟之一，然后又指向了附近的穆里镇上唯一的钟楼——穆里钟楼（见图 5-6），该钟楼为伯尔尼传统贵族专用，尚未与伯尔尼的标准时钟相连。他用这样的方式向贝索展示了时钟同步概念。[67]

没过几天，爱因斯坦写信给康拉德·哈比希特，恳请他寄来一份他的博士学位论文副本，并允诺回寄给他 4 篇新论文。"第 4 篇论文目前只是草稿，与运动物体的电动力学有关，是采用时间、空间理论修正的动体的电动力学；这篇文章中纯运动学的部分将从时钟同步的新定义开始，肯定会引起你的兴趣。"[68]10 年的思考终于解开了关于运动物体、光、以太和哲学的问题，而时钟同步是狭义相对论的发展过程中最终的、最辉煌的一步。

图 5-6　穆里钟楼（约 1900 年）

资料来源：GEMEINDESCHREIBEREI MURI BEI BERN。

显然，通过电磁信号交换实现时钟同步并不是狭义相对论的全部内容，却是爱因斯坦狭义相对论研究的顶峰。与庞加莱的做法不同，爱因斯坦在推理过程中没有把同步时钟作为洛伦兹虚构的地方时的物理解释。不仅如此，爱因斯坦从定义一个点相对于刚性杆的位置开始论证，这不足为奇，但这次他还利用自己关于同时性的新定义做了补充说明："如果我们要描述一个质点的运动，我们就通过时间函数给出它的坐标值。现在我们必须记住，要使这样的数学描述具有物理意义，我们首先要十分清楚'时间'在这里指的是什么。"由于没有处于静止状态的以太系统可以让我们根据它来挑选一个真正的时间，在某种意义上，所有惯性参照系的时钟系统都是等效的，即任意一个参照系的时间与其他参照系的时间都是真实时间。

在这一背景下，爱因斯坦于 1905 年 6 月底完成的论文，如今可以用另一种完全不同的方式来解读。抛开他在专利局谋生的纯粹"爱因斯坦式哲学 - 科学家"的身份不谈，我们也可以将他看成"爱因斯坦式专利审查员 - 科学家"，从而通过那些最具象征意义的现代化机制，折射出相对论中潜在的形而上学的影子。火车像以往一样 7 点整准时进站，但现在，不仅仅是爱因斯坦一个人对这一事件所意味的远程同步性表示担忧。利用电磁信号同步时钟来决定火车的到站时间也是过去 30 年里困扰整个欧洲和北美的技术问题。如今，大量专利竞相出现，如改进电子钟摆、改进接收器、引进新的继电器，以及扩大系统容量等。1902—1905 年，中欧地区的时钟同步并不是一个神秘的思想实验，它是整个钟表业、军事以及铁路工业的前沿及中心问题，同时也是相互联系、飞速发展的现代世界的象征。通过机器，人类能够解决复杂的问题。

通过提出远程同时性的问题，爱因斯坦将他身边随处可见的、功能强大的新技术带进了物理学基本原理的世界，那就是同步火车线路和设置时区的同时性公约。我们可以从 1905 年那篇论文中追踪到现存的时钟同步系统的痕迹。让我们重新思考一下爱因斯坦在论文开头所提到的同步方案：在时钟同步系统的中心设立时钟作为接收者。这一主时钟定位在空间坐标（0,0,0）处，当远处的电磁信号在同一当地时间到达主时钟时，就确定为同时。但现在，这种标准的中心系统不再是一个抽象的替身。这种有很多分支的、放射状的时钟同步结构，在各种电线线路、发电机以及时钟网络中，在一项又一项的专利和一本又一本的计时装置书中都能看到，它正是当时的欧洲时钟系统，如图 5-7、图 5-8 所示。爱因斯坦用物理学家和专利审查员的批判眼光来看待这个既定的系统：我们要记住，必须通过可实现的信号交换来定义时间，使用绝对光速，使系统不再依赖于任何特定的、特殊的空间原点或静止于以太的参照系。

关于这一点，我们可能要谨慎地追踪爱因斯坦的思维过程，甚至要一直追溯到 1905 年 5 月中旬同时性技术和物理原理的交叉点。一种可能性是，爱因斯坦认识到基于程序的概念、时钟同步及其精确的专利申请的重要性，加上与奥林比亚科学院的好友进行的批判性的哲学讨论，他可能已经完全准备好了在动体的电动力学的背景下，接受和改变已有的时钟同步原理。或许爱因斯坦曾经读过庞加莱在 1900 年发表的一篇文章，庞加莱在这篇文章中首次提出了关于洛伦兹的地方时的近似的物理解释，即通过以太中的信号交换进行时钟同步。由于爱因斯坦在 1906 年 5 月 17 日提交的论文中明确地引用了庞加莱那篇论文中的内容，尽管没有提到地方时，但我们可以认为，他在此之前已经看过那篇论文。[69]1900 年 12 月—1905 年 5 月，爱因斯坦是否研究过或至少看过庞加莱的论文呢？更具体地说，爱因斯坦是不是读过并否定了庞加莱在 1900 年基于以太的推理，但在某种程度上，他又保留了这位法国资深科学家关于洛伦兹地方时的时钟同步解释呢？爱因斯坦的法语不好，可是，他不需要直接读庞加莱的文章原文。很可能是埃米尔·科恩（Emil Cohn）在 1904 年 11 月发表的德语文章《走向运动系统的电动力学》（*Toward Electrodynamics of Moving Systems*），让爱因斯坦从中受到了启发。[70]

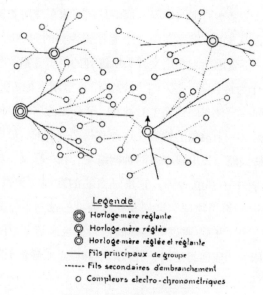

图 5-7　法瓦尔格的时间网络

注：法瓦尔格从希普手里接管了他的瑞士公司（1889 年后，这家公司更名为法瓦尔格公司），并带领这家公司在世界电气化时钟同步的生产领域、发明和专利领域都处于领先地位。如图所示，法瓦尔格描绘了一个与主时钟相连的次级时钟网络原型。

资料来源：FAVARGER, "ELECTRIC-ITÉ ET SES APPLICATIONS" (1884–85), P.320; REPRINTED IN FAVARGER, *L'ÉLECTRICITÉ* (1924), P.394。

科恩是一位成功的理论家，从在实验室里进行磁性测量开始了他的职业生涯。他的老师是法国斯特拉斯堡的一位实验物理学家，以研究音速而著称。即使毅然决然地放弃实验室工作而选择了教学，科恩也始终不遗余力地坚持推进自己的工作成果。到了世纪之交，科恩成为著名的理论家，与其他杰出人士在1900 年 12 月莱顿大学的会议上合作发表了一篇论文。在那次活动中，科恩可能听到了庞加莱的演讲；或者至少看到了庞加莱演讲稿的印刷版，因为他自己的论文也在会议的出版论文集中。但对我们来讲，这个故事中有趣的地方就在于，1904 年，像庞加莱一样，科恩在地方时的物理定义中也明确提出了时钟同步的概念。他之所以有这种观点，是因为之前有一位实验物理学家针对假设量提出了质疑，这启发了科恩。在这方面，科恩更像爱因斯坦，而不是庞加莱。与庞加莱不同，科恩否认了以太的存在，更倾向于"真空"，并采用光信号同步时钟来确定地方时。

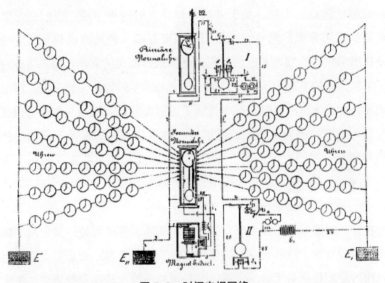

图 5-8 时间电报网络

注：分布式电气化时间的另一种表示范例。

资料来源：LADISLAUS FIEDLER, *DIE ZEITTELEGRAPHEN UND DIE ELEKTRISCHEN UHREN VOM PRAKTISCHEN STANDPUNKTE* (VIENNA, 1890), PP.88–89。

此外，有个问题让我们百思不得其解：爱因斯坦在什么时候看过科恩的关于地方时的观点呢？同样，这个问题几乎无法确定，可以确定的是在 1907年 9 月 25 日前，爱因斯坦拿到了科恩的文章，因为那天他写信给一家期刊的编辑，说了此事，而且他把科恩的英文名字"Cohn"拼成了"Kohn"。1907年12月4日，出版商收到了爱因斯坦关于相对论的评论文章，文中有一个脚注包含着隐晦的赞美："本篇论文也参考了埃米尔·科恩的相关研究，但未使用它们。"[71] 再一次，爱因斯坦不得不摒弃科恩在电动力学方面的大量特殊方法，同时将汲取了与同时性定义相关的时钟同步的观点。此外，物理学家马克斯·亚伯拉罕（Max Abraham）在1905年发表的关于电动力学的著作中，也开始探索信号交换的同时性，但爱因斯坦在提交论文之前并没有读过这篇著作。[72] 即使我们言之凿凿地说爱因斯坦确实读过这些论文中的某一篇，但重构观点显然也会存在局限性。我们必须将注意力集中到最重要的部分：在我们所能了解的各种哲学、技术和物理学条件下，爱因斯坦有能力将时钟同步作为相对论的原则性起点。当然，关于爱因斯坦建立的这种学说，我们还可以说出几种可能的思想来源，但我们无须明确到底是哪一种来源起到了决定性的作用：是在图书馆偶然发现了庞加莱或科恩那似曾相识的文章，是在工作过程中收到了某项特殊的专利申请，是伯尔尼街道的同步时钟给了他启发，抑或是从奥林比亚科学院读过的哲学著作中找到了思想来源。我们与气象学家没什么两样，他们可以通过研究不稳定的潮湿空气柱形成强大的上升气流的过程，从而完美地解释雷暴的成因，却不知道最初的雨滴是在哪些尘埃的周围沉淀形成的。

谁在什么时候看到了什么事？爱因斯坦删除了哪些评论，又使用了哪些段落？哪些内容激发了他的观点？扮演评奖委员会的角色，对逝去的人进行荣誉和优先权的分配是徒劳无益的，更何况是这样一段无法确定的历史。更重要且更有趣的是：1905年5月前，物理学家几年来争相研究动体的电动力学，同时性的话题日益升温。同时性的程序意义不仅成为哲学著作和伯尔尼城市景观规划的重点，而且涉及整个瑞士乃至全球各地的火车轨道和海底电报电缆，就连伯尔尼专利局也收到了大量关于同时性的专利申请。理论发展和实际需要促使人们深入研究同时性的原理。在这种非同寻常的背景下，物理学家、工程师、哲学家和专利官员就如何实现同时性各执己见。爱因斯坦并不能无中生有，让这些不同的观点自己蹦出来，他所做的事就如同把电路连接起来，让电流通过电路。长期以来，人们以不同的标准谈论同时性的问题，但爱因斯坦向我们展示了他所提出的同时性，即在同一时间发送的同一个闪光信号是如何适用于所有这些标准的，无论是以跨区域的火车和电报为代表的微观物理学，还是关于时间和宇宙的所有哲学观点，爱因斯坦的同时性都适用。

　　早在 1900 年，庞加莱在莱顿大学演讲时就把时间解释为信号交换，这得益于洛伦兹的启发。1905 年 5 月，爱因斯坦和贝索站在山上，指着穆里和伯尔尼的钟楼，从那一刻开始，爱因斯坦抓住每一个机会把信号同时性的问题放到中心位置来思考。1907 年底，在广泛、深入地回顾相对论的理论时，爱因斯坦重申了时间必须发挥的关键作用。在爱因斯坦看来，洛伦兹在 1895 年提出的旧理论至少已经表明，电动力学现象不能揭示地球相对于以太的运动。迈克尔孙和莫雷的实验则表明，即使是洛伦兹变换的近似处理也不够完美，因为即使精度再高，干涉仪也无法探测到以太中物质的运动。"令人惊讶的是，"爱因斯坦补充说，"事实证明，我们要想攻克难题，只需要一个十分明确的时间概念。"洛伦兹在 1904 年提出的完善后的地方时足以解决这个问题。或者更确切地说，正如爱因斯坦所做的那样，只要"把'地方时'重新定义为一般'时间'"，这个问题就迎刃而解了。爱因斯坦认为，这个一般时间恰恰是信号交换过程所产生的时间。理解了时间概念，就有了洛伦兹的基本方程。所以，经过对时间概念戏剧性的重新定义，洛伦兹在 1904 年提出的理论才能朝着正确的方向发展，但有一种例外情况："只要发光的以太被定义为电力和磁力的载体，那么这个理论就不适用。"更准确地说，以太倡导者认为电场和磁场是"某种物质的状态"，爱因斯坦不认同这个观点。对他来说，电场和磁场是"独立存在的物质"，就像一块铅一样独立存在。与一般有重量的物体一样，电磁场也具有惯性，其存在不依赖无法探测的以太的状态。爱因斯坦认为，以太毫无用处。

　　对于物理学家来说，要想理解 1905 年后关于运动物体的电动力学的争论，有很多选择。洛伦兹和庞加莱越来越德高望重，而爱因斯坦的名气也与日俱增。可是，有几十种想法，比如相对性原理、以太的状态、光的绝对速度、电子质量的变化以及用电动力学解释所有物体的质量的可能性，从这几十种想法形成漩涡开始，一直到大概 1909 年前后，爱因斯坦才凭借对时间的解释而逐渐脱颖而出，尽管他的观点饱受争议，但最终还是站稳了脚跟。即使在那时，也有一些物理学家对爱因斯坦的相对论有着不同的见解，如英国剑桥大学的埃比尼泽·坎宁安（Ebenezer Cunningham）。当然，不仅仅是他，还有一些物理学家虽然对新理论充满热情，却又不认为同步时钟是相对论形成过程中的主要成就。[73]

闵可夫斯基的四维时空

哥廷根大学数学家、物理学家闵可夫斯基很早就在密切关注爱因斯坦的时钟同步方案。早在 1905 年之前，闵可夫斯基就利用几何学来研究其他人尚未涉足的、难以想象的数论领域，由此建立了自己的理论。但年轻的爱因斯坦对闵可夫斯基完全无视，即使闵可夫斯基在苏黎世联邦理工学院担任数学教师时也是如此。受到洛伦兹、庞加莱和爱因斯坦的研究成果的启发，闵可夫斯基又把目光投向了几何学，并选择将爱因斯坦对绝对时间的批判性观点作为解开谜题的关键，使其与自己的四维时空几何表述相结合，形成对物理学的新见解。他认为这种新见解是"激进的"，甚至在自己的私人文稿中称其为"极具革命性的"。在他被广泛研究的演讲《空间和时间》（*Space and Time*）[①] 中，他明确指出，是爱因斯坦把大量的物理时间从虚构的存在中解放了出来。"时间是一个明确的、由现象决定的概念，却被人从宝座上拉了下来。"闵可夫斯基言之凿凿地说，这个人就是爱因斯坦，是他证明了 time（单一的时间）是没有意义的，只存在依赖于参照系的 times（许多个时间）。[74]

在构建自己的四维世界的过程中，闵可夫斯基还借鉴了庞加莱在 1906 年

[①] 1908 年 9 月 21 日，第 80 届国际自然科学家与医生大会在德国科隆举行，闵可夫斯基发表了自己的阶段性研究成果，并以"空间和时间"为题进行了演讲。——编者注

关于四维时空的观点。庞加莱曾经说过，在时间和空间从一个参照系到另一个参照系的所有变化中，有一个量是不变的。打个比方，假设你在地图上标出了天文台的位置，并用一颗钉子把地图钉在一块木板上，而钉子恰好穿过你家所在的位置。将地图顺时针旋转 45 度，从你家到天文台的水平距离会随之改变，同时垂直距离也变了。显然，虽然地图旋转了，但你家与天文台之间的实际距离不会因此发生改变。也就是说，如果水平距离为 A，垂直距离为 B，实际距离为 C，那么地图旋转后，A 会发生变化。如果地图旋转到房子和天文台垂直对齐，那么，此时水平距离为零。同样，垂直距离 B 也会因地图旋转而发生变化，但房子与天文台之间的实际距离 C 不变。闵可夫斯基表示，严格地说，空间和时间的相对性变换是指在普通空间和时间组成的四维空间中的等距旋转。尽管发生旋转，但在欧氏几何中距离保持不变，而在相对论中也有一种新距离，不受空间和时间变换的影响。时空距离的平方总是等于时差的平方减去空间差的平方。

　　1908 年 9 月 21 日，在科隆的那次著名演讲中，闵可夫斯基谈到了庞加莱的数学研究，但他用自己的话重新解释了一下，立马就引发了很多物理学家的联想："从此以后，空间本身和时间本身都注定要消失在阴影中，只有两者的结合才能保持独立的现实。"在这里，闵可夫斯基所说的现实不是我们用普通感官所能感知的东西，比如说空间本身和时间本身，而是空间和时间的四维融合的距离。他对四维时空中的投影和物体的惊人想象，使受过高等教育的观众想起了柏拉图在《理想国》中所描绘的洞穴场景。在《理想国》中，柏拉图描述了一个因犯，当他受到限制而只能看到墙上那些物体跳舞的影像时，就会发现学会观看身后完整的三维物体是多么痛苦，更不用说去看照亮它们的光了。闵可夫斯基坚持认为，在"空间"和"时间"的旧物理学中，物理学家也同样被外在表象所误导。在单独谈论空间或时间时，物理学家就像柏拉图的因犯一样，只会思考投射到三维物体上的阴影。只有通过解放思想，特别是通过数学家提供的见解，四维"绝对世界"的完整的、更高的现实才会自动现身。[75]

　　起初，爱因斯坦反对闵可夫斯基的提法，认为这种提法的数学复杂性是完全不必要的。但随着他对万有引力理论的深入研究，时空的概念变得越来越重要。与此同时，在他的身边，物理学家开始把闵可夫斯基的方法当作通往相对论的道路，因为很多人发现这种方法比爱因斯坦的更容易理解相对论。[76] 闵可夫斯基提出，现实存在于四维世界中，要描述这个更高维度的世界就应该重新定义物理学，可有些人不同意这个观点。具有讽刺意味的是，庞加莱就是其中一个不赞同四维物理学的人，早在 1907 年初，他就比其他人更早地否定了这一观点的可行性：

> 其实，我们似乎有可能用四维几何语言来翻译物理学，但这种费尽心机的尝试几乎是毫无益处的。因为译文似乎总是不如原文简单，而且带有翻译的痕迹。所以，尽管其他方法能确保描述的严谨性，但使用三维语言来描述我们的世界似乎更加合适。[77]

庞加莱像以前一样指明了一片新大陆，并确定了通往这片土地的通行证，然后却选择在已知的领域建立自己的立场。相反，一旦爱因斯坦开始探究以非欧几里得几何学为背景的四维时空，他绝对不会放弃。

爱因斯坦一次又一次地回到计时装置的问题上。例如，1910 年，他再次提出没有时钟就不能理解时间。"什么是时钟？"他问道，"一些事物以周期性地经过相同相位的现象为特征，我们可以通过时钟理解这类事物，因此，根据充足理由律①，我们必须假定在给定的周期内发生的一切与在任意周期内发生的一切是相同的。"[78] 如果没有理由反对，那我们就应该假定宇宙是恒定不变的。如果时钟是一种驱动指针进行绕圈运动的装置，那么指针的匀速运动就可以用来标记时间；如果时钟只是一个原子，那么原子的振荡就可以用来标记时间。马赫、皮尔逊和庞加莱都曾对时间进行过一系列哲学研究，爱因斯坦关于"时钟"意义的观点本身就是对他们的哲学研究的扩展。可是现在，时钟根本不需要是宏观的物体，它甚至可以是一个原子。写下这些话的时候，爱

---

① 充足理由律是一条逻辑规则，指任何判断必须有充足的理由。——编者注

因斯坦正在为一本科技出版物撰稿，不难看出，这些思考会立即被视作哲学思想。新一代科学哲学家，比如维也纳学派的莫里茨·施利克和鲁道夫·卡尔纳普（Rudolf Carnap），以及他们在柏林的盟友汉斯·莱辛巴赫（Hans Reichenbach），都是从哲学的角度理解爱因斯坦的时间概念。

1911 年 1 月 16 日，爱因斯坦来到了苏黎世自然科学协会做报告。这位声名鹊起的年轻科学家再次阐述了他的推理过程，从洛伦兹理论的建立到相对论的最初假设和同步时钟的原理。爱因斯坦兴致勃勃地解释说，如果人们想象一个时钟，最好是一个生物钟，也就是一个有机体，突然进入了一段接近光速的往返旅行，那么最有趣的事情就会出现了。返程时，这个人几乎没有变老，而他的家人会一代又一代地老去。尽管爱因斯坦以前对闵可夫斯基持怀疑态度，但还是向他表示了敬意，因为他提出了一种"非常有趣的数学阐述"，这种阐述所揭示的方法使相对论的"应用变得更容易"。不幸的是，闵可夫斯基已经在 1909 年突然去世，永远无法听到这迟来的赞美了。现在，爱因斯坦像闵可夫斯基一样，开始呼吁将"四维空间中的物理事件"和物理关系表示为"几何定理"。[79]

爱因斯坦以前的导师和支持者克莱纳后来夸赞了这个以前不好相处的学生：

> 相对论具有革命性，尤其是，那些相关的假设是爱因斯坦在物理学中独特的创新，对他重新定义时间概念至关重要。直到现在，我们还习惯于把时间看作一种不断流动的东西，它独立于我们的思想而存在，在任何情况下都是朝着同一个方向奔流不息。我们已经习惯于想象在世界上的某个地方有一种可以进行时间分类的时钟。至少人们认为可以这样想象这件事……事实证明，旧意义上的绝对时间概念是站不住脚的；相反，我们指定的时间取决于运动的状态。[80]

克莱纳认为，相对论概念本身几乎不具有革命性；或许，它是一种解释说明，而不是前所未有的东西。如果说，爱因斯坦的理论中有什么东西让善良的克莱纳教授感到惋惜的话，那就是以太的消失。他坦言，以太这个概念变得越来越难以理解。但倘若没有了以太，难道就不会有在非传播介质中的传播吗？更糟糕的是，否定以太之后，我们不就只有缺乏任何心理意象①的公式了吗？爱因斯坦回应说，在麦克斯韦的时代，以太可能具有直观表示的实际价值，但当物理学家不再试图将以太描绘成具有机械性能的机械实体时，以太的概念就变得毫无价值。在真正直观的以太消亡后，这个概念对爱因斯坦来说只不过是多余的虚构罢了。

爱因斯坦在苏黎世自然科学协会做报告的那一天，几乎每个演讲者都直接或间接地提到了闵可夫斯基关于空间和时间的演讲，这显然为爱因斯坦的理论得到更广泛的认可铺平了道路。爱因斯坦与一位1904年毕业于苏黎世大学的听众鲁道夫·拉梅尔（Rudolf Lämmel）交流了看法，突出了该理论的地位。

拉梅尔：　相对论原理的概念一定会改变世界观吗？还是说其中的假设是出于权宜考虑的任意之选，而并非必不可少？

爱因斯坦：相对论原理减少了可能性，就好像热力学第二定律一样，它并非模型。

拉梅尔：　我关心的是，这个原理是必然的和必要的，还是仅仅是权宜之计。

爱因斯坦：逻辑上，这个原理并非必然：只有我们从经验上判断它是必然的，那它才是。但是，只有经验才可能使这个原理成为必然。

庞加莱也认为，是只有经验才能使原理成为可能，但原理恰恰就是权宜之计；原理可以违背经验，但代价是造成极大的不方便。庞加莱在《科学与假设》一书中写道："原理是伪装的约定和定义。"爱因斯坦认为，原理不仅仅是

---

① 指大脑对不在眼前的事物的形象的反映，也就是某个不实际存在的事物的心理图画。——编者注

定义，它们是知识结构的支柱和支撑。尽管我们对原理的认识永远都是不确定的，我们对原理的认识必然是暂时的、可能的，但这种认识从来不是迫于逻辑或经验的。

恩斯特·迈斯纳（Ernst Meissner）当时是苏黎世联邦理工学院的一名物理和数学老师，他认为，爱因斯坦关于时间的研究工作展示了一种新的模型，这一模型可以对物理学的每一个概念进行广泛而批判性的重新评估。当变换参照系时，我们要审查每一个概念来确定不变的量。

迈斯纳：　讨论已经表明了我们首先要做的事情是什么。所有的物理概念都必须修改。

爱因斯坦：当务之急是设计尽可能精确的实验来验证基础理论。与此同时，沉思不会让我们走得更远，只有我们在原则上可以观察到的结果才会带来有意义的进展。

迈斯纳：　你经过思考发现了伟大的时间概念。你发现它并不是独立的，所以必须对其他概念也要进行研究。你已经证明，质量取决于能量含量，更加明确了质量的概念。你没有在实验室里进行任何物理试验，而是在深思。[81]

"啊，是的。"爱因斯坦回答说。但想一想，对时间的思考已经让我们陷入了美好的困境中。

爱因斯坦重新定义了时间的概念，引起了与他同时代的一些杰出人士的注意。例如，马克斯·冯·劳厄（Max von Laue）在他 1911 年关于相对论原理的文章中说，爱因斯坦通过对时间的激进性批判，解决了洛伦兹认为的真实而无法探测的以太之谜，可谓"开创性的成就"。[82] 此外，德国物理学会主任马克斯·普朗克（Max Planck）将量子不连续性引入了物理学。1909 年，普朗克在哥伦比亚大学演讲时说："这种对时间概念的新观点对物理学家的抽象能力和想象力提出了最严格的要求，这一点几乎不需要再强调了。它无疑超越了迄今为止人类在对自然的思辨研究中取得的一切成就，即使在知识的哲学理论中也是如此。相比之下，非欧几何学就显得容易多了。"[83]

普朗克的话使爱因斯坦名声大噪，让人们都了解了爱因斯坦的观点，即时间概念是他的研究工作的支点。不久之后，爱因斯坦说，同时性的相对论"从根本上改变了我们的时间概念。它是新相对论中最重要的内容，也是最有争议的命题"。[84]

早在 1904 年，埃米尔·科恩就一直在思考利用光信号实现时钟同步的问题。后来，他又在 1913 年出版的《空间和时间的物理性质》（*The Physical Aspect of Space and Time*）这本书中论述了这个问题，完全以爱因斯坦的方式探讨同时性。他提到了"洛伦兹 - 爱因斯坦相对论原理"，但没有提到庞加莱。这本书篇幅不长，但备受关注，书中还有一张用电线和木头组成的同步时钟模型的照片。

为了突出论证的详细过程，科恩画了几十个时钟和标尺，就是想证明爱因斯坦的运动学属于物理学范畴，并且可以通过同步公共时钟的程序来实现可视化："我们可以而且也应该通过这种方式来实现斯特拉斯堡市与凯尔镇之间的时钟同步，两地的时钟以前曾以类似的速度运行校验过。假设斯特拉斯堡市在时间为 0 时向凯尔镇发送光信号，信号经反射后，在时间为 2 时返回，如果在信号到达凯尔镇的那一刻，时钟显示的时间为 1，那么凯尔镇的时间就是正确的，否则需要进行时钟校准。"爱因斯坦喜欢科恩的论述，并在文章中明确表示了这一点。[85]

爱因斯坦对时间的思考从未停止。1913 年，他提出了关于时间相对性的极其简单的新论点。他说，想象一下，一个时钟由两面平行的镜子组成，每当一束光从一面镜子射到另一面镜子时，时钟就会发出一次"嘀嗒"声［见图 5-9(a)］。现在假设这个时钟向右移动［(见图 5-9(b)］。对于静止的观察者来说，闪光点上下移动，似乎形成了锯齿状的图案，闪光点的轨迹就像一名运球跑步的篮球运动员手中的篮球所形成的运动轨迹一样。这个假设的重点是，从静止的观察者的角度来看，移动时钟的倾斜轨迹明显长于静止时钟的垂直轨迹。假设每个参照系中的光速相同，光在倾斜轨迹上也以速度 c 传播①，由于光沿倾斜方向比沿垂直方向运动的距离更远，即 D 大于 h，光在倾斜方向上传播所需的时间也就更长。因此，移动的观察者发现时钟嘀嗒一次时，静止的观察者的时钟已嘀嗒超过一次了。在静止的观察者看来，光的运动轨迹是直上直下的，而移动的观察者看到的运动轨迹是沿着斜坡上下的。[86]

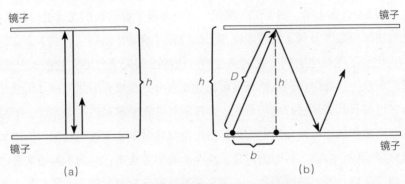

图 5-9　爱因斯坦的光子钟（1913 年）

注：如图（a）所示，在所有关于时间膨胀的解释中，爱因斯坦的解释最为简单。他设想了一个由两面平行的镜子组成的时钟，一束光在两面镜子间来回反射，每发生一次反射，都会发出一声"嘀嗒"。如果像这样的时钟从静止观察者身边飞过，他将看到光脉冲呈锯齿形图案。如图（b）所示，光脉冲以一定的角度在镜子间来回反射，它的轨迹形成的斜线长度比直上直下的路径要长。由于光在所有参照系中的传播速度相同，爱因斯坦得出结论，在运动参照系中发出的一次"嘀嗒"声所需的时间比在静止参照系中的要长。因此，静止观察者一定认为运动参照系中的时间走得慢。

　　所以，对于静止的参照系而言，在运动的参照系中发生的一切都是缓慢运行的。无论爱因斯坦如何表述自己的理论，但核心原理是相同的：绝对时间已然消失。他提出了一个简单又实用的方法——通过光信号的交换来同步时钟。这一方法的原理遵循了相对论和绝对光速的基本假设。

---

① 在篮球运动中，观众看到球在倾斜方向上的运动速度，比球员看到的简单的上下运动速度要快。

埃菲尔铁塔，向世界各地发送时间信号

由中心发出的电磁信号同时到达其他位置，无论是隔壁房间还是千里之外。基于电磁信号交换技术，铁路规划者调度火车，将军召集军队，操作员用电报进行商业交易，测地专家绘制地图。其实，在爱因斯坦为专利局工作的最初几年里，美国海军已经筹备着通过无线电波发送时钟同步信号：1903 年 9 月，在新泽西州开始试验低功率时间信号；1904 年 8 月，当局命令在马萨诸塞州的科德角和弗吉尼亚州的诺福克进行广播。无线电时钟同步也不仅仅是美国人的目标。1904 年，随着工人测试、开发并着手部署新的无线电时间系统，瑞士和法国也陆续开展了无线电同步系统的相关活动。法国《自然》杂志的主编亲自记录了无线电时间分配的新进展。他在巴黎天文台的实验报告中指出，有了记时仪，远程时钟同步的精度可以达到百分之二或百分之三秒。无线技术可以在巴黎及其郊区进行时间分配，不仅取代了古老的蒸汽计时系统，而且不再需要笨重的陆地电缆通过电报通信分配电气化时间。无线电时间可以更加精确地测定经度，推动了科学的进步。现在，有了无线电，时间不再受实体电缆的束缚。最后，海上的船舶乃至家家户户都可以实现时钟同步。[87] 不久，爱因斯坦的办公室陆续收到了关于无线电时钟同步方案的专利申请。[88]

在 20 世纪最初的几年里，无线电时间曾经风靡一时，法国还大力推动了这项新技术的发展。庞加莱发表了多篇关于无线电技术的著名文章，在这个领域发挥了重要作用，但他对无线电技术更重要的影响是技术研究。就像他以前多次经历的那样，庞加莱一方面对电磁学理论进行抽象思考，另一方面研究如何使无线电技术立即投入使用，以满足实际需要。由于这种理论和实际并重的精神，庞加莱在 1902 年被聘为巴黎高等电报学院的教授。同年，他在《经度局年鉴》上撰写了一篇关于无线电报的文章。他首先回顾了赫兹于 1888 年首次证明无线电波存在的著名实验，随后便立刻开始论述实际问题：新的"赫兹光"（即无线电报）怎样才能传播得更远并不受地球曲率的限制，从而取代传统的光学电报呢？雾会阻挡可见光，那么无线电如何穿透雾呢？新型天线能引导和收集无线电波吗？为了解决这些问题，庞加莱全力研究镍银涂层的细节，同时他也竭力思考如何利用无线电来避免恶劣天气下船舶发生碰撞的问题。图 5-10 源自法国当时非常流行的一本杂志，显示了当时的发射机、接收机和操作员。

图 5-10　无线电时间

注：1904—1905 年，很多团体都在进行无线电时间传输的实验。美国海军是最早的实验团队之一，但其他团队也志在必得。

资料来源：BIGOURDAN, "DISTRIBUTION" (1904), P.129。

　　正如我们所见，19 世纪 90 年代末，在英国充分地展示了自己的电缆监控和垄断实力后，法国人担心无线电也会沦为地缘政治的工具，这也是庞加莱与法国行政精英共同关心的问题。一名法国外交官警告法兰西殖民帝国[①]的成

————————
① 法兰西殖民帝国为法国在 17 世纪至 20 世纪 60 年代控制的殖民帝国。——编者注

员，只要英国继续垄断电报电缆行业，法国人就不相信英国人能替他们保守国家秘密。他放映了一张幻灯片，向听众展示了一幅色彩斑斓的世界地图，让他们明白各自的糟糕处境。蓝色线表示连接法国与北非国家的几条短途电缆以及一条通往美国的长途电缆。这名外交官说："大家请看，红线发展迅猛，四处延伸，像一张真正的蜘蛛网一样包围了整个世界。这些红线就是英国电报公司的电缆网络。"[89] 由于反殖民主义的起义和冲突导致社会不稳定，英国和法国之间的和平受到威胁，形势十分严峻。在这种紧张的气氛中，庞加莱认为，安全无疑是新无线电系统的一个关键特点。他说："与普通电报相比，光学电报和无线电电报有一个共同的优势，那就是，在战争时期，敌人不能中断通信。"虽然敌人只能在适当的位置才能拦截光信号，但是广播信号会被更广泛地捕捉到，甚至还会被噪声所干扰。他继续说道："我们记得，爱迪生曾威胁他的欧洲竞争对手，只要他们在美国进行实验，他就会干扰实验。"庞加莱就像无线电发射台中的火花一样，在理论研究与实际应用之间来回摇摆：他不但要重点研究一次回路和二次回路，而且要重视法国外交通信的安全。[90]

在寻找更高的位置安放天线的过程中，法国新兴的无线电服务的支持者已经开始注意到埃菲尔铁塔。1903 年，埃菲尔铁塔的命运仍然悬而未决。厄勒泰·马斯卡特（Eleuthere Mascart）写信给庞加莱，请求他帮忙劝说军务部出手，不要拆除埃菲尔铁塔，并使其成为一座无线电台。他认为，这座高塔属于军事资产，不仅可以用于接收光学电报，而且可以用于刚刚开始的无线电实验。毫无疑问，庞加莱肯定会获得军务部部长的支持，那么他会以国防为由拯救埃菲尔铁塔吗？与此同时，综合理工人、工程师和陆军上尉古斯塔夫－奥古斯特·费里埃（Gustave-Auguste Ferrie）与古斯塔夫·埃菲尔（Gustave Eiffel）联手，终于在 1904 年成功地挽救了埃菲尔铁塔，将它作为法国无线电服务的一座电台。他们之所以能取得成功，要归功于军队在 1907 年所取得的那场广为人知的胜利。当时，费里埃用马车将无线电设备拖入战场中，确保了与摩洛哥叛军作战的法国军队可以通过无线电与法国的指挥官通信，成为这次战争获胜的关键。[91]

考虑到庞加莱在法国经度局和科学界的地位，而且他是当时法国著名的知识精英，所以他提出将埃菲尔铁塔用作无线电站的看法还是颇有分量的。1908 年 5 月，在庞加莱的推动下，经度局敦促当局在埃菲尔铁塔上设置无线电时间信号，以确定信号接收位置的经度。这件事得到了军队的支持。1908 年冬天，法国政府成立了部际委员会，负责掌管新兴的无线电技术事业，并任命庞加莱为委员会的负责人。军务部部长也同意了，并提供了资金支持。至此，通过无线电实现时间的同时性成为军事和民用领域的重点发展事项。[92]

1909 年 3 月 8 日，庞加莱主持召开了第 7 次部际委员会会议。与会人员有巴黎天文台台长、新近晋升为少校的费里埃，以及包括海军在内的各部门的工程师。费里埃向与会人员说明了情况，他将时间信号分为两类。第一类是粗略的信号，精准度为 0.5 秒左右，供航海者用于海上作业，这种导航脉冲信号是由天文台通过电缆发送的信号而启动的。第二类是高精度的特殊信号，用于大地测量，这类信号所用仪器的制作过程更加仔细，以保证精度达到 0.01 秒。[93]

如果你是法国某殖民地的无线电操作员，正在努力确定与巴黎之间精确的经度关系，那么当你听到来自巴黎的广播后就会按下面的步骤来操作。你会听到埃菲尔铁塔广播电台在巴黎时间的午夜前开始发射脉冲信号，每间隔 1.01 秒广播一次。同时，你会在当地时间的第二秒将本地时钟设置为每秒跳动一次，音调短而清脆。如你所知，按照约定，埃菲尔铁塔将在巴黎时间的午夜启动报时信号，所以传播脉冲信号的间隔是巴黎时间的 12:00:00.00、12:00:01.01、12:00:02.02，以此类推。在埃菲尔铁塔的信号音和本地报时声同时出现之前，计算埃菲尔铁塔的时间，你就可以完成时钟同步的程序。例如，如果本地发出的整秒声音信号第一次与埃菲尔铁塔发出的第 10 个脉冲信号音重合，你就可以得出埃菲尔铁塔的时间是午夜时间加 10 个脉冲间隔的时间，即 12:00:10.10。再看看自己的时钟，你就能知道信号音重合时的当地时间。这样，从当地时间中减去埃菲尔铁塔时间 12:00:10.10 秒，就得出了你所在的电台与巴黎埃菲尔铁塔之间的经度差。1909 年 3 月，庞加莱负责的部际委员会制订了通过无线发送精确时间信号的计划。

次月，庞加莱前往哥廷根大学，开展了一系列关于纯数学和应用数学的演讲。在前 5 场演讲中，庞加莱用德语介绍了自己的技术工作。在最后一次会议上，他向与会者解释说，这场演讲的主题是"新力学"，由于演讲内容不涉及方程式，所以他会用自己的母语演讲。他环顾四周，告诉观众，牛顿经典力学这座看似不朽的纪念碑，即使还没有完全夷为平地，但也已经被根本动摇了。"它已经屈服于伟大的毁灭者的攻击，其中一位是马克斯·亚伯拉罕先生，就坐在你们中间，另一位是荷兰的物理学家洛伦兹先生。今天我和大家说一说，关于那座古老的大厦废墟和人们想在原地新建的建筑。"庞加莱问道："相对论原理在新力学中发挥什么作用？"然后，他接着说："这个原理首先引导我们谈论表观时间，这是物理学家洛伦兹非常巧妙的发明。一丝不苟的观察者寥寥无几。他们要求非常精确地进行时钟设置，精度不是一秒，而是 10 亿分之一秒。他们如何做到的呢？观察者 A 从巴黎向柏林发送了电报信号，当然也可以采用现代技术发送无线电信号。观察者 B 记录了接收信号的时间，对于两个计时器来说，此时的时间均为零点。可是，信号只能以光速从巴黎传送到柏林，这个过程需要一定的时间，所以观察者 B 的手表会变慢。观察者 B 智慧过人，不会没有意识到这一点，他会解决这个问题。"观察者 A 和 B 的解决办法与任何两个经度局电报员的解决方式一样，即通过交叉信号。观察者 A 向观察者 B 发送时间信号，然后信号从 B 返回到 A。[94] 这正是经度局几十年来的一贯做法，即通过电缆在巴黎与巴西、塞内加尔、阿尔及利亚和美国之间来回发送信号。或者，就像庞加莱不久后的做法一样，观察者 A 和 B 可以利用无线电在完全现代化的埃菲尔铁塔和柏林之间传送无线电信号。

1909 年 6 月 26 日，星期六，下午 2:30，庞加莱和部际委员会的委员们齐聚埃菲尔铁塔视察实验中的广播电台。船长科林描述并解释了该仪器，总结了无线电电报的最新研发进展，同时分发了关于美国海军最近使用无线电同步船舶时钟的报告。随后，他总结了埃菲尔铁塔无线电的覆盖范围在加速扩大：在过去的几天里，科林的部队在离塔 8 千米的犹太城，以及 48 千米外的耶夫尔河畔默安成功地接收到了信号；6 月中旬，工程师在距离战神广场公园 166 千米的地方捕捉到了传输信号。电台的覆盖范围还有可能更大。船载实验已于

6 月 9 日成功启动。"听完科林先生的解释，委员会成员立即启动了仪器。"安培表、波长计和接收器都已准备就绪，委员们亲自享受了一段信号清晰而稳定的完美的广播。庞加莱向下议院施压，要求他们批准商业无线电话服务，并立即划拨资金，将埃菲尔铁塔建成世界上最伟大的时钟同步器。他的提案于 1909 年 7 月 17 日获批。[95]

　　整整一周后，也就是 7 月 24 日，庞加莱为即将在里尔举办的法国科学促进协会的开幕演讲做最后的润色。8 月初，他走进里尔的大剧院发表演讲并获得了金奖，这次的演讲稿是之前的哥根廷演讲稿的修改版。他发现里尔的精英聚集一堂，想听他谈论新物理学。他再次重述了相对性原理的重要性、洛伦兹巧妙的地方时的核心，以及利用完全现代化的无线电进行时钟同步的必要性。然后，他像之前一样介绍了相对性原理假说和表观时间假说之外的另一个假说，那就是洛伦兹收缩：这个想法"更令人惊讶、更难以接受，极大地影响了我们目前的习惯"。洛伦兹收缩理论认为，以太中运动的物体沿着自身的运动路径而收缩。由于地球绕太阳公转，地球球体在自身的运动方向上会被压缩大约为两亿分之一的直径。然而，庞加莱强调，当移动观察者置于参照系中，不断减慢的"地方时"与不断缩短的"表观长度"恰好相互抵消了，所以移动观察者不可能发现自己其实是运动的。[96]

　　庞加莱对世界的描述与爱因斯坦的描述相似，只是他们通过不同的方式解释了移动观察者所看到的一切。具体来说，1909 年 8 月，庞加莱坚持无处不在的以太的观点，而爱因斯坦在每个场合都反对这一观点，他认为以太是过时和多余的实体；庞加莱引入了洛伦兹收缩作为单独的假设，而爱因斯坦根据自己提出的时间定义推导得出了结论；庞加莱将洛伦兹提出的地方时和表观长度视作珍宝，尽管庞加莱和洛伦兹两人使用这些术语的方式截然不同：庞加莱认为表观长度和时间是可观察的，而洛伦兹依然将这两个量看作是虚构的。爱因斯坦的表述则非常简单，就是只有"一个特定参照系的时间"，两个不同的参照系的时间都一样正确或真实，没有虚构，没有以太。对于观察者无法觉察到自己的持续运动，没有什么可以解释的。"真实"和"表观"之间毫无差别。

至于观察者可以看到什么，多年来，庞加莱和爱因斯坦对这个问题一直都很清楚，对于所有不断运动的观察者来说，一切现象都"完全符合相对性原理"。[97]

1908—1910 年，庞加莱参与了电磁同时性的研究，期间他在相对论和新兴的无线电技术之间来回转换。1910 年 5 月 23 日，法国军队驻埃菲尔铁塔的时间小组开始进行同时广播，当时他们刚刚重建了被塞纳河的洪水冲毁的无线电总部。无线信号的独特音调穿过以太，从加拿大传到了塞内加尔。[98]起初，信号是根据巴黎时间发送的；直到第二年，也就是 1911 年 3 月 9 日，法国才同意将本国和阿尔及利亚的时钟调整为比格林尼治时间早 9 分 21 秒的时间。查尔斯·拉勒芒曾在基多观测任务、十进制时间改革、设定时区等各种时间和经度运动中与庞加莱并肩作战，这次，他看到了实现时间统一的希望。钟表、无线电和绘制地图终于彼此融合了。

在埃菲尔铁塔广播电台开始运营之前，法国经度学家就已经开始使用无线电修订地图。从蒙苏里、布雷斯特和比塞大开始，他们起草了军事电报的使用计划，并计划用无线电时钟同步来绘制法国殖民地的地图。不久，他们与美国的经度学家合作，在埃菲尔铁塔和弗吉尼亚州阿灵顿的发射机之间进行高精度的信号交换，以校正信号越过大西洋所需的传送时间。电磁信号同步正式实现后，庞加莱首先把它写进了关于同时性的形而上学文章中，然后又将它纳入地方时的物理学理论。他特别注意到："虽然无线电信号以近似光速的速度在空间中传播，在信号传播的过程中，在另一端接收信号时，会产生微小的时间损失，这可以被察觉到。"1912 年，美国人在制订实验方案时发现，法国人已经解决了这个问题，所用的方法恰恰是几年前庞加莱领导的部际委员会所提出的重合法。一位美国记者写道："这个解决方案妙极了。"[99]无线电技术使世界同步成为可能，实现全方位、远距离、基本不受精度限制的世界同步。

拉勒芒和他的盟友都希望巴黎与其他贵族财团的天文台交换无线电时间信号，以"避免出现国家时间的混乱情况"。部长们、天文台台长和经度局当局一致认为，法国的理想是建立合理的、相互协作的国际体系，这一体系即使不能由法国掌控，显然也要由法国主导。[100] 无论从哪个意义来讲，这一胜利都代表着公约的胜利，这个公约建立在一系列国际会议和协议的基础上，这些会议和协议旨在确立米制、欧姆、本初子午线等国际标准，以及试图确立却未能成功的十进制秒的全球标准。

当法国科学家利用无线电技术将埃菲尔铁塔连接到各个地方，以使整个欧洲的时钟指针同步时，英国人却保持沉默，拒绝建造自己的时间信号发射台。一位格林尼治的历史学家表示，英国电报员和天文学家认为法国和其他国家的无线电时间服务在和平时期是有用的。虽然英国人很快就在格林尼治安装了信号接收器，但他们认为，在战争年代没有人会用广播报时。[101] 英国人的这种做法很务实并且是经过深思熟虑的，这种做法显然与当时英国人建立和掌控国际电缆网络的做法是一致的。

庞加莱并不是唯一担心无线电会危及国家秘密的人。早在 1902 年，他在自己发表的第一篇关于无线电技术的文章中，就强调了这一点。而且，在他主持部际会议时，当委员会为 1912 年国际无线电报会议做准备时，"秘密通信"成了经常讨论的棘手问题。法国部长级代表一再警告说，德国和英国的无线电发射台已经在非洲殖民地包抄并超越了法国。[102] 因此，为埃菲尔铁塔供电，将其作为世界的时间灯塔，同时也是与法兰西帝国通信的零点，既切实可行，又具有象征意义，既满足军事目的，又契合民事之需，既具有民族主义，又彰显了国际主义。

回想 14 世纪，村民将时钟安装在钟楼上，用于统治所有能听到钟声的人；庞加莱通过以太敲响了埃菲尔铁塔的无线电时钟，向全世界彰显着法国的科学权威。如图 5-11 所示，埃菲尔铁塔的广播电台位于塔下简陋的棚屋里。

但无论是通过电报线路还是通过无线电，建立中心化系统都是欧洲大国在时间和物理领域的至上荣耀。正是冯·毛奇想要统一德意志帝国，所以在柏林的西里西亚火车站安装了宏伟的基准钟，并在纳沙泰尔安装了巴洛克风格、典雅的母时钟；正是高科技无线电广播报时赋予了埃菲尔铁塔设计与建造的现代性，使其转型为现代化的高科技的无线电报时中心；正是有了电缆网络，英国的触手从格林尼治延伸到了跨越大陆的殖民地；正是美国海军强大的无线电发射机，在巨棒外交[①]的高潮中，在公海上指挥船舶，确定了美洲陆地电台的位置。

图 5-11　埃菲尔铁塔下的广播电台（约 1908 年）

资料来源：BOULANGER AND FERRIÉ, *LA TÉLÉGRAPHIE SANS FIL ET LES ONDES ELECTRIQUES* (1909), P.429。

---

① 巨棒外交（Big-stick diplomacy）是美国总统老罗斯福的外交理念，老罗斯福认为美国应以强权自居，强大之后自然会被他国所尊敬。——编者注

在全球范围内建立异步同时性

技术、符号和抽象的物理学犹如汹涌的环流，盘旋着向外涌出。电报员、大地测量学家和天文学家通过日常的有线或无线时钟同步系统，从字面上来理解庞加莱和爱因斯坦的时钟同步原理。自 1902 年以来，庞加莱一直在巴黎高等电信学院任教。在他眼中，电报和无线网络从来都不仅仅是隐喻性的术语，而是真实运作的业务。1921 年 11 月 19 日，物理学家利昂·布洛赫（Leon Bloch）在一次关于相对论的重要演讲中，使用了一种师生们都了如指掌的技术解释了时间的含义：

> 我们把地球表面的时间称作什么？用一个可显示天文时间的时钟，例如巴黎天文台的主时钟，通过无线电将时间信号传送至远处。怎样完成传输呢？观测人员在需要同步时间的两个地点，记录下收到共同的发光信号或赫兹信号所需的时间。[103]

到布洛赫演讲的时候，通过交换电磁信号来同步时钟已经是切实可行的惯例。在此之前整整 10 年间，邮电局、经度局和法国军队一直兢兢业业地进行信号时间的校正，完成了各种各样的远程时钟同步任务。[104] 爱因斯坦和庞加莱在那样的机器时代提出了时钟同步的理论，这个理论显然也是以机器的形式被人们所接受，而且不仅仅得到了法国的认可。在德国，实验室出身的理论物理学家科恩，紧随庞加莱之后关注到了光信号同步的概念。在 1905 年爱因斯坦发表了论文后，科恩很快就利用时钟和模型的图片来宣传同时性的新观点。在英国剑桥，首先利用时钟同步原理的是实验人员，而不是主要研究数学的理论家。后来在美国，理论物理学家约翰·惠勒（John Wheeler），从早期做学徒时研究无线电和炸药，到第二次世界大战期间成为工程师和工程物理学家，毕生都在利用机械装置和仪器追随并验证这个理论。惠勒和埃德温·泰勒（Edwin Taylor）在 1963 年合著《时空物理学》（*Spacetime Physics*）一书时，也在书中提到了通用机器，并将它放在该书的开篇位置（见图 5-12）。

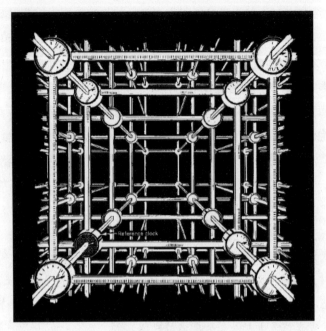

图 5-12　通用机器

注：在很多相对论的讨论中，人们都忽略了绘制时间和空间坐标的类似机器程序。埃德温·泰勒和约翰·惠勒在相对论教科书中绘制了这台想象中的机器。

资料来源：TAYLOR AND WHEELER, *SPACETIME PHYSICS* (1966), P.18。

有了机器，时钟和地图之间的联系日益紧密。在第二次世界大战初期，麻省理工学院的科学家利用改进的计时技术开发了罗兰导航及定位系统（LORAN），引导盟军的船舶穿越了太平洋。战后，美国海军和空军相继提出了以"Transit"和"621B"命名的全球定位系统计划。

20 世纪 60 年代，美国国防规划人员将卫星转变为无线电台，向全球发射定时信号。在卫星轨道上绕行的发射机由精度更高、稳定性更好的计时器所驱动。这些计时器最初采用石英晶体的振荡来计时，后来利用太空中的原子钟[1]的铯振荡来计时。20 世纪 90 年代，耗资 100 亿美元的全球定位卫星（GPS）

---

[1] 原子钟是利用原子跃迁输出精密时间频率信号的设备。——编者注

系统建成并投入运行，24 个卫星同步时钟嘀嗒作响，而它的精度是庞加莱于 1909 年在哥廷根或里尔演讲时想都不敢想的：在地球表面的定位精度为 50 英尺，时间精度为每天 500 亿分之一秒。在一定意义上，这个系统与埃菲尔铁塔的计时系统类似，GPS 也采用了重合法进行时钟同步。但不同的是，GPS 系统通过卫星广播发出一串伪随机数[①]，大约有 6 万亿个伪随机数。然后，接收器将这串数字与其内部存储的相同数据进行匹配。通过确定两组数据之间的偏差，接收器的逻辑电路就可以确定时间差，并计算出光速和接收器与卫星之间的距离。如果接收器已经同步，则只需要 3 颗卫星就可以确定接收器在三维空间中的位置，但由于地面上的移动接收器的时间通常不正确，因此需要第四颗卫星来确定时间。

在这个涉及工程、哲学和物理的交叉领域里，相对论已经作为一种技术，迅速取代了传统测量工具。21 世纪初，测量人员可以通过事后处理数据并使用 GPS 测量已知位置来确定系统中的瞬态误差，而且可以使用 GPS 在毫米范围内确定第二个未知位置。GPS 系统的精度很高，还可以显示出地球陆地板块上“固定”的部分正在运动，即大陆板块在地球表面的漂移现象。地球科学家需要一种新的通用坐标系来代替“独立的大陆”，这种通用坐标系不依赖于任何特定的地表特征，而是以科学为基础，与地球内部保持协调转动。不久，人们就开始使用 GPS 让飞机降落，引导导弹发射，追踪大象的行踪，还可以为私家车司机提供出行建议。

为了实现这些目标，人们充分利用相对论的时钟同步原理完善机器。根据相对论，卫星以每小时 12 500 英里的速度绕地球运行，卫星时钟相对于地球时钟每天慢 700 万分之一秒。而且，GPS 系统的编程中也必须包括广义相对论，即爱因斯坦的引力理论。根据广义相对论推测，当卫星在距地面 11 000 英里的太空中绕轨道运行时，由于此处的引力场较弱，卫星时钟会走得较快，

---

① 伪随机数并不是真正随机的，但具有类似于随机数的统计特征，如均匀性、独立性等。——编者注

相对于地球表面，每天将会快 450 万分之一秒。GPS 系统将这两个修正值相加，由此得出，卫星时钟每天快 3 800 万分之一秒，即 3.8 万亿分之一秒，而GPS 系统的精度必须精确到每天 500 亿分之一秒以内。1977 年 6 月，第一个铯原子钟发射。在此之前，有些 GPS 工程师对这些巨大的相对论效应深表质疑，认为卫星的原子钟广播时间就是"原始时间"，而系统内的相对论校正机制只是在空转而已。信号发出后，在最初的 24 小时里，系统运行的速度几乎精确到 3.8 万亿分之一秒。20 天以后，地面控制中心下令启动频率合成器，校正广播时间信号。[105] 如果没有按照相对论进行校正，那么 GPS 系统不到两分钟就会超过其允许误差，一天之后，卫星就会落在偏离地球大约 6 英里的错误位置上，汽车、炸弹、飞机和船舶也都会偏离航线。相对论，或者更确切地说，广义相对论和狭义相对论，与机械装置和仪器相结合，在地球上铺设了一张无形的网格。就这样，理论催生了技术的应用。

有史可鉴，我们迎来了全球化、工具化的时代，但随之而来的还有对其象征性的和坚决的抗议。在这种情况下，抗议者明确反对将 GPS 系统应用在精密武器、反叛乱战争、警察行动和核战争计划中。1992 年 5 月 10 日黎明时分，两名来自加利福尼亚州圣克鲁斯的激进分子伪装成罗克韦尔国际公司的工人，闯入了该公司位于加利福尼亚州海豹滩的洁净室，当时该公司正在为空军准备 NAVSTAR GPS 卫星。他们抢起斧头，朝着一颗完整的卫星砍了 60 次，造成了近 300 万美元的损失。正当他们走向第二颗卫星时，公司的安保人员举起枪抓住了他们，并将他们移交给了警方。这两名激进分子自称为哈莉特·塔布曼（Harriet Tubman）和萨拉·康纳（Sarah Connor），这两个名字中前者是"地下铁路"①的领导者，后者是电影《终结者 2：审判日》（*Terminator 2: Judgement Day*）的女主角，两名激进分子最终认罪并服刑约两年。[106]1996 年，联邦调查局报告说，18 年来以对科学人物进行炸弹袭击而闻名的恐怖分子炸弹客（Unabomber），读了十几遍约瑟夫·康拉德的小说

---

① 哈莉特·塔布曼帮助 70 名黑奴从"地下铁路"逃脱，建立了美国第一个黑人养老院。——编者注

《间谍》，并以其中塑造的一名无政府主义者为榜样。[107] 虚构的、科学的和高科技的时间机器及其对手，围绕着全球时间轴相互交叉。

在教堂尖顶、天文台和卫星上，同步时钟嘀嗒作响，却从未远离过政治秩序，无论是 19 世纪 90 年代，还是 20 世纪 90 年代，时间都与政治紧密相连。庞加莱和爱因斯坦的时间机器把科技、哲学、政治和物理联系在一起，换言之，这些同步的时间机器从来没有在晦涩的抽象世界或无声的物质世界中完全发挥作用。时间的同步必然是既抽象又具体的。

在世纪之交，欧美世界布满了交叉重叠的同步化网络：火车线路网、电报线路、气象网络、经度测量等，均在逐渐全球化的敏锐的时钟系统之中。在这样的背景下，庞加莱和爱因斯坦所引入的时钟同步系统是一台世界性的机器，一个巨大的、起初只能靠想象的同步时钟网络。而在世纪之交，它已经从依靠船舶拖曳的海底电缆网络变成了卫星广播的电波网络。爱因斯坦的狭义相对论就像一台富有想象力的机器，只不过这台机器建立在不断演变的电线和脉冲之中，用交换电磁信号来实现时钟同步。

对相对论这一理论性的发展进行技术解读，揭示出最终的观察结论。长久以来，学者们一直认为，《论动体的电动力学》的风格甚至不像一篇普通的物理学论文。论文中基本上没有其他作者的脚注，方程极少，没有提及新的实验结果，却有许多关于看似远离科学前沿的简单物理过程的玩笑。[108] 相比之下，拿出一本典型的《物理学年鉴》，尽管每一篇文章在形式上都各有不同，但它们的出发点通常都是一个实验性的问题或对一个计算过程的修正，而且，典型的物理学论文都会有对其他文章的引用。爱因斯坦的论文显然与之相去甚远。这或许是因为爱因斯坦年轻气盛，省去了详细的脚注，改变了通常的引用形式，又或许是他把典型的结论重新设计为带有独特的个人品位的结论。当然，爱因斯坦永远都自信满满。

可是，从专利的角度来解读爱因斯坦的这篇论文，我们就会在突然间感觉到它似乎也没有那么独特，至少在风格上是如此。专利的典型特征是拒绝他人以脚注进行引用。如果你想要证明新机器具有完全的独创性，毕竟独创性是专利的关键，那么，最糟糕的莫过于让专利审查员看到文中大量引用了先前研究的脚注。例如，1905 年前后，大约有 50 项瑞士电气化时钟获得专利，但这些申请材料都没有引用其他专利或科技文章做脚注。[109] 当然，这种比较并不能证明爱因斯坦为什么在那篇电动力学的论文中没有引用其他论文的观点，但或许有助于我们理解，为什么这样一名忙忙碌碌的年轻专利审查员可能不觉得自己必须埋头研究和引用洛伦兹、庞加莱、亚伯拉罕或科恩的一大堆论文。按照哈勒提出的分析和表述的严格要求，爱因斯坦在 3 年的时间里评估了数百项专利。对他来说，专利工作已经成为一种生活方式，一种工作形式，也是一种精确而朴实的写作风格，正如他向仓格尔建议的那样。[110]

照这样说，爱因斯坦对空间和时间问题所设定的框架相对容易理解，就是他作为专利审查员的第二天性。根据瑞士专利法的规定，当然不只是瑞士的专利法，发明的说明书应该"可以通过模型来表示，保护发明的统一性，明确并清晰地列出专利的后果，便于认证技术人员和专家容易理解整个发明"。[111] 在 1905 年前后写的所有理论论文中，爱因斯坦都在论文结尾处提出了自己关于一系列实验结果的判断。在相对论论文中，他以清晰的、有编号的段落结尾，这种段落偶尔会出现在物理学论文中，但按照瑞士法规的要求，"权利要求"部分应采用段落形式，编号清晰，放在专利结尾处。[112] 令人惊奇的是，从 1905 年起，爱因斯坦开始在论文中描述或偶尔画出设备，其中不仅包括有关静电的小机器，还包括理论论证的关键组件。

冯·毛奇会不会觉得这很有讽刺意味？16 岁的爱因斯坦由于不喜欢德国军国主义的精神，放弃了德国国籍，可在某种意义上讲，他却在 26 岁时实现了冯·毛奇的目标。[113] 时间与报时的连接越来越紧密，同时，时间也成为一种技术政治手段，用来在全球范围内建立异地同时性。就像以前建立的很多系统一样，爱因斯坦的时钟同步系统通过电磁信号将时钟联系在一起，将时间简化为同步程序。其实，爱因斯坦的时钟统一计划有着更远的目标，它超越了城市、国家、帝国、大陆，甚至超越了世界，延伸至无限的、遍布伪笛卡儿主义的整个宇宙。

但这是一次具有讽刺意味的倒转。虽然爱因斯坦的时钟同步原理是基于几十年来人们在电气化时间统一方面的努力付出，但并不包括冯·毛奇所设想的关键要素。在爱因斯坦的无限的、想象的时钟机器中，没有基准钟，没有母时钟，也没有主时钟。他的时钟是一个没有时空限制的系统，没有中心，没有像西里西亚车站那样通过柏林天文台向上连接至宇宙，沿着铁轨向下延伸到帝国的边缘。冯·毛奇的时间统一最初是根据德国国家统一的需要而构想出来的，爱因斯坦将这个项目无限扩展，在这个过程中，爱因斯坦既完成了它，也颠覆了它。他打开了统一的领域，但在这一进程中，他不仅让柏林失去了时间中心的地位，而且还设计出了一台机器，颠覆了形而上学的中心范畴。

绝对时间消失了。仅仅通过电磁信号交换来定义时钟同步，爱因斯坦就可以成功地描述运动物体的电磁理论，而不必在空间或时间上参考在以太中或地球上的、任何特定的静止参照系。在他的时钟同步计划里，没有中心，庞加莱保留下的特殊以太静止参照系中残存的中心也不复存在。在这个同步时钟的物质世界里，爱因斯坦建造了抽象的相对论机器。

第6章

寻找时间的位置

Einstein's Clocks and Poincare's Maps

科学只是一种分类法。分类不可能是精确的，仅仅是为了方便。分类也确实很方便，不仅是对我，对所有人都是如此，而且分类还将给我们的后代提供便利，但分类不可能是偶然出现的。总之，事物之间的关系包含着唯一的客观现实。

——庞加莱

为了人们的生活便利和社会繁荣，我们必须使时间大众化。我们必须让每一个人成为时间之主，不仅掌握小时，还要掌握分、秒，甚至在特殊情况下，十分之一、百分之一、千分之一、百万分之一秒。

——法瓦尔格

天才与全才

1907 年 12 月以后,爱因斯坦不再只是专利局的小职员。当时,闵可夫斯基给他写了一封信,要求再版《相对论》,并祝贺这位年轻的科学家取得了成功;威廉·维恩(Wilhelm Wien)就超光速信号的可能性与他展开过辩论;普朗克和劳厄也曾与这位年轻的物理学家交流过;德国顶尖实验物理学家约翰尼斯·斯塔克(Johannes Stark)委托他写了一篇关于相对论原理的文章。至此,爱因斯坦再也无法轻易地忽视同时代科学家的成就了,当时他在物理学家的圈子里很活跃,这一点从他做过的脚注就可以看出来。1907 年,他在撰写相对论的评述时,在参考文献中增加了理论物理学家埃米尔·科恩和洛伦兹、实验物理学家阿尔弗雷德·布切勒(Alfred Bucherer)、沃尔特·考夫曼、阿尔伯特·迈克尔孙和爱德华·威廉姆斯·莫雷(Edward Williams Morley)的文章[1]。在这篇评述中,爱因斯坦甚至直接提到过洛伦兹的地方时,但在 1905 年的相对论论文中并未曾提及。可是,这篇评述的 32 个脚注中并没有庞加莱的名字。爱因斯坦就这样继续对这位科学家前辈保持沉默和忽视。[2]

爱因斯坦先是假设,与静止状态下观察到的物理过程相比,在不断移动的货车中所观察到的物理过程没有明显的差别[1]。基于庞加莱、洛伦兹等顶尖物理学家早期不懈努力证明的成果，爱因斯坦展开了推论。庞加莱等科学家都曾经问过：电子在无所不在的以太空间中移动时为什么会收缩？电子如何在变形的情况下保持稳定？当带电粒子和光通过以太时，以太会有什么反应？可是，爱因斯坦没有在他的论文中使用这位法国博学家的研究成果。他既没有提到任何以太和电子结构的相关信息，也没有提到庞加莱对洛伦兹变换的简化和修正，没有提到包括引入四维时空概念在内的庞加莱巨大的数学成就以及庞加莱关于物理学基本原理的阐述，更没有提到庞加莱将洛伦兹的地方时解释为通过光信号交换进行的时钟同步约定。这些都只字未提。

反过来，在巴黎，庞加莱对爱因斯坦也保持沉默。1905 年的时候，爱因斯坦对他来说，只是个年轻的无名之辈，因此，庞加莱在 1905 年的《论电子的动力学》中没有提到爱因斯坦是可以理解的。可后来，尽管他和爱因斯坦都经常发表关于时间、空间和相对论原理的文章，但庞加莱对爱因斯坦的沉默又持续了 7 年。大家都在谈论爱因斯坦，包括洛伦兹、闵可夫斯基、劳厄和普朗克，这绝非偶然。在爱因斯坦看来，庞加莱似乎并不重要：庞加莱只是一位年长的物理学家，在 1905 年无法理解爱因斯坦对以太的否定或对时间的定位，而在相对论的起点上，庞加莱没有明确区分"真实本质"和"表象"。而在庞加莱看来，爱因斯坦的推论似乎为洛伦兹变换提供了启发性论据，可是爱因斯坦却无法解决以太和电子结构这样基本的物理学问题。

但是，从深层意义上看，爱因斯坦并不是在推导理论，因此庞加莱也不能被看作纯粹的保守派。相反，1909 年，庞加莱在哥廷根演讲时，曾自豪地将动体的电动力学誉为一门新的力学学科；而早在 1904 年，他在圣路易还预言过整个物理学领域会发生巨大变化。1909 年，庞加莱在里尔演讲时再次表达了他的期盼，当时，他说，经典物理学的基石已经开始开裂了。"如果说其中的一部分科学体系是牢固的，那这部分一定是牛顿力学；我们可以相信这部分

---

[1] 爱因斯坦相对性原理：在任何惯性系中，所有物理规律保持不变。——编者注

科学理论，而且它似乎永远不会松动。但是，科学理论就如同帝国一般，要是雅克－贝尼涅·博须埃（Jacques-Benigne Bossuet）在场，他肯定会怀疑科学理论的脆弱性。"[3] 博须埃是当时的法国王太子（the Dauphin）① 的老师，1681 年为王室撰写了《世界史述评》（*Discourse on Universal History*），这本书一直是法国文学经典的核心著作，在 1912 年庞加莱与法兰西科学院的同事汇编的一套丛书中，也占有举足轻重的地位。这套丛书旨在对公众进行科学和文学方面的教育，其中摘录了博须埃对骄傲自满的人们提出的告诫："所以，眼前的云烟仿佛只是昙花一现，无论是帝王将相还是那些令整个宇宙为之颤抖的伟大帝国，不都是如此吗？纵观历史，亚述人、米底人、波斯人、希腊人和罗马人，都经历了辉煌和没落。可以说，这可怕的争斗会让你感到世事无常，但反复无常和动荡不安是人类注定的命运。"[4] 对庞加莱而言，科学理论就像博须埃所说的伟大帝国一样。几十年来，他一直在探索各大帝国之间的矛盾，在这个过程中，他打破了界线，缓和了新哲学和物理学的碰撞。但是，当他凝视着牛顿帝国和法国帝国这两个自己用毕生精力建设的伟大体系时，庞加莱透过博须埃的眼睛，看到了这两大体系的脆弱性。

1911 年末，爱因斯坦和庞加莱终于在布鲁塞尔举行的第一届索尔维会议上见面了，这是他们第一次见面，也是最后一次。他们感觉彼此近在咫尺，却又相隔天涯海角。两人都是从年轻时起就对动体的电动力学问题着迷，对技术、哲学和物理学融会贯通，并卓有成效地创立了自己的理论。他们都认同洛伦兹的著作蕴含着无穷力量，都强调洛伦兹变换的群结构。他们都把相对性原理作为物理学的基础。也许最令人瞩目的是，他们都断定，要解释运动参考系中的时间，只能通过电磁信号交换进行的时钟同步来实现。虽然他们之间存在着惊人的共识，但是，他们的差异之处也十分显著。庞加莱认为自己的研究是在修复世界，是对洛伦兹的物理学的调整和转变，使之转变成新的力学，对此，他既兴奋又恐惧。对年轻的爱因斯坦来说，他的兴趣不在于修复，而是破

---

① 当时的法国王太子是路易十四之子。the Dauphin 指法国王太子，是从 1350 年到 1791 年和从 1824 年到 1930 年被授予法国王位继承人的头衔。——编者注

坏原有的学说，这才振奋人心。庞加莱在 1909 年里尔的演讲中坚持认为以太至关重要，而几乎在同一时间，爱因斯坦也进行了一次演讲，还特别提到了一位物理学家。这位物理学家不是庞加莱，但他同样断言以太的存在是"确信无疑的"。但随后，爱因斯坦就把这位物理学家的断言扔进了垃圾桶。[5]

57 岁的庞加莱和 32 岁的爱因斯坦的交流并不顺利，当然事出有因。莫里斯·德布罗意（Maurice de Broglie）说过："我记得有一天，爱因斯坦在布鲁塞尔阐述自己的想法，这时庞加莱问他'你用了哪种力学原理进行推理呢？'，爱因斯坦回答说'没有用到力学'，这似乎让对方很惊讶。"[6] "惊讶"可能有点儿轻描淡写。对庞加莱而言，无论是老概念还是新概念，他的物理学概念都属于力学范畴，所以，爱因斯坦怎么可能"没有用到力学"？毕竟，庞加莱始终认为，抽象力学是法兰西第三共和国为世界贡献的思维训练的精髓，有着巴黎综合理工大学的"出厂印记"。

在布鲁塞尔时，爱因斯坦向索尔维会议的听众阐述了他对光量子和量子不连续性的看法，随后那些非常出色的听众与他展开了辩论。当时洛伦兹在场，庞加莱也在场。爱因斯坦首先提醒听众，当前的量子理论其实根本不是普通意义上的理论，而是一种有用的工具。爱因斯坦当然不会认为自己的看法是一种详细的数学描述，而这正是庞加莱用"力学"这个词所阐述的内容。6 年前，爱因斯坦首次发表光量子理论时称，这个理论具有启发性。更准确地说，爱因斯坦希望以光量子理论为起点得出更连贯的论点，与此同时，他心甘情愿地放弃了通过微分方程得出的连续因果关系。但是，力学的基本原理直观且可以用数学形式来描述，这种冷静的推理方式对于庞加莱来说非同小可。庞加莱从自己的角度总结了这次会议，对新物理学和新物理学家的研究方向，直截了当地表达了自己深深的不安。

似乎，这项新研究不仅质疑了力学的基本原理，还质疑了迄今为止在我们看来与自然规律息息相关的内容。我们还能用微分方程的形式来表达这些定律吗？

　　此外，在大家的讨论中，让我印象深刻的是，同一个理论的论证依据有时是原有的力学，有时则是否定原有力学理论的新假设。不要忘了，只要论证中的两种前提相互矛盾，那么这个论题就不容易证明了。

　　这位资深的力学大师曾用微分方程探索、扩展、测试并颠覆了牛顿力学的稳定性和可视性，当然，这并非庞加莱的本意。而现在，惊愕之余，这种挫败感也让庞加莱感到压抑。作为一位学者，他的目标就是尽己所能地向新力学迈进。同样，庞加莱也极大地推进了洛伦兹理论，正如他经常说的那样，"把它向各个方向延展"。在这个过程中，他通过多年不懈的努力，一点一点地改变了质量、长度以及最引人注目的时间在大众心中的观念。他在数学和哲学方面的观点比任何人都坚定。他认为，人们可以视情况将欧几里得语言切换为非欧几里得语言。索尔维会议后不久，尽管量子理论令他感到不安，庞加莱还是深入了解了这种量子不连续性的学说。

　　庞加莱是厌恶变化的保守派。他坚称，处理创新的方式有好有坏。他说，由于在疯狂的竞赛中放弃了力学一贯的原则基础，新物理学迷失了方向，揭示因果关系，可以直观感知的"诚实函数"和微分方程也被丢弃了。索尔维会议的争论重点其实并不在于哪种定律最适合研究这些现象。对庞加莱来说，这是一道鸿沟，爱因斯坦和他的支持者站在了自然规律的对立面。借用庞加莱自己早期的说法，爱因斯坦的量子物理学似乎不属于科学，而是应该放进畸形学博物馆。

　　对于这次在索尔维与庞加莱的会面，爱因斯坦迅速表达了不满情绪。索尔维会议几周后，他向一位朋友吐露了自己的观点："洛伦兹智慧、机智，是个天纵奇才！在我看来，他是在场的理论物理学家中最聪明的。总的来说，庞加莱的看法很消极，尽管他很敏锐，但他完全没有把握住形势。"[8] 显然，爱因斯坦和庞加莱没有在相对论上达成一致。他们在量子理论方面存在的分歧扩大了彼此之间的鸿沟。

　　然而，从索尔维回到巴黎后，爱因斯坦给庞加莱留下了深刻的印象。1911 年 11 月，刚刚搬到布拉格的爱因斯坦想要竞选母校苏黎世联邦理工学院的职位。尽管庞加莱不认同爱因斯坦的观点，但他还是为爱因斯坦提供了支持。他向物理学家皮埃尔·外斯（Pierre Weiss）保证，爱因斯坦是"我所认识的最有创意的人"，只是有些年轻。这位资深的科学家认为爱因斯坦"能够荣幸地跻身当代顶尖学者行列。总之，令人钦佩的是，他能够适应新概念，知道如何从中得出结果。他不拘泥于经典原理，每面对一个物理问题时，他能够迅速想到各种可能性。他会立刻在脑海中预测可能出现的新现象，并且会在有朝一日通过实验证实新现象。我想说，如果通过实验对新现象的可能性进行判断，那么所有这些预测都会受到实验判断的影响。在他进行全面探索时，我们必须做好准备，认识到他选择的道路大多数都是死胡同；但与此同时，我们肯定希望他至少指明了一个正确的方向，这就足够了。只有这样，我们才能继续探索下去。数学和物理的作用是正确地提出问题，只有实验才能解决问题"。在这封信里，庞加莱对爱因斯坦给予了高度赞扬。"未来，爱因斯坦先生会越来越有价值。"庞加莱总结道，"哪所大学设法网罗到这位年轻的大师，它就一定会获得巨大的荣誉。"[9]

　　除了这封充满政治家风范的信，我们很难确切地知道庞加莱与爱因斯坦的那次仅有的会面对这位资深物理学家产生了什么影响。庞加莱的身体每况愈下，而且当时他可能处在硕果累累的研究时期，但这也暗示他剩下的日子可能不多了。或许，庞加莱后来反思了爱因斯坦在索尔维会议上的物理学新视角，深入思考了这种临时性、启发性、以结果为导向的方法的价值。1911 年 12 月 11 日，在向外斯推荐爱因斯坦几周后，庞加莱写信给《巴勒莫数学会刊》（Circolo matematico of Palermo）的创始编辑。当时，庞加莱仍在研究几十年前在他的职业生涯开始时就在研究的三体问题。他向编辑说，在长达两年的时间里，他一直在努力解决这个问题，但进展不大。他现在不得不停下来，至少暂时是这样。"如果我确信能重新研究这个问题，那就好了。可到了这个年纪，我不能保证这一点，即使可以，结果也很可能会让研究人员走上一条未经探索的新路。在我看来，尽管三体问题给我们带来了失望，但似乎也让我们充满了希望。遗憾的是，我只能放弃研究这个问题了。"57 岁的庞加莱还不算老，但他在几年前刚做过前列腺大手术。如果一部未完成的作品提出了一些问题，却只回答了其中一部分问题，编辑会愿意出版吗？实际上，编辑是愿意的。"让我尴尬的是，由于无法得出一般性规则，所以我只能输入大量的数据，但正因为如此，我积累了特殊的解决方案。"正如庞加莱的一贯观点，视觉几何直觉能够解决骨架代数（skeletal algebra）无法解决的问题。

庞加莱认为，这些特殊方法解决了他毕生都在思考的问题。这些方法的成果还不止这些，这篇论文为创立数学的新分支——拓扑学提供了基础思想。不久之后，年轻的美国数学家乔治·戴维·伯克霍夫（George David Birkhoff）证明了庞加莱探索领域内的核心关键猜想。[10]

在庞加莱最后一次关于相对论的演讲中，虽然他从未提到爱因斯坦的名字，但我们可以感受到他对爱因斯坦的默契回应。1912 年 5 月 4 日，庞加莱在伦敦大学以"时间和空间"为主题做了演讲。他用严谨的措辞重申："正如空间的性质只是测量仪器的性质一样，时间的性质只是我们时钟的性质。"[11]在过去的那几年里，随着以太在理论中的作用逐渐减弱，庞加莱的著作中也很少提到以太。但现在，这种无处不在的物质突然消失了。没人反对，也无人问津。演讲结束时，庞加莱放弃了原来的力学"相对论原理"，取而代之的是引述了"洛伦兹的相对论原理"。根据一个参照系校准的时钟而同时发生的事件，如果根据另一个参照系来校准，则不会同时发生。

这是否意味着庞加莱已经放弃了以太，或者说完全认同了爱因斯坦的观点呢？并没有。开始演讲时，他思考过是否需要根据最近的研究进展修改之前关于空间和时间的结论，他的回答是："当然不需要。我们达成一项约定，是因为约定方便我们进行下一步研究，但是，我们并没有规定如何取消约定。"但是，约定并不是天然存在的。

如今，有些物理学家想采用一种新的约定。没有人强迫他们要这样做，只是他们认为这个新的约定更方便而已。当然，持反对意见的人可以保留原有的观点，避免扰乱自己原有的约定。我认为，这就是我们在很长一段时间内应该去做的事情。[12]

庞加莱的病情日益严重，身体每况愈下，已经来日无多。尽管如此，当法国道德教育联盟（French League of Moral Education）邀请他担任主席并于1912年6月26日发表成立致辞时，庞加莱还是照例接受了。对他来说，科学声望与公民领导力和责任感密不可分。在反对教权与支持教权两股势力战斗之际，在法国与德国在北非地区的冲突不断升级的情况下，尽管巴黎城墙上贴满了各大党派诉求，庞加莱仍在寻求能够让法国保持统一、稳固的道德原则。面对那些准备操纵仇恨的人，庞加莱认为纪律是唯一的防御手段。纪律和道德是确保人类免于坠入苦难深渊的唯一途径。"人类就像一支正在作战的军队"，它必须在和平时期备战，要是等到与敌人交战的最后时刻再开始准备，一切都会为时已晚。仇恨会引发冲突，从而可能改变人们的信仰。"如果之前老师向学生传递的是否定道德的态度，学生在此基础上接受新的想法，那会发生什么呢？对道德的否定态度能在一天内消失吗？……如果过于守旧，不接受新的教育，就连原有的成果都会失去！"[13]在道德、物理和数学方面，庞加莱想用旧砖块作为建筑材料，来构建引人注目的新结构，但他是要利用，而不是抛弃那份辉煌的历史遗产。

1912年7月9日，庞加莱再次接受了手术。朋友和家人们都希望他能康复。但事与愿违，1912年7月17日，庞加莱因血管栓塞去世。世界各地的人们为他建造了几十处墓碑。也许，默默无声的纪念才是最合适的墓碑。当年晚些时候①，埃菲尔铁塔开始发射精确的时间信号。这些脉冲信号是基于庞加莱在大地测量学、认识论和物理学中引入的技术而产生的，它们将世界笼罩在不断扩大的赫兹光球中，让非洲与穿越大西洋的北美洲实现了同时性并确定了经度。

---

① 原文指的是 1912 年晚些时候。但埃菲尔铁塔在 1910 年开始用无线电报时，每天两次广播从巴黎天文台获得的标准时间，波长为 2 000 米；1913 年，波长增加至 2 500 米。——编者注

两种现代主义

回顾 1954 年，物理学家路易·德布罗意（Louis de Broglie）曾证明粒子可以像波一样运动，哀叹庞加莱这位伟大的数学家差点儿就成为第一个提出广义相对论的人，"为法国赢得这项荣耀"。德布罗意认为："他的看法与爱因斯坦惊人地接近。"但是，庞加莱并没有迈出决定性的一步，而是把掌握相对论原理全部成果的荣耀留给了爱因斯坦。爱因斯坦通过深入论证有关长度和持续时间的度量，确立了相对论原理在空间和时间关系方面的真正物理性质。为什么庞加莱没有将自己的想法坚持到底呢？毫无疑问，他对相对论的态度转变了，变得更具有批判性了，这或许是因为他接受的教育是让自己成为纯粹的数学家。德布罗意认为，正是由于庞加莱作为数学家所接受过的训练，使他方便地从所有逻辑等值的理论中，明智而迅速地选择出其中一种理论。根据德布罗意的说法，庞加莱之所以未能走上物理学家凭直觉而开拓的康庄大道[14]，是因为庞加莱是一位数学家，他不关心现实世界，因此无法像爱因斯坦那样创立相对论。

我认同德布罗意的看法吗？其实，德布罗意的论断过于狭隘了。我认为，庞加莱的确"走到了思想尽头"，穷尽了自己所知，包括他对数学知识的看法，在这种看法中，既融合了 19 世纪的乐观主义思想，又包含了法兰西第三共和国的一名综合理工人的愿景之梦。在庞加莱的愿景里，世界是可计算的、可改进的和理性的。如果说我和德布罗意的观点有什么区别的话，那就是，我认为庞加莱过于关注现实世界了：他在 1898—1899 年决定要修正牛顿时间，这在原则上是有必要的，但太过微小，无足轻重，因为当时他正在评估光信号的相对论误差与现实世界普遍采用的经度计时误差。但是，如果我们认为庞加莱的方法"保守"或"反动"，那就是没有切中要害；庞加莱非常关注如何实现启蒙运动的革命理想，截至 19 世纪末，在庞加莱生活的时代，启蒙运动已经形成了制度化的法兰西帝国。庞加莱曾多次表示，我们所有伟大的构筑物最终都会破裂。但是，面对这些裂缝和危机，我们不应该陷入知识精英的神秘主义或忧郁情怀，而应该加倍努力，通过系统地采取理性的行动来修复破裂之处。

在庞加莱这位科学家兼工程师看来，人们可以像研究行星运动一样，运用分析、推理的方法来了解煤矿事故，而绘制世界地图就像重现洛伦兹电子论一样容易。

对庞加莱而言，知识之树的主干正是牛顿力学，一种直观地建立在数学基础上的、对自然的理解，然后无数的分支形成了实验和技术领域。庞加莱的目标是通过千方百计地探索和了解世界，一方面让学生们了解他们在饱受创伤的法国身处什么样的位置，另一方面让科学家、制图员和政客共同努力将巴黎与达喀尔、海防和蒙特利尔联系起来，构建成一个帝国。庞加莱想要的力学是一种结合了力和能量的新力学，足以支撑研究天体力学、地球形状或电报线缆的性能分析。1903 年在巴黎综合理工大学的演讲中，他提醒往届的综合理工人，他们需要将理论和实践结合起来。对于庞加莱，这意味着，一方面法国要通过建设无线电信号来应对英国的电信霸权；另一方面，法国要利用天文仪器和概率计算，来撤销对德雷福斯的不科学的指控。

在他的世界里，真理和事物的终极实在远不如建立可沟通的、稳定的、持久的关系，或者说使行动成为可能的可靠关系重要。正如庞加莱所说："科学只是一种分类法。分类不可能是精确的，仅仅是为了方便。分类也确实很方便，不仅是对我，对所有人都是如此，而且分类还将给我们的后代提供便利，但分类不可能是偶然出现的。总之，事物之间的关系包含着唯一的客观现实。"[15] 在没有形而上学的科学理性的世界中，有的只是客观关系，没有形而上学的研究对象。

对庞加莱来说，在这个直观的关系世界中，将抽象和具体结合起来，就意味着我们能通过艰难的谈判协商在人类世界建立一些约定。对铁路巨头、天文学家、物理学家和航海家的需求进行分类和谈判协商，这就是十进制时间要解决的首要和核心问题。作为经度局的领导，庞加莱通过细化工程协议的实际程序来了解时间：庞加莱非常敬佩他的军事科学家同事们，他们在安第斯山脉高地和塞内加尔海岸设立了简易观测站，他组织、分析和汇报了他们的探险之旅。庞加莱认为，在我们的世界中，时间的存在是为了给我们提供方便，为了实现光和电的脉冲信号交换。表象背后的形而上学世界则什么都不是。他在《时间的测量》中写道："我们选择这些（同时性）规则，不是因为这些规则是真实存在的，而是因为这些规则是最方便的。"

选择什么规则来测量时间的同时性，会让时间增多，而不是减少，是庞加莱要思考的问题。这意味着他的研究既要考虑经度或时间十进制的协议，也要研究受科学启发的哲学抽象概念，同时还要有新物理学的原则，他就在这三者之间来回地研究时间概念。庞加莱呼吁道："让我们来了解一下科学家的工作吧，看看他们研究的同时性规则。"[16] 庞加莱所做的正是竭尽全力地综合哲学家、物理学家和制图员的工作，他们与时间概念密切相关：

> 同时性是一种约定，考虑到信号的传输时间，约定通过交叉交换
> 电磁信号来校准时钟。

同时性约定也是本书的中心主题，它曾经在那个历史时刻饱受争议。究竟什么是同时性约定呢？从某种意义上说，它是一种传统的、规范的程序，是一种用于确定经度而逐日建立起来的方法，且随着时间的推移而日益精准，是一种理论机器。它属于技术约定，曾一次次地出现在《经度局年鉴》中。同时，对庞加莱而言，它是对时间和同时性问题的哲学探索，也是一项可以阐明庞加莱对科学定律和原则的声明。同时性只是基于原则协议的电磁信号同步。引文的这句话恰如其分地出现在哲学杂志《形而上学与道德评论》中，完美地契合了庞加莱与法国哲学界的持续对话，而其中很多哲学家都毕业于巴黎综合理工大学。自 1900 年开始，庞加莱向一位物理学家提出了这项简单的同时性约定，用来解释洛伦兹提出的地方时，就好像洛伦兹曾暗示过并始终持有这种观点一样。当庞加莱转向电子理论的研究时，同时性约定也曾经为专门讨论洛伦兹的物理学会议或《科学院院刊》（*Proceedings of the Academy of Sciences*）的出版论文集增色。

时钟同步到底是属于技术或形而上学的范畴，还是属于物理的范畴呢？三者皆是。这就好比在问埃德瓦尔广场到底位于香榭丽舍大道、克莱伯大道，还是福克大道。其实，埃德瓦尔广场处在大都市的十字路口。同时性问题引起了巨大的反响，这恰恰是由于它就处在伟大的知识之路上那充满生机的十字路口。

从东非到远东，电磁信号的时钟同步程序一直是个技术性、理论性都很强的问题。时钟同步装置采用了易碎的铜管，上面挂着镜子，掌控着全球的"世界标准时间"。装置所用的铜线电缆很长，外面有厚厚的杜仲胶绝缘保护层，埋设在海底一英里处，由设在简易的天文台观测站里的黄铜电报键提供服务。它代表法兰西帝国的愿景之梦。测量人员和天文学家仔细研究了个人方程，通过同时性约定计算并修正了测量结果，得出了最终版的珍贵的经度地图。但是，时钟同步装置也是多个同步时钟的组合，由设在欧洲、俄罗斯和北美的时钟，跨越着大陆，像珠子一样串联而成。时钟同步装置融合了技术和科学，将瑞士钟表制造商、美国火车监督员、英国天文学家和德国总参谋部成员团结在了一起。一方面，时钟同步指在每两个哨声停止时，重复调节每日时间程序的技术。因此，它在新英格兰或勃兰登堡农村地区是悠久的社会历史的重要组成部分。然而，另一方面，时钟同步也是现代性的象征，市长、物理学家和哲学家都宣称时间具有约定性，而诗人则向时间致敬，因为时间能够迅速摧毁空间。时钟同步是历史上罕见的欧洲哲学和数学物理学研究的巅峰之作。

对于庞加莱而言，现代时间技术是他的科学生活的一部分，并不是由某些神话外在塑造、影响或扭曲的思想背景。庞加莱身处那个复杂的世界，其中，物质和抽象概念无时无刻不在互相塑造。他代表了巴黎综合理工大学的教育成果，同时，他也在理工大学担任教授，最终，他还荣获了一枚"出厂印记"。当时，他对时间的研究是关于一个历史时代和一个地方的；这两个方面之间的相互影响绝非偶然。将巴黎综合理工大学或经度局外化为庞加莱真实自我之外的延伸，就打破了他和19世纪末的人们所看到的技术和文化活动之间的联系。庞加莱不仅3次单独担任经度局主席，而且在20年的时间里一直是精英学者，定期在杂志上发表文章，并在最活跃的基多经度勘测任务中担任负责人。爱因斯坦在苏黎世联邦理工学院所接受的物理学训练，或者他在伯尔尼专利局担任专利审查员所接受的为期 7 年的学徒培训，都不属于他的物理学的外部延展。这些经历并不是从外部影响爱因斯坦和庞加莱的因素。因为人们通过理性掌握了机器的高价值，这些经历就是传递机器价值的实践领域，是技术与科学相互转化的生产场所。

大约 1900 年，时钟的传输校正同步属于平常而又核心的话题。经度测定工作需要校正传输时间，对巴黎和维也纳的城市工程师来说，这也是他们日常工作的一环，因为他们曾尝试通过城市的地下气动管道传送准确的时间，可屡试屡败，所以他们太了解时间延迟的情况了。到 1898 年，时间脉冲传输的延迟已经成为困扰工程师、制图员、物理学家和天文学家的共同问题，他们每天都在研究同时性。

因此，1898 年 1 月，庞加莱发表"时间即约定"的观点，他所指的是时钟技术和哲学语言。现在，不同的文献对这个概念有不同的理解。"同时性是一项约定"或者说"同步时钟需要在校正传输时间的前提下进行电气化同步"，这到底是属于哲学观察的范畴还是属于制铜技术呢？埃德瓦尔广场到底位于克莱伯大道还是福克大道呢？

1900 年 12 月，庞加莱在技术、哲学和物理学交会的"同时性广场"另辟蹊径，当时他应该是第一次使用时钟同步的近似概念，后来为了给洛伦兹的地方时赋予意义，便开始使用精确的概念。他充分运用电报经度、哲学约定和电动力学相对论的原理来解释时钟同步。这个值得纪念的时刻没有被完整地记录下来，散落到哲学、物理学和计量学 3 个互不相关的学术领域，太可惜了。庞加莱努力把这个现代和现代化的世界联系起来，用自己的力量修复、维护和捍卫着这个世界。

年轻的爱因斯坦也处于这个哲学、技术和物理学相互交织的领域中。但是，他从未试图去修复并维护某个帝国，无论是法兰西帝国、普鲁士帝国，还是牛顿帝国。爱因斯坦毫不避讳地嘲笑各种资深的物理学家、教师、老人和权威人士，高兴地称自己为"异教徒"，为自己独树一帜的物理学观点而自豪。他带着一种局外人打破传统的喜悦，让 19 世纪的以太观点跌落神坛。在那个时代，很多科学家努力寻找太阳系稳定基础的理论，或者建立一个坚实的基础理论，将所有物理学都建立在力学或电动力学的基础之上，但爱因斯坦并未加入其中。相反，爱因斯坦为能够找到行得通的理论机器而感到极其满足。启发式①，一种暂时而有效的理论研究手段，就是这样一种理论机器。他的光子钟也是如此，他利用类似机器的思想实验推导出的能量惯性公式 $E=mc^2$ 也是如此。因此，对我们来说，最重要的是理解他的时间机器，它由无数时钟阵列组成，通过规范的光信号交换实现连接与同步。

对于庞加莱而言，时钟同步的重要作用在于作为一种实用的、约定的辅助手段来建立新力学。对于爱因斯坦而言，时钟同步的作用更加重要，它是按照程序定义的时间，是洛伦兹收缩的起点。时钟同步好像一个经典的拱门，它的两根柱子分别是相对论原理和绝对光速，时钟同步将这两根柱子连接起来。

爱因斯坦真的发现了相对论吗？庞加莱在爱因斯坦之前就已经发现了相对论吗？这些老生常谈的问题既无聊又无用。毫无疑问，最初爱因斯坦在物理学中的地位在德国纳粹时期受到了普遍的质疑与攻击，关于"谁发现了相对论"的争论持续了几十年。到底是谁发现了这个理论？相对论的本质是什么？相对论的真正核心是否定以太还是时空变换的数学公式？相对论是对相对性原理不可动摇的保证吗？相对论适用于所有的物理相互作用，还是在理论上符合由时钟同步推导出的时空变换呢？或者说，相对论真的只不过是对实验现象所做出的正确预测吗？最重要的是，相对性，尤其是时间的相对性，已经成为现代物理和现代性的代名词。在这场时间和同时性的研究之争里，最无趣的当属编写

---

① 启发式方法指利用过去的经验，选择已经行之有效的方法，在有限的搜索空间内迅速解决问题。——编者注

分级对照表来比较爱因斯坦和庞加莱的贡献。

　　更重要的是，我们要将庞加莱和爱因斯坦置于世纪之交时钟同步的两个节点上，把握他们在引领技术、物理和哲学潮流方面所特有的方式，同时了解他们如何将同时性从形而上学的庞大理论中分离出来，把它转变成由程序定义的量。时间标准化代表着一天的秩序，对于每一位科学家来说，它代表着长度标准化的自然延伸。公共时钟、铁路时刻表以及由规章制度管理的教室和工厂的钟表都会显示标准时间。在 19 世纪 90 年代的巴黎天文台，沃尔夫想要利用电磁铁绕组使天文钟按时运转，并对分布在巴黎街道上的十几个时钟进行监测。科努想对调节器时钟上的巨大钟摆进行调整，并结合力学和电磁学，精确地分析电同步的原理。一支由巡回观察员组成的团队与塞内加尔、基多、波士顿、柏林和格林尼治不断地交换时间信号。德国的天文学家争先恐后地为铁路安装时钟，而法国天文学家则希望全国范围内的时钟都能达到天文台的非凡时间精度——主时钟的时间信号从一个镜面反射到另一个镜面，周而复始，直到法兰西第三共和国的每一条街道上都闪烁着时钟的光辉。

　　时间标准化和程序化的项目实属一项创举，需要利用大量经木馏油[①]浸泡的电线杆和海底电缆。这些工程不仅需要金属和橡胶技术，还需要大量的报告，以满足地方法令、国家法律和国际公约的要求，平息争议并最终获得认可。因此，在世纪之交，符合习俗的时钟同步也必须符合工业政策、科学游说或政治宣传的需要。如果单单一个驱动轮就能推动制定 19 世纪末的时间标准，那么事情就容易多了；倘若如此，是不是也就可以说，最终一切都归功于铁路大亨或者科学家抑或是哲学家的决定性作用。但是，时间的重组并不那么简单。

　　在 19 世纪之前的很长一段时间里，人们对时钟和同时性的研究已经超过

[①] 木馏油是一种烈性消毒剂和防腐剂，被广泛用于木制铁路枕木、电线杆和围栏等的防腐。——编者注

了齿轮、钟摆和指针，所以时间一点儿都不简单。例如，18世纪，长期饱受时间精度问题困扰的英国制表师约翰·哈里森制作了航海精密计时器，并发明了经线仪，解决了绘制地图和海图的经度问题，当时，关于计时和绘图的日记和讽刺文章也有相关记载。从一开始，哈里森的精确计时器就具有重大意义。[17] 因为在18世纪之前，钟表的制造依然囿于当时的文化。除了指示时间，沙漏和教堂钟还有很多用途，人们用它们来反复传达上帝、封建领主的权威，发布死亡的讯息。在更早的原始时期，人们只能使用沙子、影子或机械指针计时，因此时间的表示方式并没有超越当时的文化所承载的时间含义。

同步时钟的问题不是在19世纪末才浮出水面，肯定早就存在。相反，欧洲和北美在电气化时间的分布位置和密度方面发生了全球性剧变。19世纪末，相互连接的时钟已遍及全球，形成了一个大跨度的技术圈，技术圈内的各个行业之间相互推动着彼此的发展。火车拉动了电报电缆业，电报又推动了制图业，而地图反过来为人们铺设铁轨提供了指导。这三个领域的发展，让人们日益意识到远程异地同时性的问题：其他地方现在几点呢？这个问题立刻就变成了实际问题，引起了共鸣。当我们看到爱因斯坦和庞加莱使用汽车、电报、火车和大炮等词来讨论时间和空间的新概念时，我们就会明白这些领域发展的条件已经日益成熟了。

我们可以把同时性看作不同弧线之间的交点，每条弧线都代表一个领域内所发生的一系列进展。我们试着用物理学的原理来解释它。显然，从1890年初到1905年，同时性的含义不是单一的，也不是固定不变的。从地理意义来看，地方时从洛伦兹虚构的偏移地方时转变为庞加莱通过光信号可观测的偏移地方时，进而又转变为庞加莱扩展的偏移表观时间，但是在爱因斯坦的相对论时间中又有了新形式。这些时间意义的转变并非一蹴而就，也不是仅仅发生在物理领域。相反，这个过程好比在一个不断演变的游戏中出现了一系列进展，而时间意义的转变就是这一系列的进展，这样可能更好理解。在游戏中，move（进展）一词的含义与其在技术性更强的领域中的含义是相同的，但后者有时是一种表述或一种约定，有时是一种物理过程。值得注意的是，庞加莱和洛伦兹的工作具有足够的连续性，好像是在一步一步地建造，尽管他们的游戏目的在不断变化。如果说洛伦兹在 1894 年的目标是把电场和磁场中的动体看作在以太中静止的物体，并以此来求解方程的话，那么他在 1904—1905 年的目标就是创建物理定律，使其在任何恒定运动的参照系中都能得到相同的测量结果，这也是庞加莱的目标。

同时性的其中一条弧线即物理学的弧线，一系列进展改变了动体的电动力学。但是，庞加莱的光信号同步运动至少在另外两条弧线中也发挥了作用：一条是电报经度测定；另一条是 19 世纪末的法国哲学。从美国南北战争开始，人们就采用电报经度测定法作为测定经度同时性的现代方法。在海岸测绘工作的推动下，欧洲人在陆地和海底都迅速采用美国方法来测量经度。1899 年，在庞加莱的领导下，经度局已经成为发送、接收、处理和确定同时性信号的全球性节点。19 世纪末，经度局全面记录与时间有关的工作，包括为城市分配时间的方法，如何改进时间的电气化同步理论，以及关于十进制时间的争论。电报经度的重要性体现在两个方面：一方面，法国人通过电报经度在世界地图上确定殖民地的位置，并标注其内部的地理位置；另一方面，巴黎和伦敦长期以来对两地之间正确的经度差争论不休，这让欧洲大地测量学蒙羞，因此想借电报经度一雪前耻。后来，在庞加莱的领导下，经度局利用埃菲尔铁塔进行无线电时间传输。经度局在报告中反复写道，他们利用交换电报信号来传输时间，以确定巴黎之外的某地的时间和位置，这项工作已被纳入经度局的日常工作。哲学的弧线则是关于时间测量的一系列表述。毫无疑问，庞加莱通过布特鲁的圈子了解哲学，还通过巴黎综合理工大学的校友奥古斯特·卡利农和朱尔斯·安德拉德（Jules Andrade）的物理哲学观点来深入研究哲学，了解他们剖析时间的方式。

物理、哲学和技术这 3 个学科都与时间测量相关，可它们的交叉点不是庞加莱修改同时性的必要条件。但是，在巴黎综合理工大学和法国经度局这样的地方探索这 3 个学科的交叉点，我们就能够理解为什么庞加莱会持有这种观点，为什么他会把时间测量看作与约定、物理和经度相关的基本问题，为什么我们可以通过机器来了解并重新测量抽象的时间。

这 3 个学科犹如 3 条弧线，每一条都有一种新观念。新力学宣告了力学与原有的质量、空间和时间观念的决裂，遍及全球的电报电缆网络昭示着"文明"帝国的胜利。庞加莱把自己关于时间的约定主义与物理原理和数学结构的哲学约定论联系到了一起。可是，庞加莱提出的诸多约定还可以指代由法国牵头的关于时间测量和分配的国际公约。在这个典型的现代三岔路口，时间静止不动。

庞加莱采用了数学工程师的现代主义观点进行课题研究。这是一种深信不疑的信念，庞加莱认为，人类有能力掌握技术，并利用技术绘制世界地图和改进世界。庞加莱去世后，他的外甥皮埃尔·布特鲁（Pierre Boutroux）在写给米塔格－列夫勒的一封信中表示，自己要努力继承舅舅的毕生夙愿，可有趣的是，他没有选择研究数学或物理，而是转向了地理。皮埃尔·布特鲁回忆了庞加莱毕生都热切关注探险和旅行的故事；无论是在科学领域，还是在科学领域之外，庞加莱的所有工作都是为了"填补世界地图上的空白"。[18]

庞加莱始终坚信，很多空白都是可以填补的。例如，他绘制马格尼矿难的因果图，追踪灾难的整个过程，找到 476 号矿灯格栅中的鹤嘴锄印，从而填补了矿难原因的空白。他通过庞加莱映射在全球范围内寻找空白，并绘制出了混沌行星轨道图，揭示行星的运行情况。为了填补地理世界中的地图空白，他与经度局合作绘制圣路易、达喀尔和基多的地图，这项工作不仅对他的理论研究工作产生了影响，也对他和物理学家长期以来为解释地球形状所做的理论尝试产生了影响。除此之外，庞加莱还研究了以太和电子结构，强调直觉在数学函数中的作用、逻辑的直观表述以及一些通过以太推导出的直觉观点。

庞加莱的观点中既没有上帝，也没有柏拉图式的形式。康德强调经验只有通过范畴才是可能的，虽然庞加莱被这一观点所吸引，但他的观点中并没有康德式的"自在之物"[①]。庞加莱的观点是充满希望的现代主义的真实关系，是我们可以掌握的各种关系。庞加莱没有研究物质，而是研究物质之间的关系，因为即使存在关系的物质消失在历史的迷雾中，但物质之间的关系依然存在。这就是真理吗？由于物理学定律中的约定、定义和原理都很复杂，他倾向于研究具有共同性、持久性且简单、方便的概念中的客观内容。物质之间的关系是真实的，但并非真理本身。他要观察表面现象，而非模糊的内部。庞加莱力求重新表述启蒙运动的愿景，即使这意味着将要把空间、时间和物理稳定性的全新概念引入未知知识的巨大空白中。

爱因斯坦的现代主义观点也可以视为由以下三者交叉而成：动体物理学的进展、从哲学的角度否定绝对时空观以及时钟同步技术的充分发展。与庞加莱相比，爱因斯坦的注意力更多地集中在物理学上，尤其是具体的实际机器，而不是抽象工程。我们无法想象，庞加莱会在自制的装置上转动一个硬橡胶轮；同样，我们也无法想象，爱因斯坦可以集团队之力，设计从基多到瓜亚基尔的精密的电气化时间布线方案。爱因斯坦不仅更多地参与了对物质对象的实际操作，而且也更多地从形而上学的角度来看待理论与现象之间的关系，正因如此，在很多不同的背景下，他都要求理论要素与物理世界要素之间要存在明显的对应关系。相比之下，庞加莱一直研究如何分配地方时，即找到与真实时间相对应的表观时间。由于看不到现象本身的异同，爱因斯坦不会研究这种理论上的二分法。对爱因斯坦来说，惯性参照系中的时间和空间就是真实时间或者叫相对时间，时钟就是时钟，规则就是规则。庞加莱把以太当作一种思考的工具，一种可以想象微分方程的直观基础，而对于爱因斯坦而言，以太不过是一种过时的机械装置上残存的空转齿轮，处理办法就是把它弃置一边，就如同处理那些内容冗余的专利申请一样。爱因斯坦没有参考基于以太而获得的波动方程，而是通过启发式的方式研究光量子，这让庞加莱很担忧，因为这位年轻的物理学家和支持者抛弃了人们真正理解物理世界的条件——以太。用爱因斯坦的话来说，庞加莱是对的，将理论要素与现象要素联系起来的启发式方法，即

[①] 在康德哲学体系中，"自在之物"指存在于我们经验之外的事物或现象的本质性质。

使会违背直觉，也不过是爱因斯坦愿意用思维机器来解决问题的权宜之计，但直觉对庞加莱而言意义非凡。

庞加莱努力通过微分方程绘制物理世界地图，这是他另辟蹊径、出于方便而做出的选择，最终目标就是另辟蹊径。以太和表观时间是否有助于增强直觉，同时保持所观察现象的真实关系呢？对庞加莱而言，即使这样会有一定的冗余，也是令人满意的。与之相反，爱因斯坦所追求的理论，不仅能够准确地描述自然现象，还要求理论的构建要简洁和清晰。如果物理现象是对称的，例如，如果无法区分运动的磁铁／静止的线圈和静止的磁铁／运动的线圈，那么理论应该能够准确地捕捉这些规律，以便更好地理解和解释物理现象。后来，在量子物理的争论中，爱因斯坦补充了一个担忧：存在一些可预测的物理世界的特征或现象，但当前的量子理论中没有元素或概念能够准确地对这些特征或现象进行描述或解释。

关于空间和时间的问题，庞加莱都是着眼于建立严格的客观关系，以满足人类对直观性、客观性、便利性的需求，所以他对法兰西第三共和国的世俗主义坚信不疑。与之相反，爱因斯坦并不认为理论要通过成功且方便地捕捉现象之间的真实关系来达成目标。他的目标是在现象及其背后的理论之间研究深层次的东西。像庞加莱一样，爱因斯坦认为定律必须简单，正如爱因斯坦所说，这不是为了方便，而是因为"自然乃是可能设想的最简单的数学观念的实现"。因此，理论的形式必须详细地展示出现象的真实性。"从某种意义上说，"爱因斯坦后来断言，"我认为，像古人所期许的那般，纯粹的思想可以理解现实。"[19] 爱因斯坦认为，正确的理论要与现象严格对应。有人从其中提炼出了一种沉思的神学，但这不是个人的、报复性的或审判性的宗教之"神"，而是一个隐藏着基本自然秩序的"神"："科学家认为一切存在因果关系。对他来说，未来和过去一样，都是必然的，而且确定无疑的。他的宗教感情表现为对自然规律之和谐的狂喜与惊奇，而这些自然规律显示出一种充满优越感的智慧。"[20] 有时，为了深入研究，物理学家要临时采用启发式方法；这些方法可能会为理论的发展推波助澜，使其进一步的发展成为可能。在热力学、量子理论和相对论中，临时使用这种形式化的原理颇有成效。[21] 但是，爱因斯坦一再强调，科学家所提出的理论应该尽可能地体现一些基本的、简单的、和谐的自然秩序。因为爱因斯坦认为，现象不能区分真实时间与表观时间，同样，理论也不能。

庞加莱和爱因斯坦都没有陷入朴素实在论或反实在论。事实上，庞加莱一生都始终强调可以自由选择一种方式来描述世界：几何、物理学或科学。但是，如果把他的约定论与无所不包的反实在论混为一谈，就会彻底歪曲他的立场。对于实际问题和抽象问题，他抓住每次机会强调客观的、真实关系的核心作用——简单。相比之下，人们往往把爱因斯坦直接简单地归为实在论者，毕竟，爱因斯坦会很轻松地质疑一个理论是不是真正的基础理论。尽管如此，他认为可以用不同的方法来描述"实在"，而且，理论中值得深入研究的部分既不涉及用空间坐标分类的事件，也不涉及直接可感知的事件，而在于事件之间的关系，但这些关系并不是一成不变的。[22] 两位科学家都认识到，原理和约定在决定理论的范围和测量的可能性方面都发挥了巨大的作用。他们都做好了否认某些概念的充分准备，即使那些概念似乎具有历史性、直观性和自明性，他们也不会手下留情。爱因斯坦和庞加莱都深深地融入了一个不断变化的电工技术世界，都比以往任何时候更加清楚地认识到选择对于测量、标准化和理论构建的重要性。他们分别将同时性的概念从形而上学的底座上分离出来，并用一种通过机器得出的约定取而代之。

如果从爱因斯坦的角度回顾过去，我们很容易把庞加莱归为保守主义者，庞加莱竭尽全力地朝着爱因斯坦的相对论迈进，但最终没能实现。按照这种回顾性的观点，庞加莱对时间和空间物理学的修订将被埋没在新力学之中。这种做法似曾相识，这就像是毕加索因为不是波洛克意义上的现代主义者而被弃为反现代主义者，普鲁斯特因为不是乔伊斯那样的现代主义者也被弃为反现代主义者 ①。

① 此处提及的几位名人分别是：西班牙画家巴勃罗·毕加索（Pablo Picasso）、美国画家杰克逊·波洛克（Jackson Pollock）、法国小说家马塞尔·普鲁斯特（Marcel Proust）、爱尔兰作家詹姆斯·乔伊斯（James Joyce）。——编者注

现在，重读庞加莱和爱因斯坦的著作，我们可以看到，他们都在以不同的方式与过去决裂。

庞加莱和爱因斯坦代表着物理学的两种伟大的现代主义，他们都拥有雄心壮志，试图了解整个世界。庞加莱的现代主义是通过建立客观、简单、方便、真实的关系而发展起来的，一直深入最小的空白领域。相比之下，爱因斯坦的现代主义是通过创立理论而发展起来的，其目的是通过理论预测和描述基本理论结构中的相应现象。这两种现代主义，一种具有建设性，通过创立复杂的理论来描述世界的结构关系；另一种更具批判性，更倾向于将复杂的理论置于一边，以便领悟那些严格反映自然秩序的原理。这两种全新的、现代的相对论物理学有很多共同点，可是爱因斯坦和庞加莱仍然怀着矛盾的心理对彼此表示钦佩之情，就如同弗洛伊德读到尼采的文章时的心情一样，他们二人无法理解对方的现代主义。这两位科学家以动摇物理、哲学和技术知识的方式，从根本上改变了时间的概念，但是，他们对相对论的不同解释从未有交集，可以说，他们近在咫尺，却又相隔天涯。

从传记角度来看，爱因斯坦和庞加莱参加了各种各样、丰富多彩的科学和哲学活动，就好像国际象棋大师一样，进行了一场关于同时性的冠军赛，并通过决胜的一步棋，最终赢得比赛。这当然引人注目，但是，国际象棋只是一个简单的类比。物理、哲学和科学的"游戏"机制大不相同，同时性概念对每个领域都影响巨大。维也纳学派的哲学家，乃至20世纪20年代的顶尖物理学家和20世纪80年代全球定位系统的工程师，都把庞加莱和爱因斯坦的同时性概念誉为构建未来科学概念的典范。

然而，时钟同步那段熠熠发光的历史最后却被写成了传记。这就好比将一张照片裁剪成了肖像大小，而无法全面地呈现欧洲和美国关于时空测量的庞大的、有争议的标准化公约。这并不是因为爱因斯坦或庞加莱的想象力太有限，而是因为其他诸多的标准对"时间的测量"产生了影响。由于时间在天文台、电缆、火车网络和城市之间流动的常规性和规律性，时钟同步已经成为一个现代问题。举个类似的例子，等压线和等温线改变了气象学，并且在一定程度上使气象预测成为可能。同理，电气化世界的时钟阵列使远程同步变成了典型的现代问题，即使这种时钟阵列是无限大的且是理论上存在的机器，我们也可以通过类似机器的程序解决这个问题。

传统上能被称为"革命"的物理学发展实不多见，能够汇聚技术、哲学和科学的时代和地方就更加罕见。19 世纪，熵和能量的转换在历史上可以算作一例：蒸汽机、热力学以及关于宇宙无法阻挡的"热死亡"的准神学论，三者形成了决定命运的交叉点。要找到这种抽象和具体的最新结合，我们也可以来看看 20 世纪中叶的信息科学大爆炸，控制论、计算机科学和认知科学应运而生，这些学科汇集了大量关于战时反馈装置的历史，以及人类思想中最神秘的信息理论和模型轨迹。时间、热力学和计算，每一门学科都定义了一个时代，既有象征意义，又有实际意义，分别代表着一段关键的"临界乳光"时刻。就在那一刻，不使用机器就不能进行抽象思考，或者说，不理解横跨全球的概念就不可能进行实质性的思考。

俯视见其上，仰视见其下

时光荏苒。1909 年 10 月 15 日，爱因斯坦离开了伯尔尼专利局，前往苏黎世大学任教；1911 年 4 月 1 日，他开始在布拉格的卡尔 - 费迪南德大学[①]任职，后于 1914 年春，到柏林大学任职，在这段时间里，他不仅提出了广义相对论，而且成为反对战争的主要代言人。第一次世界大战之后，瑞士时间统一的推动者——法瓦尔格那篇长达 550 页的论述电气化计时技术的论文第三版出版了，再次从广泛的文化角度详细地阐述了时间统一的机电内容。法瓦尔格认为，尽管第一次世界大战极大地促进了技术发展，但同样也毁灭了人类在持续和平中所创造的很大一部分财富。残留下来的世界变成了"一片废墟，堆

[①] 今捷克查理大学。——编者注

满了人类的悲哀与痛苦"。[23] 人类需要努力战胜这场灾难，而这需要时间。

法瓦尔格热情地谈论道："时间不能定义为物质；从形而上学的角度来说，时间与物质、空间一样的神秘。"就连愚钝的瑞士钟表匠都被时间驱赶到了形而上学的领域。人类的所有活动，不管是有意识的还是无意识的——睡觉、吃饭、思考或者玩耍，都是在时间中发生的。没有秩序，没有具体计划，人们就很可能陷入混乱状态。而法瓦尔格早在加夫里洛·普林西普（Gavrilo Principe）射杀斐迪南大公之前就对这样的混乱状态向人们发出了警告。现在，第一次世界大战爆发了，人们陷入"身体、智力以及道德的痛苦"的风险也增加了。如何解决这个问题呢？答案是要利用精确的天文观测来精确地测量和确定时间，但时间的测量不能囿于天文学家的堡垒之中，必须将时间的精确性通过电力传送给每一个想要或者需要的人："总而言之，我们必须普及它，为了人们的生活便利和社会繁荣，我们必须使时间大众化。我们必须让每一个人成为时间之主，不仅掌握小时，还要掌握分、秒，甚至在特殊情况下，十分之一、百分之一、千分之一、百万分之一秒。"[24] 时间的同步与分配，不仅仅给法瓦尔格带来利润，也是每一个人通向井然有序的内部秩序和外部秩序的途径，也就是让每个人从时间混乱中获得自由。

纵观 19 世纪末到 20 世纪初，时钟同步计划的推进从来就不是只靠齿轮和磁铁。当然，对庞加莱和爱因斯坦来说，时间也不仅仅涉及技术方面。对新英格兰村庄的长者、跨时区活动人士、普鲁士将军、法国计量学家、英国天文学家和加拿大的推动者来说，时间也不仅仅是电线和擒纵装置。在时钟同步的光辉历史中，时钟用于测定神经传递和反应时间，构建工作场所，并指导天文研究。此间，物质化时间的两个巨大变化体现在铁路和地图上。庞加莱任职的法国经度局是当时世界上最伟大的地图制作中心之一，而爱因斯坦任职的瑞士专利局是瑞士专门的专利技术审查机构，处理铁路和城市时钟同步的相关专利申请。

在探索时钟同步的发展过程中，我想在机器和形而上学交叉的行动世界里为庞加莱和爱因斯坦的理论找到一个位置，让抽象的概念具体化，如果你愿意的话，还可以让具体的概念抽象化。更普遍地说，或许我们对待科学的初衷是避免在物质与思想的联系上产生以下两种观点。第一种观点是唯物主义还原论①，这种观点轻视思想、符号和价值，认为它们不过浮于事物发展趋势的表面。根据 20 世纪 20 年代到 50 年代的经验主义的观点，人们往往将理论物理学及其哲学看作一种临时补充，而非科学的堡垒。在经验主义视角看来，爱因斯坦似乎在归纳过程中坚定地迈出了最后一步，势不可当地朝着淘汰以太、绝对时间和绝对空间的过程前进。地球在以太中的运动无法被探测到，因为当时的探测精度不能超过地球的速度与光速之比，大约万分之一秒。后来，测量技术改进了，证明了在更高的探测精度下，地球也没有在以太中运动。因此，争论产生了。爱因斯坦断定以太是多余的。[25] 毋庸置疑，爱因斯坦注重以实验为基础进行研究，关于这一点，还有很多可以评说。他对实验的具体实施以及他在德国联邦物理技术研究院时对陀螺罗经非常痴迷，这些例子完全体现出他虽然是一位理论物理学家，但对实验程序以及仪器操作都有着清晰的认识。在经验主义的观点中，意识源于物质。

第二种观点是 20 世纪 60 年代至 70 年代的反实证主义，即物质源于意识。反实证主义者旨在颠覆前人的认知次序：计划、范式以及概念方案在先，然后是实验及仪器的重塑。在反实证主义者的眼中，爱因斯坦被看作哲学创新者，他抛弃了物质世界，孜孜不倦地追求对称性、原理以及可操作性。这当中不乏有许多真理；带着反实证主义的观点去阅读历史，我们就会发现爱因斯坦对待实验结果持怀疑态度的那些谨慎而关键的时刻，例如关于假想的实验结果对狭义相对论的证伪、关于天文观测与广义相对论之间存在矛盾的断言等。

我不反对这两种阅读历史的方式都有各自的合理性，也没有打算要采取折中办法。相反，在我看来，关注光辉的"临界乳光"时刻，似乎可以帮我们找

① 唯物主义还原论认为，世界的本质是物质，所有东西都是由以不同方式结合而成的物质构成的。还原论否认意识或精神现象，坚持精神与物质的绝对同一。——编者注

到一条途径，逃离在世界的本质究竟是物质还是意识这样无休止的左右摇摆的困境。时钟、地图、电报、蒸汽机和计算机都已经提出了问题，这些问题拒绝那些站不住脚的、非此即彼的物质和意识的二分法。[26] 在每个事例中，物理、哲学和技术都彼此交错，透过隐喻，我们可以找到字面的含义；通过字面含义，我们明白隐喻的真谛。

1902 年，当爱因斯坦进入伯尔尼专利局的时候，专利局已经将电子战胜机械的捷报象征性地与现代化的梦想联系在一起。在那里，时钟同步是一个与火车、军队以及电报都密切相关的实际问题，需要可行的专利解决方案，而这个方案就在他最关心的专业领域：精密机电仪器。在 1933 年 10 月的黑暗日子里，不再年轻的爱因斯坦在伦敦的皇家阿尔伯特音乐厅发表演讲，在他的心目中，专利局绝不是远洋中的一座孤独的灯塔。

在伯尔尼专利局，爱因斯坦审查一张张专利图纸，从中他看到了现代技术的稳步发展。在推行同步时钟的过程中，他们不是孤军奋战，电气化的时钟同步网络统一了政治、文化以及技术领域对时间的定义。爱因斯坦抓住了这一崭新的、遍布全球的同时性机器，并把它建立在自己新物理学的原则性起点上。从某种意义上说，他完成了 19 世纪伟大的时钟同步项目，设计了一种新的、更通用的时间机器，适用于宇宙所有可以想象到的、不断运动的参照系。但是，取消主时钟，重新定义时间的起点，爱因斯坦的这些做法让物理学家和公众都认为他改变了世界。

在生命最后的日子里，庞加莱与人合著了一本书，书名是《书中所言，事物所言》（*What Books Say, What Things Say*）。这本奇怪的合集包含了庞加莱在两所伟大的学术机构所付出的努力：法兰西文学院和法兰西科学院。在文学方面，合集里收录了有关文化英雄的文章，其中包括雨果、伏尔泰和博须埃。庞加莱自己也写了关于恒星、重力和热量的章节，还写了关于煤炭开采、电池和发电机的章节。在这些章节中，处于核心地位的是庞加莱的学术研究，包括他关于同时性的研究。

爱因斯坦对各大科学院持有不同的态度。第一次世界大战刚刚结束后，英国天体物理学家亚瑟·爱丁顿（Arthur Eddington）曾利用日全食，或者像爱因斯坦所说的那样，利用太阳对时空的弯曲作用，测量出了太阳引力造成的星光偏转角度。这次观测证实了广义相对论，爱因斯坦在　夜之间亨誉世界。由于肩负越来越多的公众角色，爱因斯坦在 1919 年后的相对论研究走向了物理力量的抽象统一，与专利局的机器文化渐行渐远。1933 年，爱因斯坦在皇家阿尔伯特音乐厅发表演讲，几天后，他前往美国的普林斯顿高级研究院任职，之后便过着受人尊敬的生活，自由自在、无拘无束地进行科学研究。他说话玄妙深奥，既像先知一样阐释着上帝的意义，又像是上帝对人类的恩赐，警醒人们要看到核战争的后果。1953 年 4 月，也就是爱因斯坦去世前两年，他从普林斯顿写信给莫里斯·索洛文，回忆了在伯尔尼的那几年里，那个并不学术的奥林比亚科学院给他带来的快乐和洞见，当时他们对专利、物理学和哲学话题来者不拒、无所不谈。

致不朽的奥林比亚科学院：

你在自己短暂而活跃的生涯中，曾以孩子般的喜悦，赞赏一切明媚而理性的东西。我们创立了你，为的是要与你的那些傲慢的老大姐们开玩笑。多年细心的观察使我确信，我们是多么正确啊！

你的全部三个成员都表现得坚韧不拔，虽然他们都已经有点儿老态龙钟，但是你那纯朴天真的、朝气焕发的光芒仍照耀着他们孤寂的人生道路，因为你并没有同他们一起衰老，而是像莴苣根那样盛发繁茂。

我永远忠诚于你，永远热爱你，直到生命的最后一刻。[77]

在世纪之交，当每个人都在与时间、哲学和相对论做斗争时，庞加莱在巴黎的文学院和科学院，爱因斯坦在奥林匹亚科学院。1955 年 3 月 15 日，米歇尔·贝索去世。爱因斯坦在提出时钟同步的看法之前，曾与贝索进行了几周甚至几个月的反复讨论，成果显著，这是爱因斯坦完成狭义相对论研究的关键一步。爱因斯坦在 3 月 21 日写信给贝索家人，信的末尾处提到了他们之间的谈话，还有相对论所蕴含的时间本质："在苏黎世之后是专利局让我们重新团聚了。我们在回家路上的对话令我记忆犹新。我们谈到了假如人类不存在了，世界会成什么样子。现在，他先我一步离开了这个陌生的世界。这没有什么，对我们这些虔诚的物理学家来说，过去、现在和未来之间的区别只是一种幻觉，挥之不去。"[28]

在爱因斯坦去世之后很久，人们依然争相提出各种关于时钟同步的解释，同步时间趋向于高度象征化。在这场竞争中，帝国统治、民主、世界公民主义和反对无政府主义相互竞争，但最终只有一个标准时间。所有这些象征的共同点就在于，每一个时钟都突出个体的意义，而时钟同步象征着人与人之间的逻辑联系。正是因为它既抽象又具体，城镇、地区、国家乃至全球的时钟同步项目变成了起决定作用的现代性结构之一。时钟同步仍然是社会史、文化史和思想史不可分割的混合体，其中，科学、哲学和物理学相互交叉。

在过去的 30 年中，采用自下而上与自上而下两种相对立的解释方式变得越发普遍，可是这两种方式都无法定义时间。用中世纪描述炼金术和宇宙关系的古语来说，那就是：俯视见其上，仰视见其下（In looking down, we see up; in looking up, we see down）。这种观点让我们受益匪浅。当我们向下看，看向电磁信号调节的时钟网络时，我们看到的是帝国、形而上学以及公民社会的象征。当我们向上看，看向爱因斯坦和庞加莱关于空间、时间和同时性的哲学思考时，我们看到的是那些穿过伯尔尼专利局和法国经度局的线路、齿轮以及脉冲。我们在机器中领悟形而上学，在形而上学中发现了机器。现代化，适当其时。

与许多学生和同事的讨论，令我获益匪浅。

特别感谢大卫·布鲁尔、格雷厄姆·伯内特、吉姆纳·卡纳莱斯、黛比·科恩、奥利维尔·达里戈尔、洛林·达斯顿、阿诺德·戴维森、詹姆斯·格莱克、迈克尔·戈登、丹尼尔·戈洛夫、杰拉德·霍尔顿、迈克尔·詹森、布鲁诺·拉图尔、罗伯特·普洛克特、希拉里·帕特南、朱尔根·雷恩、西蒙·谢弗、玛加·维塞多、斯科特·沃尔特，尤其是卡罗琳·琼斯，你们提供了许多深刻的见解。

多年来，在与学者马丁·克莱因、亚瑟·克莱因·米勒和约翰·斯塔切尔的讨论中，我学到了很多。本书的手稿和图片的准备工作很长，如果没有研究助理道格·坎贝尔、埃维·尚茨、罗伯特·麦克杜格尔、苏珊娜·皮克特、山姆·利波夫、卡蒂亚·西夫、汉娜·谢尔和克里斯汀·祖茨的帮助，是不可能完成的。

特别感谢我的编辑安吉拉·冯·德·利普和我的经纪人卡廷卡·马特森，

感谢你们一直给我好的想法和鼓励。艾米·约翰逊和卡罗尔·罗斯为本书的编辑工作提出了许多建议。

最后，许多档案管理员对我的研究提供了慷慨的帮助，特别是巴黎天文台、巴黎档案馆、纽约公共图书馆、美国国家档案馆、加拿大国家档案馆、伯尔尼汉堡图书馆和伯尔尼美术馆。

第 1 章　探寻时间的本质

1. Einstein, "Autobiographical Notes" [1949], 31. 关于普遍的 "嘀嗒声"，参阅 Einstein, "The
   Principal Ideas of the Theory of Relativity" [after December 1916]，*Collected Papers,* vol.
   7, 1-7, on 5。关于牛顿的时间和空间，参阅 Rynasiewicz，"Newton's Scholium" (1995)。

2. 几代历史学家的非凡研究让我们现在可以了解爱因斯坦的成就。由于文献太多，本书仅
   列举了一部分来源，作为读者获取更多文献的切入点，其中引用著名的文献为 Stachel
   et al., eds., *Collected Papers* (1987-)。本书引用的二级文献参阅 Holton, *Thematic Origins
   of Scientific Thought* (1973)；Miller, "Einstein's Special Theory of Relativity" (1981)；
   Miller, *Frontiers* (1986)；Darrigol, *Electrodynamics* (2000)；Pais, *Subtle is the Lord* (1982)；
   Warwick, "Role of the Fitzgerald-Lorentz Contraction Hypothesis" (1991)；idem,
   "Cambridge Mathematics and Cavendish Physics" (part I, 1992; part II, 1993)；Paty,
   Einstein philosophe (1993)；M. Janssen, *A Comparison between Lorentz's Ether Theory and
   Special Relativity in the Light of the Experiments of Trouton and Noble,* unpublished doctoral
   dissertation, University of Pittsburgh, 1995；Folsing, *Albert Einstein* (1997)。主要学者的论
   文集参阅 "Einstein in Context," *Science in Context* 6 (1993)；Galison, Gordin, and Kaiser,
   Science and Society (2001)。关于狭义相对论的其他历史著作参阅 Cassidy, "Understanding"
   (2001)。

3. 关于庞加莱的学术研究也非常多，目前庞加莱档案项目已经在法国南锡开始实施，庞加莱
   科学通信的相关论文已正在出版，相关内容参阅 Nabonnand, ed., *Poincaré-Mittag-Leffler*
   (1999)；published articles are mostly in Oeuvres (1934-1953)。在达里戈尔（Darrigol）

和米勒（Miller）的著作中，也可以找到关于庞加莱研究物理学和哲学之间联系的相关内容；其他优秀文献，参阅 Greffe, Heinzmann, and Lorenz, eds., *Henri Poincare, Science and Philosophy* (1996)。罗莱（Rollet）的论文对庞加莱作为科学普及者和哲学家的工作进行了调研，该论文中的参考文献也极具价值，参阅 Henri Poincare, "Des Mathematiques a la Philosophie. Etudes du parcours intellectuel, social et politique d'un mathematicien au debut du siecle," unpublished doctoral dissertation, University of Nancy 2,1999。

4. Galison, "Minkowski's Space-Time" (1979).

5. Einstein, "Elektrodynamik bewegter Körper" (1905), 893; 本书采用的翻译版本是 Miller, *Einstein's Special Theory of Relativity* (1981), 392-393。

6. 同上。

7. 参见注释 2 中的资料来源；关于以太的内容，参阅 Cantor and Hodge, eds., *Conceptions of Ether* (1981)。

8. 关于海森堡与爱因斯坦批判绝对时间的讨论，参阅 *Physics and Beyond* (1971), 63；其他量子理论家，如马克斯·玻恩（Max Born）和帕斯库尔·若尔当（Pascual Jordan）也根据爱因斯坦的同时性约定建立了各自的物理学新模型，参阅 Cassidy, *Uncertainty* (1992), 198。关于菲利普·弗兰克（Philipp Franck）"good joke"（好的笑话）的出处为 *Einstein* (1953), 216。

9. Schlick, "Meaning and Verification" (1987), 131; see also 47.

10. Quine, "Lectures on Carnap," 64.

11. Einstein, *Einstein on Peace* (1960), 238-239, on 238.

12. Einstein, *Autobiographical Notes* [1949], 33.

13. Barthes, *Mythologies* (1972), 75-77.

14. Poincare, "Mathematical Creation" [1913], 387-388.

15. Poincare, *Science and Hypothesis* (1952), 78.

16. Quoted in Seelig, ed., *Helle Zeit-dunkle Zeit* (1956), 71; trans. in Calaprice, *The Quotable Einstein* (1996), 182.

17. 查尔斯·惠特斯通和威廉·库克（William Cook）、苏格兰钟表匠亚历山大·贝恩和美国发明家塞缪尔·莫尔斯（Samuel Morse）等人就远程设置的时钟进行了讨论。对于惠特斯通、库克和莫尔斯来说，时钟同步是他们进行电报研究的结果。参阅 Welch, *Time Measurement* (1972), 71-72。

18. 要深入讨论 1900 年以前关于时钟同步的研究工作，参阅 Favarger, "L'Electricité et ses applications à la chronométrie" (Sept. 1884-June 1885), esp. 153-58, 以及 "Les Horloges

électriques" (1917)；Ambronn, *Handbuch der Astronomischen Instrumentenkunde* (1899), esp. vol. 1, 183-87. 关于伯尔尼时间网的扩建，参阅 Gesellschaft für elektrische Uhren in Bern, *Jahresberichte, 1890-1910,* Stadtarchiv Bern。

19. Bernstein, *Naturwissenschaftliche Volksbucher* (1897), 62-64, 100-104.

20. Poincare, "Measure of Time" [1913], 233-234.

21. 同上，第 235 页。

22. Poincare, "La Mesure du temps" (1970), 54. 略做修改。

第 2 章 煤炭、混沌和约定：庞加莱的技术与工程

1. Poincare, "Les Polytechniciens" (1910), 266-267.

2. 同上，第 268 页，第 272 至 273 页。

3. 同上，第 274 至 275 页，第 278 至 279 页。

4. Cahan, *An Institute for an Empire* (1989), esp. ch. 1.

5. 在巴黎综合理工大学的课程中，蒙日画法几何的重要性大幅降低，课时从 1800 年的 153 学时骤降到 1842 年的 92 学时。与此同时，对数学函数进行严谨研究的高等微积分，从次要地位攀升到了顶端，相关内容参阅 Belhoste, Dahan, Dalmedico, and Picon, *La formation polytechnicienne* (1994), 20-21; Shinn, *Savoir scientifique et pouvoir social* (1980)。关于蒙日的射影几何学，参阅 Daston, "Physicalist Tradition" (1986)。关于物理学的教育法，参阅 Warwick, "Role of the Fitzgerald-Lorentz Contraction Hypothesis" (1991); Olesko, *Physics as a Calling* (1991); David Kaiser, *Making Theory: Producing Physics and Physicists in Postwar America,* unpublished doctoral dissertation, Harvard University, 2000。

6. Poincaré on Cornu, "Cornu" (1910), esp. 106, 120-121, 最初出版于 1902 年 4 月，参阅 Laurent Rollet, Henri Poincaré, *Des Mathématiques à la Philosophie. Étude du parcours intellectuel, social et politique d'un mathématicien au début du siècle,* unpublished doctoral dissertation, University of Nancy 2,1999, 409); Cornu, "La Synchronisation électromagnétique" (1894)。

7. 皮康（Picon）对实验敬而远之的态度与特里·辛恩（Terry Shinn）直接反对的态度形成鲜明对比，参阅 Belhoste, Dahan, Dalmedico, and Picon, *La formation polytechnicienne* (1994), 170-171; Shinn, "Progress and Paradoxes" (1989)。

8. 庞加莱在 1873—1874 年写给母亲的信，参阅 C76/A74, C97/A131, C112/A150, C114/A152, C116/A162, *Correspondance de Henri Poincaré* (unpubl. Archives ——Centre d'Études et de

Recherche Henri Poincaré, 2001)。

9.　C79/A92, *Correspondance de Henri Poincaré* (unpubl. Archives—Centre d'Études et de Recherche Henri Poincaré, 2001)。

10.　Roy and Dugas, "Henri Poincaré" (1954), 8.

11.　参阅 Nye, "Boutroux Circle" (1979)。引自 Archives-Centre d'Etudes et de Recherche Henri Poincare microfilm 3, n.d. (probably 1877) in Laurent Rollet, *Henri Poincaré. Des Mathématiques à la Philosophie. Étude du parcours intellectuel, social et politique d'un mathématicien au début du siècle, unpublished doctoral dissertation, University of Nancy 2*, 1999, 78–79, on 79; also cf. 104。关于科学辩论的极限，参阅 Keith Anderton, *The Limits of Science: A Social, Political and Moral Agenda for Epistemology,* unpublished doctoral dissertation, Harvard University, 1993。

12.　Calinon, "Étude Critique" (1885), 87.

13.　同上，第 88 至 89 页。关于卡利农 1886 年 8 月 15 日写给庞加莱的回信，参阅 *Correspondance de Henri Poincaré* (unpubl. Archives—Centre d'Études et de Recherche Henri Poincaré, 2001)。

14.　1886 年 8 月 15 日，卡利农写给庞加莱的回信，参阅 *Correspondance de Henri Poincaré* (unpubl. Archives—Centre d'Études et de Recherche Henri Poincaré, 2001)。

15.　Roy and Dugas, "Henri Poincaré" (1954), 20.

16.　同上，第 18 页。

17.　同上，第 17 至 18 页。

18.　同上，第 23 页。关于卡昂的任命，参阅 Gray and Walter, *Henri Poincaré* (1997), 1。

19.　关于庞加莱对曲线的强调，参阅 Gray, "Poincaré" (1992)；Gilain, "La théorie qualitative de Poincaré" (1991)；Goroff, Introduction, in Poincaré, *New Methods* (1993), I9。关于庞加莱的混沌观点，参阅 "Poincaré in the Archives" (1997); Andersson, "Poincaré's Discovery of Homoclinic Points" (1994)。

20.　Goroff, Introduction, in Poincare, *New Methods* (1993), I9, from Poincare, "Memoire sur les courbes" [1881], 376-377. 着重部分由作者标明。

21.　Poincaré, "Sur les courbes définies par les équations différentielles" [1885], 90；引用和翻译自 Barrow-Green, "Poincaré" (1997), 34。

22.　Barrow-Green, "Poincaré" (1997), 51–59.

23.　Poincaré, "La Logique et l'intuition" [1889], 132.

24. 关于米塔格-列夫勒在 1889 年 7 月 16 日写给庞加莱的信，参阅 letter 89, in *La Correspondance entre Poincaré et Mittag-Leffler* (1999)。

25. "我曾认为，所有这些渐近曲线，一旦离开代表周期解的封闭曲线后，就会渐近地接近同一条曲线。"1889 年 12 月 1 日，庞加莱写给米塔格-列夫勒的信，参阅 letter 90, *La Correspondance entre Poincaré et Mittag-Leffler* (1999)。

26. 关于庞加莱在 1889 年 12 月 1 日写给米塔格-列夫勒的信，参阅 letter 90, *La Correspondance entre Poincaré et Mittag-Leffler* (1999)。

27. 关于米塔格-列夫勒在 1889 年 12 月 4 日写给庞加莱的信，参阅 letter 92, in *La Correspondance entre Poincaré et Mittag-Leffler* (1999)。

28. 关于魏尔施特拉斯在 1890 年 3 月 8 日写给米塔格-列夫勒的信，参阅 letter 92, in *La Correspondance entre Poincaré et Mittag-Leffler* (1999)。

29. 关于混沌现象的相关讨论，参阅 Ekeland, *Mathematics* (1988)；Diacu and Holmes, *Celestial Encounters* (1996)。关于更多的技术讨论，参阅 BarrowGreen, "Poincare" (1997)；and Goroff, Introduction, in Poincaré, *New Methods* (1993)。

30. Poincaré, *New Methods* (1993), part 3, section 397, 1059.

31. 关于混沌的后现代解释，参阅 Hayles, *Chaos and Order* (1991)；Wise and Brock, "The Culture of Quantum Chaos" (1998)。

32. Poincaré, "Sur le probleme des trois corps" [1890], 490; Poincare, Preface to the French Edition [1892], in idem, *New Methods* (1993), xxiv.

33. Poincaré, Preface to the French Edition [1892], in idem, *New Methods* (1993), xxiv.

34. Poincaré, "Sur les hypotheses fondamentales" [1887], 91.

35. Poincaré, "Non-Euclidean Geometries" [1891], *Science and Hypothesis* (1902), 50, 41-43.

36. Giedymin, *Science and Convention* (1982), 21-23, on 23.

37. 参阅 A. Gruenbaum, "Carnap's Views" (1963)；A. Gruenbaum, *Geometry and Chronometry* (1968)。关于亥姆霍兹定理是庞加莱的理论来源，参阅 Gerhard Heinzmann, "Foundations of Geometry," *Science in Context* 14 (2001), 457-470。在若尔当或埃尔米特等更近期的资料来源中关于庞加莱数学约定论的内容，参阅 Gray and Walter, Introduction, *Henri Poincaré* (1997), 20。

38. Poincaré, "Non-Euclidean Geometries" [1891], *Science and Hypothesis* (1902), on 50. 着重部分由作者标明。

第 3 章　世界地图与时间的新秩序

1. Duc Louis Decazes, *Documents diplomatiques* (1875), 36. 关于标准化相关的道德和技术历史，参阅 Wise, ed., *Precision* (1995)，以及在西蒙·谢弗（Simon Schaffer）、M. 诺顿·怀斯（M. Norton Wise）、格雷厄姆·古迪（Graham Gooday）、肯·阿尔德（Ken Alder）、安德鲁·沃里克（Andrew Warwick）、弗雷德里克·霍姆斯（Frederic Holmes）和凯瑟琳·奥勒斯科（Kathryn Olesko）等作者的多篇著作中进一步的引用。关于确定公制米的原始任务，参阅 Alder, *Measure* (2002)。

2. J.B.A. Dumas, in *Documents diplomatiques* (1875), 121-130, esp. 126-127.

3. Guillaume, "Travaux du Bureau International des Poids et Mesures" (1890).

4. Comptes rendus des seances de la premiere conference generale des poids et mesures, Poincare, "Rapport" (1897). 米原器被封藏后，计量工作采用了不同的程序，在这种程序中，光的波长作为长度的标准，使用一定数量的铯波长取代特定的量棒。有两篇优秀的论文综述了计量学家和光谱学家的结合研究，以及天体物理学家和光学物理学家的结合研究，相关内容参阅 Charlotte Bigg, *Behind the Lines. Spectroscopic Enterprises in Early Twentieth Century Europe,* unpublished doctoral dissertation, esp. Part II, University of Cambridge, 2002；Staley, "Traveling Light" (2002)。

5. "Le Nouvel étalon du mètre" (1876).

6. *Le Temps*, 28 September 1889, 1.

7. 参阅 *Comptes rendus de l'Académie des Sciences:* Violle, "Sur l'alliage du kilogramme" (1889); Larce, Sur l'extension du système métrique" (1889)；Bosscha, "Études relatives à la comparaison du mètre international" (1891)；Foerster, "Remarques sur le prototype" (1891), 414。

8. "Extrait du Rapport du Chef du Service Technique," Ponts et Chaussées, 5 March 1881. Archives de la Ville de Paris, VONC 219.

9. Dohrn-van Rossum, *History of the Hour* (1996), 272.

10. "Conseil de l'Observatoire de Paris, Présidence de M. Le Verrier" [1875]; Le Verrier to M. le Préfet [January?, 1875?], both Archives de la Ville de Paris, VONC 219.

11. "Projet d'Unification de l'heure dans Paris. Rapport de la Commission des horloges," 22 January 1879. Archives de la Ville de Paris, VONC 219.

12. Tresca, "Sur le réglage électrique de l'heure" (1880); Ingénieur en Chef, Adjoint aux Travaux de Paris, "Quelques Observations en Réponse au Rapport du 25 Novembre, 1880." Archives de la Ville de Paris, VONC 3184, 6.

13. G. Collin to M. Williot, 23 September 1882; G. Collin to M. Chretien, 10 April 1883; both Archives de la Ville de Paris, VONC 219.

14. Breguet, "L'unification de l'heure" (1880); on time coordination in Paris, see also David Aubin, "Fading Star," forthcoming.

15. M. Faye to M. le Directeur, Direction des Travaux de Paris, 16 January 1889. Archives de la Ville de Paris, VONC 219.

16. Nordling, "L'Unification" (1888), 193.

17. 同上，第 198 页，第 200 至 201 页，第 202 页。

18. 同上，第 211 页。

19. Sobel, *Longitude* (1995), and Bennett, "Mr. Harrison" (2002).

20. G. P. Bond to A. D. Bache, Supt USCS. 28 Feb. 1854. Harvard University Archives, Harvard College Observatory, Cambridge, MA. Chronometric Expedition, letters, reports, miscellany; Box 1: Reports.

21. W. C. Bond, "Report of the Director" (4 December 1850).

22. W. C. Bond, "Report of the Director" (4 December 1851), clvi-clvii; G. P. Bond to A. D. Bache, Supt. USCS. 22 Oct. 1851. Both documents in Harvard University Archives, Harvard College Observatory, Cambridge, MA. Chronometric Expedition, letters, reports, miscellany; Box 1: Reports.

23. Stephens, "Partners in Time" (1987), 378.

24. Stephens, "'Reliable Time'" (1989), 17; who cites, on 19, Shaw, *Railroad Accidents* (1978), 31-33.

25. Bartky, *Selling Time* (2000), 64.

26. "Report of the Director" (1853), clxxi.

27. Bartky, *Selling Time* (2000). 关于单个天文台的文献简直浩如烟海，但关于时钟同步的作用调查最全面的莫过于这本书，书中研究了美国的时钟同步情况。

28. Jones and Boyd, "The First Four Directorships" (1971), 160. 涉及波士顿和普罗维登斯铁路、波士顿和洛厄尔铁路、东部铁路公司、波士顿和缅因公司等内容，参阅 University Archives, Harvard College Observatory, Cambridge, MA. Observatory Time Service, 1877-1892. Box 1, folder 7。

29. "Historical Account" (1877), 22-23.

30.　Pickering, in idem, *Annual Report of the Director* (1877), 10-11.

31.　引自沃尔多于 1877 年 11 月 20 日提交的报告，沃尔多是爱德华·C. 皮克林（Edward C. Pickering）教授，哈佛学院天文台台长的助手。该报告收录在 Appendix C in Pickering, *Annual Report* (1877), 28-36。

32.　引自乔治·H. 克拉克（George H. Clark）写给剑桥天文台台长的信，克拉克是罗得岛州纸板公司的所有人。Harvard University Archives, Harvard College Observatory, Cambridge, MA. Correspondence re: Time Signals. Folder 2.

33.　Waldo, "Appendix C" (1877), 28-29.

34.　同上，第 33 至 34 页。

35.　引自特斯克写给沃尔多的信，信件分别写于 1878 年 7 月 12 日、8 月 8 日、8 月 15 日和 11 月 11 日。Harvard University Archives, Harvard College Observatory, Cambridge, MA. Correspondence re: Time Signals. Folder 1.

36.　这是沃尔多的手写报告，报告时间截至 1878 年 11 月 1 日。Harvard University Archives, Harvard College Observatory, Cambridge, MA. Observatory Time Service, 1877-1892. Box 1, folder 8.

37.　引自特斯克写给沃尔多的信，信件分别写于 1878 年 12 月某日（日期不可查）和 1879 年 4 月 15 日。Harvard University Archives, Harvard College Observatory, Cambridge, MA. Correspondence re: Time Signals. Folder 1; "Law of Connecticut, approved March 9, 1881," Statutes of Conn., 1881, Ch. XXI. Harvard University Archives, Harvard College Observatory, Cambridge, MA. Observatory Time Service, 1877-1892. Box 1, folder 6; S. M. Seldon (Gen. Mgr. New York & New England RR Co.) to W. F. Allen, 23 March 1883, William F. Allen Papers, New York Public Library Archives, New York City, NY. Incoming Correspondence: Box 3, book 1.

38.　引自 T. R. 韦尔斯（T. R. Welles）在 1877 年 12 月 5 日写给沃尔多的信。Harvard University Archives, Harvard College Observatory, Cambridge, MA. Correspondence re: Time Signals. Folder 2.

39.　*Proceedings of the American Metrological Society* (1878), 37.

40.　Bartky, "Adoption of Standard Time" (1989), 34-39.

41.　"Report of Committee on Standard Time" (May 1879), 27.

42.　同上。

43.　引自艾伦在 1879 年 6 月 13 日写给阿贝的信。William F. Allen Papers, New York Public Library Archives, New York City, NY. Outgoing Correspondence: Box 3, book VII, 1; Bartky, "Invention of Railroad Time" (1983), 13.

44. 引自阿贝在 1879 年 6 月 14 日写给艾伦的信。William F. Allen Papers, New York Public Library Archives, New York City, NY. Incoming Correspondence: Box 3, book I.

45. 多德想到了一个与所用系统类似的系统。但 1879 年，当他问艾伦自己是否可以写一篇文章来解释他在艾伦的铁路指南上提到的"国家时间"，艾伦反对说不可干预。引自多德在 1879 年 10 月 30 日写给艾伦的信。William F. Allen Papers, New York Public Library Archives, New York City, NY. Incoming Correspondence: Box 3, book I; W. F. Allen to Dowd, 9 December 1879. William F. Allen Papers, New York Public Library Archives, New York City, NY. Outgoing Correspondence: Book VII. Letters reprinted in Dowd, *Charles F. Dowd* (1930), IX.

46. 关于弗莱明，参阅 Blaise, *Time Lord* (2000)；Creet, "Sandford Fleming" (1990)；Burpee, *Sandford Fleming* (1915)；Fleming, "Terrestrial Time" (1876), 1。

47. Fleming, "Terrestrial Time" (1876), 14-15.

48. 同上，第 31 页，第 22 页，第 36 至 37 页。

49. Fleming, "Longitude" (1879), 53-57. 其中关于对法国阵地的进攻在这本书中的第 63 页。

50. 引自阿贝在 1880 年 3 月 10 日写给弗莱明的书信，书信现保存于 U.S. Signal Office. 伯纳德给弗莱明的信分别写于 1880 年 3 月 18 日、4 月 6 日和 1881 年 4 月 29 日，这些书信保存于 National Archives of Canada, Ottawa, Ontario, MG 29 B1 Vol 3. File: Baring-Barnard。关于伯纳德所展示的手表，参阅 *Proceedings of the American Metrological Society* (1883)。

51. 伯纳德在 1881 年 6 月 11 日写信回复弗莱明，书信保存在 National Archives of Canada, Ottawa, Ontario, MG 29 B1 Vol 3. File: Baring-Barnard; Smyth, "Report to the Board of Visitors" (1871), R12-R20, on R19。关于伯纳德对史密斯的研究工作的回应参阅 "The Metrology" (1884)。关于史密斯和他的计量神学参阅 Schaffer, *Metrology* (1997)。

52. 艾里在 1881 年 7 月 12 日致信伯纳德，参阅 Fleming Papers, vol. 3, folder 19。

53. 伯纳德分别在 1881 年 8 月 19 日、9 月 3 日和 9 月 8 日给弗莱明写信，此处引用了 9 月 3 日的信件内容，参阅 Sandford Fleming Papers, National Archives of Canada, Ottawa, Ontario, vol. 3, folder 19. On the shambles of Thomson's appointment: Barnard, "A Uniform System" (1882).

54. 罗杰斯在 1881 年 6 月 11 日写给哈森的信保存在 United States Naval Observatory LS-M vol. 4。

55. "Report of the Committee" [December 1882].

56. 关于海恩斯上校（查尔斯顿和萨凡纳铁路）在 1883 年 3 月 12 日写给艾伦的信，参阅 William F. Allen Papers, New York Public Library Archives, New York City, NY. Incoming Correspondence: Box 3, book I, 72。

爱因斯坦的时钟与庞加莱的地图

57. Allen, *Report on Standard Time* (1883), 2-6. W. F. Allen, Scrapbook, at Widener Library Harvard University.

58. Allen, *Report on Standard Time* (1883), 5.

59. 同上，第 6 页。

60. 关于信件与电报数量，引自 Allen, "History" (1884), 42；关于不同城市的线缆数量，引自 Bartky, "Invention of Railroad Time" (1983), 20。

61. 一篇未署名的报纸文章，引自中央佛蒙特铁路公司 (Central Vermont Railroad) 在 1883 年 11 月 23 日写给艾伦的信，参阅 William F. Allen Papers, New York Public Library Archives, New York City, NY. Incoming Correspondence: Box 5, book IV, 158；关于 E. 理查森（E. Richardson）在 1883 年 12 月 5 日写给艾伦的信，参阅 William F. Allen Papers, New York Public Library Archives, New York City, NY. Incoming Correspondence: Box 5, book V, 48。

62. 密苏里太平洋铁路公司 A.A. 塔尔麦奇（A. A Talmage）的电报，引自 Allen, "History" (1884), 42；佛蒙特中部铁路公司 S.W. 卡明斯（S.W. Cummings）在 1883 年 12 月 26 日写给艾伦的书信，参阅 William F. Allen Papers, New York Public Library Archives, New York City, NY. Incoming Correspondence: Box 5, book V, 18；关于旧金山中太平洋公司助理警长乔治·克罗克（George Crocker）在 1883 年 10 月 8 日写给艾伦的信，参阅 William F. Allen Papers, New York Public Library Archives, New York City, NY. Incoming Correspondence: Box 4, book II, 97。

63. 菲奇堡铁路总警长约翰·亚当斯（John Adams）在 1883 年 10 月 2 日写给艾伦的信，参阅 William F. Allen Papers, New York Public Library Archives, New York City, NY. Incoming Correspondence: Box 4, book II, 68；艾伦在 1883 年 10 月 4 日给亚当斯的回信，参阅 William F. Allen Papers, New York Public Library Archives, New York City, NY. Incoming Correspondence: Box 3, book VII, 299。

64. *Proceedings of General Time Convention* (11 October 1883).

65. 同上。

66. For U.S. and Canada, *Proceedings of the Southern Railway Time Convention* (17 October 1883).

67. *Proceedings of the General Time Convention* (11 October 1883).

68. 艾伦写信给埃德森，请求将纽约时间调至子午线 75 度，随后埃德森在 1883 年 10 月 24 日写信给阿尔德，参阅 J. S. Allen, ed., *Standard Time* (1951), 17。

69. 1883 年 11 月 7 日，参阅 J. S. Allen, ed., *Standard Time* (1951), 18。

70. 伯纳德在 1883 年 10 月 22 日写给弗莱明的信，参阅 Fleming Papers。

71. de Bernardières, "Déterminations télégraphique" (1884). On de Bernardieres: *Dossier sur Octave, Marie, Gabriel, Joachim de Bernardières,* November 1886. Archives of the Service historique de la marine, Vincennes, No. 2879.

72. Green, *Report on Telegraphic Determination* (1877), 9-10.

73. *Report of the Superintendent of Coast Survey* (1861), 23.

74. 在南北战争之前，这个过程相当随机。例如，位于纽约奥尔巴尼的达德利天文台采用放样线的方法，将天文台上安装的一座小木屋与天文学家拉瑟弗德先生位于纽约市第 11 街第二大道的私人住址连接起来，以此确定与纽约的相对位置。By B. A. Gould with observers George W. Dean with Edward Goodfellow, A. E. Winslow and A. T. Mosman, appendix 18, in *Report of the Superintendent of the Coast Survey* (1862), 221-223.

75. *Report of the Superintendent of the Coast Survey* (1864); Gould, appendix 18, 154-56; *Report of the Superintendent of the Coast Survey* (1866), esp. 21-23.

76. *Report of the Superintendent of the Coast Survey* (1867), esp. 1-8;Gould, appendix 14, 150-151.

77. *Report of the Superintendent of the Coast Survey* (1867), 60.

78. Prescott, *History* (1866), esp. ch. XIV; Finn, "Growing Pains at the Crossroads" (1976)。

79. 关于古尔德早期的美国著作与其所用的英国技术，参阅 Bartky, *Selling Time* (2000), 61-72；关于横渡大西洋的著作，参阅 Gould, in *Report of the Superintendent of the Coast Survey* (1869), 60-67。

80. Gould, in *Report of the Superintendent of the Coast Survey* (1869), 61.

81. Gould, in *Report of the Superintendent of the Coast Survey* (1869), 63, 65.

82. *Report of the Superintendent of the Coast Survey* (1873), 16-18; appendix 18 in *Report of the Superintendent* (1877), 163-164.

83. Green, *Report on the Telegraphic Determination* (1877).

84. Green, Davis, and Norris, *Telegraphic Determination of Longitudes* (1880).

85. 同上，第 8 页。

86. 同上，第 9 页。

87. Davis, Norris, and Laird, *Telegraphic Determination of Longitudes* (1885),10.

88. 同上，第 9 页。

89. de Bernardières, "Déterminations télégraphique" (1884).

90. La Porte, "Détermination de la longitude" (1887).

91. Rayet and Salats, "Détermination de la longitude" (1890), B2.

92. Annex III in *International Conference at Washington* (1884), 210.

93. *Septième Conférence Géodésique Internationale* (1883), 8.

94. *International Conference at Washington* (1884), 24.

95. 同上，第 37 页。

96. 同上，第 39 至 41 页。

97. 同上，第 41 页。

98. 同上，第 42 至 47 页，第 47 条。

99. 同上，第 42 页，第 44 页，第 49 至 50 页。

100. 同上，第 541 页。

101. 同上，第 52 至 54 页。

102. 同上，第 54 页。

103. 同上，第 62 至 64 页，第 64 条。

104. 同上，第 65 至 68 页，引文在第 65、67、68 页。

105. 同上，第 68 至 69 页。

106. 同上，第 76 至 80 页。

107. 同上。Lefaivre on 91–92; adoption of the metric system on 92–93; Thomson on 94; the vote, see 99.

108. 同上，第 141 页。

109. 同上，第 159 页，第 180 页。

110. 关于法国革命的历史，参阅 Baczko, "Le Calendrier républicain" (1992); Ozouf, "Calendrier" (1992)。

111. *International Conference at Washington* (1884), 183–188, on 184.

第 4 章　庞加莱的地图

1.　Janssen, "Sur le Congrès" (1885), 716.

2.　在 1890 年的巴黎电报会议上，与会者敦促各国采用本初子午线的时钟时间作为世界时间。
　　Documents de la Conférence Télégraphique (1891), 608–609.

3.　Howard, *Franco-Prussian War* (1979), quotation on 2, see also 43.

4.　Bucholz, *Moltke* (1991), ch. 2 and 3, esp. 146–47; also Bucholz, *Moltke and the German Wars*
　　(2001), 72–73, 110–111, and 162–163.

5.　关于统一时间的建立，参阅 Kern, *Culture* (1983), 1114; Howse, *Greenwich* (1980), 119–
　　120。西蒙·谢弗使用威尔斯的时间机器作为指南，通过时间机器指导在世纪之交的机械化
　　办公场所、文学和科学与时间建立联系。Simon Schaffer, "Metrology," 1997.

6.　Moltke, "Dritte Berathung des Reichshaushaltsetats" (1892), 38–39 and 40; trans.
　　Sandford Fleming, under the title "General von Moltke on Time Reform" (1891), 25–27.

7.　Fleming, "General von Moltke on Time Reform" (1891), 26.

8.　引自剑桥大学图书馆剪报。"Fireworks at the Royal Observatory," *Castle Review* (n.d.);
　　Nigel Hamilton, "Greenwich: Having a Go at Astronomy," *Illustrated London News* (1975);
　　and Philip Taylor, "Propaganda by Deed—the Greenwich Bomb of 1894" (n.d.). Conrad,
　　Secret Agent (1953), 28–29.

9.　Lallemand, *L'unification internationale des heures* (1897), 5–6.

10.　同上，第 7 页。

11.　同上，第 8 页，第 12 页。

12.　同上，第 17 页，第 18 页，第 22 至 23 页。

13.　Poincaré, "Rapport sur la proposition des jours astronomique et civil" [1895].

14.　经度局主席于 1897 年 2 月 15 日起执行公共教育部长于 1896 年 10 月 2 日签署批准的关于
　　时间和圆周十进制的命令，资料来自 Archives Nationales, Paris。

15.　*Commission de décimalisation du temps,* 3 March 1897.

16.　同上，第 3 页。

17.　同上，第 3 页。

18.　关于诺贝尔梅耶在 1897 年 3 月 6 日写给经度局主席洛伊的信，参阅 *Commission de décimalisation
　　du temps*, 3 March 1897, 5。

19. 关于贝尔纳迪埃在 1897 年 3 月 1 日写给经度局主席洛伊的信，参阅 *Commission de décimalisation du temps*, 3 March 1897, 7。

20. 1897 年 4 月 22 日，经法国物理学会理事会批准，设立商务部长办公室。Janet, "Rapport sur les projets de réforme" (1897), 10.

21. "Rapport sur les résolutions" (1897), 7. 除刚才提到的系数 4 之外，将圆分成 400 单位的系数为 6，将每天 24 小时分成 400 个单位（24 除以 4 得到因子 6）；对于旧角度和新角度之间的转换，则最终系数为 9，乘以 360，然后除以 400。

22. The Sarrauton system is presented in Sarrauton, *Heure décimale* (1897), with Sarrauton's contribution dated April 1896.

23. *Commission de décimalisation du temps*, 7 April 1897, 3.

24. Cornu, "La Décimalisation de l'heure" (1897).

25. 同上，第 390 页。

26. Poincaré, "La décimalisation de l'heure" [1897], 678 and 679.

27. Note pour Monsieur le Ministre, 29 November 1905, Archives Nationales, Paris, F/17/2921.

28. Sarrauton, *Deux Projets de loi,* addressed to Loewy at the Bureau des Longitudes, 25 April 1899, Observatoire de Paris Archives, 1, 7, and 8.

29. La Grye, Pujazon, and Driencourt, *Différences de longitudes* (1897), A3.

30. Headrick, *Tentacles* (1988), 110-113.

31. La Grye, Pujazon, and Driencourt, *Différences de longitudes* (1897), A6.

32. 同上，A13，引用 A84。

33. La Grye, Pujazon, and Driencourt, *Différences de longitudes* (1897), A135-136.

34. Headrick, *Tentacles* (1988), 115-116.

35. 关于巴黎-伦敦经度运动的讨论内容，参阅 Christie, *Telegraphic Determinations* (1906), v-viii and 1-8 以及其中所列的参考文献。关于重新测定精度可取性的论述，参阅 1898 年巴黎国际大地测量会议。

36. 关于庞加莱在 1892—1893 年的讲座内容，参阅 Poincare, *Oscillations Electriques* (1894)；关于海底电缆的内容，参阅 "Etude de la propagation" [1904], 454。

37. *Report of the Superintendent of the Coast Survey* (1869), 116.

38. Loewy, Le Clerc, and de Bernardières, "Détermination des différences de longitude" (1882), A26 and A203.

39. Rayet and Salats, "Détermination de la longitude" (1890), B100.

40. La Grye, Pujazon, and Driencourt, *Différences de longitudes* (1897), A134.

41. Calinon, *Étude sur les diverses grandeurs* (1897), 20–21.

42. Calinon, *Étude sur les diverses grandeurs* (1897), 23 and 26. 综合理工人朱尔斯·安德拉德在 1897 年 9 月 4 日完成的关于物理学基础的书中提出了相同的观点，即 "可允许的时钟无穷多"，参阅 *Leçons de mechanique physique* (Paris, 1898), 2。庞加莱在《时间的测量》中也引用了这本书的内容来支持自己的观点，即我们选择一个时钟，只是出于方便的考虑，而不在于它显示的时间正确与否。虽然庞加莱坚持定量的、科学的同时性概念，但柏格森主要关注的是时间的定性经验，并在《时间与自由意志》(*Time and Free Will*[1889], 2001) 一书中重点论述了时间的意义。

43. Note pour Monsieur le directeur, 20 March 1900. Archives Nationales, Paris, F/17/13026. Martina Schiavon, "Savants officiers" (2001). 玛蒂娜·希亚文（Martina Schiavon）在自己的研究中，利用大量的文献资料，回顾并研究了军队、测量人员和军官在相关研究工作中的作用。关于殖民主义和测量学的结构化研究与更详细的参考资料，参阅 Burnett, *Masters* (2000)。

44. *Comptes rendus de l'Association Geodesique Internationale* (1899), 3–12 October 1898, 130–133, 143–144; Poincaré's remark in *Comptes rendus de l'Académie des Sciences* 131 (1900), Monday, 23 July, 218.

45. Headrick, *Tentacles* (1988), 116–117.

46. Poincaré, "Rapport sur le projet de revision" (1900), 219.

47. 同上，第 221 至 222 页。

48. 同上，第 225 至 226 页。

49. *Comptes rendus de l'Association Géodésique Internationale* (1901), 25 September—6 October 1900, session of 4 October; also Bassot, "Revision de l'arc" (1900), 1275.

50. *Comptes rendus de l'Académie des Sciences* 134 (1902); 965–966, 968, 969, and 970.

51. *Comptes rendus de l'Académie des Sciences* 136 (1903), 861.

52. *Comptes rendus de l'Académie des Sciences* 136 (1903), 861–862.

53. *Comptes rendus de l'Académie des Sciences* 136 (1903), 862 and 868. 关于影响，参阅 *Comptes rendus de l'Académie des Sciences* 138 (1904), 101415 (Monday 25 April 1904)；关于法国勘测队的本地向导，参阅 *Comptes rendus de l'Académie des Sciences* 140 (1905), 998 and 999

(Monday 10 April 1905)。*Comptes rendus de l'Académie des Sciences* 136 (1903), 871.

54. Laurent Rollet, *Henri Poincaré. Des Mathématiques à la Philosophie. Étude du parcours intellectuel, social et politique d'un mathématicien au début du siècle,* unpublished doctoral dissertation, University of Nancy 2, 1999, 165.

55. Poincaré, "Sur les Principes de la mécanique" ;originally from *Bibliotheque du Congres international de philosophie* III, Paris (1901), 457-494; modified and reprinted in Poincaré, *Science and Hypothesis* [1902], ch. 6, 90.

56. Poincaré, "The Classic Mechanics," in *Science and Hypothesis* [1902], ch. 6, 110, 104-105.

57. Poincaré, "Hypotheses in Physics" ;originally "Les relations entre la physique expérimentale et la physique mathematique" in *Revue générale des sciences pures et appliquées* 11 (1900), 1163-1175;reprinted in *Science and Hypothesis* [1902], ch. 9, 144.

58. Poincaré, "Intuition and Logic in Mathematics" ;originally "Du rôle de l'intuition et de la logique en mathématiques," in *Comptes Rendus du deuxième Congrès international des mathématiciens tenu à Paris du 6-12 août 1900;reprinted in* Poincaré, *Foundations of Science* (1982), 210-211.

59. Poincare, "La théorie de Lore" [1900], 464.

60. Lorentz, *Versuch einer Theorie* [1895].

61. Poincare, *Electricité et optique* [1901], 530-532.

62. 克里斯蒂在 1899 年 8 月 3 日写信给庞加莱，讨论巴黎和伦敦之间经度差测量的问题，此前他曾在 1898 年 12 月 1 日写信给洛伊，在 1899 年 2 月 9 日写信给法国陆军地理服务处处长巴索（Bassot）。Observatoire de Paris, ref. X5, C6. Poincaré to Christie, 23 June 1899, 9 August 1899, and undated (but probably shortly after 9 August 1899), all from Christie Papers, Cambridge University Archives, MSS RGO 7/261.

63. Poincaré, "La théorie de Lorentz" [1900], 483.

64. 假设 B 在中午时向 A 发送了一个信号，A 与 B 之间的距离为 AB。B 应该将时钟调时至中午加上常规的传输时间。但左行方向的速度是 $(c + v)$，所以逆风方向的传输时间 t（顺风速度）等于 AB / $(c + v)$；反之，顺风方向的传输时间为 AB / $(c - v)$。从 B 到 A 的 "真实" 传输时间为两地往返时间的一半，即 1/2 [t（顶风速度）+ t（顺风速度）]，而表观传输时间只是 t（顺风速度）。因此，使用表观传输时间所产生的误差等于真实传输时间和表观传输时间之间的差异，或者

误差 = 1/2 [t（顶风速度）+ t（顺风速度）] - t（顺风速度）

使用上述 t（顺风速度）和 t（顶风速度）的定义：

误差 = 1/2 [AB / $(c + v)$ - AB / $(c - v)$] = 1/2 AB $(c + v - c + v)$ / $(c2 - v2)$ = ~ ABv/c2.

达里戈尔指出，相对论历史学家大多都忽略了对地方时的这种时钟同步解释。*Electrodynamics* (2000), 359-360 和 Miller's wide-ranging *Einstein, Picasso* (2001), 200-215; Stachel, *Einstein's Collected Papers,* vol. 2 (1989), 308n.

65. Poincaré et les Physiciens, unpubl. 相关资料来自 Henri Poincaré Archive: Annexe 3, document 205, 31 January 1902。

66. Poincaré et les Physiciens, unpubl. 相关资料来自 Henri Poincaré Archive: Annexe 3, document 205, 31 January 1902。

67. Poincaré, The Foundations of Science (1982), 352.

68. 亨利·罗莱特（Henri Rollet）对此进行了精彩的论述。Henri Poincaré. Des Mathématiques à la Philosophie. Études du parcours intellectuel, social et politique d'un mathématicien au début du siècle, unpublished doctoral dissertation, University of Nancy 2, 1999, 249ff, quotation on 263; also Débarbat, "An Unusual Use" (1996).

69. Poincaré, "Le Banquet du 11 Mai" (1903), 63.

70. 同上，第 63 至 64 页。

71. Débarbat, "An Unusual Use" (1996), 52.

72. Darboux, Appell, and Poincaré, "Rapport" (1908), 538-549.

73. Poincaré, "The Present State and Future of Mathematical Physics," originally "L'État actuel et l'avenir de la physique mathématique" [24 September 1904, Congress of Arts and Science at St. Louis, Missouri], in *Bulletin des Sciences Mathématiques* 28 (1904), 302-324. Reprinted in Poincaré, Valeur de la Science (1904), 123-147, this quotation on 123.

74. Poincaré, "The Present State" [1904], 128.

75. 同上。

76. 同上，第 133 页。译文修改为 *"en retard"*，应该是"滞后"，并非指时钟以较慢的速度运行。

77. 同上，第 142 页和第 146 至 147 页。*Poincaré et les Physiciens,* unpubl. 相关资料来自 Henri Poincaré Archive: document 124, 191-93, letter from Poincare to Lorentz (n.d.) but sometime shortly after Poincaré's return from Saint-Louis。

78. Lorentz, "Electromagnetic phenomena" (1904).

79. Poincare, "Les Limites de la loi de Newton" (1953-1954), 220 and 222.

80. Poincare, "La Dynamique de l'électron" [1908], 567.

81. Poincare, "Sur la Dynamique," reprinted in his *Mécanique Nouvelle* (1906), 22; discussed by Miller, *Einstein* (1981).

82. *Poincaré et les Physiciens*, unpubl. 相关资料来自 Henri Poincare Archive: letter 127, Lorentz to Poincaré, 8 March 1906。

第 5 章　爱因斯坦的时钟

1. 关于瑞士在时间统一方面的出色成就，参阅 Messerli, *Gleichmässig, pünktlich, schnell* (1995), esp. ch. 5. 关于马提亚斯·希普的传记详情，参阅 de Mestral, *Pionniers suisses* (1960), 9-34；Weber and Favre, "Matthaus Hipp" (1897); Kahlert, "Matthäus Hipp" (1989). 关于希普与天文学家赫希的关系，以及他如何通过时间和同时性精度的新技术将实验心理学史与天文学联系在一起，参阅 Canales, "Exit the Frog" (2001)；Schmidgen, "Time and Noise" (2002)；and Charlotte Bigg, *Behind the Lines*; *Spectroscopic Enterprises in Early Twentieth Century Europe,* unpublished doctoral dissertation, University of Cambridge, 2002。

2. 关于希普的故事，参阅 "Matthäus Hipp" (1989). 尽管希普专注于钟表生产，而不是网络，但对瑞士钟表业产生了深刻的影响。Landes's work, *Revolution in Time* (1983), 237-337.

3. Favarger, *L'Électricité* (1924), 408-409.

4. "Die Zukunft der oeffentlichen Zeit-Angaben" (12 November 1890)；Merle, "Tempo!" (1989), 166-178 cited in Dohrn-van Rossum, *History of the Hour* (1996), 350.

5. Favarger, "Sur la Distribution de l'heure civile" (1902).

6. 同上，第 199 页。

7. 同上，第 200 页。

8. 同上，第 201 页。

9. Kropotkin, *Memoirs* (1989), 287.

10. Favarger, "Sur la Distribution de l'heure civile" (1902), 202.

11. 同上，第 203 页。

12. 同上。Newspaper quoted in Jakob Messerli, *Gleichmässig Pünktlich Schnell* (1995), 126.

13. Einstein, "On the Investigation of the State of the Ether" [1895]；Einstein, "Autobiographical Notes" (1969), 53.

14. Urner, "Vom Polytechnikum zur ETH," 19-23.

15. Einstein's notes on Weber's lectures, in *Collected Papers,* vol. 1, 142. 韦伯自己的工作涉及实验和应用学科的各类课题，诸如比热与温度的关系、黑体辐射的能量分布规律、交流电路和碳丝。Editors' note, *Collected Papers* 1,62; Barkan, *Nernst* (1999), 114-117.

16. 爱因斯坦关于韦伯讲座的笔记内容，参阅 *Collected Papers (Translation)*, vol. 1,51-53。

17. 爱因斯坦在 1899 年 9 月 10 日写给玛丽克的信，参阅 item 52, in *Collected Papers (Translation)*, vol. 1, 132-133。

18. 爱因斯坦在 1899 年 8 月写给玛丽克的信，参阅 Letter 8 in Einstein, *Love Letters* (1992), 10-11。这封信还被收录在 *Collected Papers (Translation)*, vol. 1, 130-131。关于爱因斯坦在电动力学方面的有关知识，参阅 Holton, *Thematic Origins* (1973); Miller, *Einstein's Relativity* (1981) 以及 Darrigol, *Electrodynamics* (2000)。

19. 关于爱因斯坦和以太，参阅编辑稿件 "Einstein on the Electrodynamics of Moving Bodies", *Collected Papers,* vol. 1, 223-225; Darrigol, *Electrodynamics* (2000), 373-380. 关于爱因斯坦早期对相对性原理的运用，出处同上，详见第 379 页。

20. 爱因斯坦在 1901 年 5 月写给玛丽克的信，参阅 item 111, inCollected Papers (Translation), vol. 1, 174。

21. 爱因斯坦在 1901 年 6 月写给玛丽克的信，参阅 item 112, in Collected Papers (Translation), vol. 1, 174-175。

22. 爱因斯坦在 1901 年 7 月 8 日写给温特勒的信，参阅 item 115, in Collected Papers (Translation), vol. 1, 176-177。关于爱因斯坦的争论，参阅 Renn's excellent article, "Controversy with Drude" (1997), 315-354。

23. 该技术学院的教务处在 1901 年 7 月 31 日写给爱因斯坦的信，参阅 item 120, in Collected Papers (Translation), vol. 1, 179。

24. 爱因斯坦在 1901 年 9 月写给格罗斯曼的信，参阅 item 122, in Collected Papers (Translation), vol. 1, 180-181。

25. 爱因斯坦在 1901 年 12 月 18 日写给瑞士专利局的信，参阅 item 129, in *Collected Papers* (Translation), vol. 1, 188。

26. 爱因斯坦在 1901 年 12 月 19 日写给玛丽克的信，参阅 item 130, in Collected Papers (Translation), vol. 1, 188-189。

27. 爱因斯坦在 1901 年 12 月 17 日写给玛丽克的信，参阅 item 128, in *Collected Papers (Translation)*, vol. 1, 186-187。

28. 爱因斯坦在 1901 年 12 月 19 日写给玛丽克的信，参阅 item 130, in *Collected Papers (Translation)*, vol. 1, 188-189。略做修改。

29. 爱因斯坦在 1901 年 12 月 28 日写给玛丽克的信，参阅 item 131, in *Collected Papers (Translation)*, vol. 1, 189-190。

30. 爱因斯坦在 1901 年 4 月 4 日写给玛丽克的信，参阅 item 96, in *Collected Papers (Translation)*, vol. 1, 162-163。

31. 爱因斯坦的私人家教广告，1902 年 2 月 5 日，参阅 item 135, in *Collected Papers (Translation)*, vol. 1, 192。

32. 爱因斯坦在 1902 年 2 月写给玛丽克的信，参阅 item 136, in *Collected Papers (Translation)*, vol. 1, 192-193。

33. Solovine, introduction to Einstein, *Letters to Solovine* (1993), 9.

34. Holton, *Thematic Origins* (1973), ch. 7.

35. Mach, *Science of Mechanics* [1893], 272-273.

36. 爱因斯坦在 1916 年 4 月 1 日为纪念马赫所写的文章，参阅 document 29, in *Collected Papers*, vol. 6, 280。

37. Pearson, *Grammar of Science* [1892], 204, 226, and 227.

38. Einstein, *Letters to Solovine* (1983), 8-9. Mill, *System of Logic* (1965), 322.

39. Einstein, *Letters to Solovine* (1983), 8-9. 关于爱因斯坦和马赫，参阅 Holton, *Thematic Origins* (1973), ch. 7。索洛文召集小组讨论的著作还包括 Ampere, *Essai* (1834)；Mill, *System of Logic* (1965)；Pearson, *Grammar of Science* [1892] 以及 Poincare, *Wissenschaft und Hypothese* (1904)。

40. Poincare, *Wissenschaft und Hypothese* (1904), 286-289.

41. 爱因斯坦在 1915 年 12 月 14 日写给施利克的信，参阅 document 165, in *Collected Papers*, vol. 8a, 221；*Collected Papers (Translation)*, 161。

42. 在大多数情况下，林德曼夫妇用 Ubereinkommen 来表示庞加莱的约定论，但当庞加莱在《科学与假设》（第 xxiii 页）中与哲学家 E. 勒罗伊（E. Le Roy）争论时，情况发生了变化。庞加莱写道："有些人对自由约定的这一特点深有感触，这在科学的某些基本原理中得到认可。"林德曼夫妇将相关的短语表述为 *"den Charakter freier konventioneller Festsetzungen"*。Poincare, *Wissenschaft und Hypothese* (1904), XIII.

43. 爱因斯坦在 1924 年 10 月 30 日写给索洛文的信，参阅 Einstein, *Letters to Solovine*, 63。人们很容易想到普朗克，他是第一个支持相对论的著名理论物理学家。他不屑于在物理学中谈论"便利性"，而是赞美那些普遍和不变的东西。Heilbron, *Dilemmas* (1996), 48-52.

44. Einstein, "Autobiographische Skizze," in Seelig, ed., *Helle Zeit, Dunkle Zeit* (1956), 12. Einstein to Mileva Mari, February 1902, item 137, in *Collected Papers (Translation)*, vol. 1, 193. 1902 年 6 月 2 日，爱因斯坦得到正式通知，他得到了专利局的工作，年薪为 3 500 瑞士法郎，1902 年 6 月 1 日正式上班，参阅 item 140, in *Collected Papers (Translation)*, vol. 1, 194-195；item 141, 19 June 1902, 195；item 142, 196。

45. 关于庞加莱对动力学和运动学的观点，参阅 Miller, *Frontiers* (1986), parts I, III；Paty, *Einstein Philosophe* (1993), 264-276 以及 Darrigol, *Electrodynamics* (2000)。

46. 限于本书主旨，这里不展开讲述爱因斯坦如何走向狭义相对论。关于相对论的简要综述参阅 Stachel et al., "Einstein on the Special Theory of Relativity," editorial note in *Collected Papers*, vol. 2, 253-274, esp. 264-265；相对论的早期发展史参阅 Miller, *Einstein's Relativity* (1981); Darrigol, *Electrodynamics* (2000);Pais, *Subtle Is the Lord* (1982)。

47. Flückiger, *Albert Einstein* (1974), 58.

48. 爱因斯坦在 1902 年 8 月 15 日和 10 月 3 日写给汉斯·沃尔文的信，参阅 item 2, in *Collected Papers (Translation)*, vol. 5, 4-5。

49. Flückiger *Albert Einstein* (1974), 58.

50. Flückiger, *Albert Einstein* (1974), 67. 爱因斯坦在 1903 年 9 月写给玛丽克的信，参阅 item 13, in *Collected Papers (Translation)*, vol. 5, 14-15。

51. 参考文献引自 Pais, *Subtle Is the Lord* (1982), 47-48，载于 Flückiger, *Albert Einstein* (1974)。

52. 尼古拉斯·斯托伊切夫（Nicolas Stoïcheff）在 1904 年 1 月 6 日提交的 30224 号专利于 1904 年发布；美国新奇电力公司（American Electrical Novelty）提交的 31055 号专利"电动摆锤运动的闭流装置"于 1904 年 3 月 16 日提交，1905 年发布。

53. 根据伯尔尼提供的专利清单，参阅 Berner, *Initiation* (c. 1912), ch. 10。

54. 在 1902—1905 年的《瑞士钟表杂志》（*Journal Suisse d'horlogerie*）中列出了数百个相关专利，但遗憾的是，瑞士专利局在 18 年后尽职尽责地销毁了所有爱因斯坦处理过的申请；这是专利意见的标准程序，就连名声大噪的爱因斯坦也不能破例。参阅 Fölsing, *Einstein* (1997), 104。

55. 在专利局的工作与爱因斯坦的科学研究之间，联系最紧密的是关于陀螺罗经和爱因斯坦提出的爱因斯坦 - 德哈斯效应，参阅 Galison, *How Experiments End* (1987), ch. 2；Hughes, "Einstein" (1993); Pyenson, *Young Einstein* (1985)。关于爱因斯坦评估电子专利的工作任务，参阅 Flückiger, *Albert Einstein* (1974), 62。

56. Flückiger, *Albert Einstein* (1974), 66.

57. J. Einstein & Co. und Sebastian Kornprobst, "Vorrichtung zur Umwandlung der ungleichmässigen Zeigerausschläge von Elektrizitäts-Messern in eine gleichmässige, gradlinige Bewegung," Kaiserliches Patentamt 53546, 26 February 1890; idem, "Neuerung an elektrischen Mess- und Anzeigervorrichtungen," Kaiserliches Patentamt 53846, 21 November 1889; idem, "Federndes Reibrad", 60361, 23 February 1890; "Elektrizitätszähler der Firma J. Einstein & Cie München (System Kornprobst)" (1891), 949. Frenkel and Yavelov, Einstein (in Russian) (1990), 75 ff.; Pyenson, Young Einstein (1985), 39-42. 关于电气化时钟和电力测量设备之间的关系，参阅 Max Moeller,

"Stromschlussvorrichtung an elektrischen Antriebsvorrichtungen fuer elektrische Uhren, Elektrizitätszähler und dergl." (Swiss patent 24342)。

58. 瑞士专利局在 1907 年 12 月 11 日写给爱因斯坦的信，参阅 item 67, in *Collected Papers (Translation),* vol. 5, 46。关于爱因斯坦对发电机的兴趣，参阅 Miller, *Frontiers of Physics* (1986), ch. 3。爱因斯坦断言，只有当他认为自己所捍卫的一方是正确的，他的角色才是专家证人。他在 1928 年为 Siemens & Halske 辩护，对抗 Standard Telephones & Cables Ltd. 的申诉，参阅 Hughes, "Inventors" (1993), 34。

59. Galison, *How Experiments End* (1987), ch. 2.

60. 爱因斯坦在 1917 年 7 月 29 日写给仓格尔的信，参阅 document 365, in *Collected Papers,* vol. 8a, 495–496。

61. 哈比希特在 1908 年 2 月 19 日写给爱因斯坦的信，参阅 item 86, in *Collected Papers (Translation),* vol. 5, 58–61, on 60。

62. 关于"小机器"，参阅 editors' essay in *Collected Papers,* vol. 5, 51–54; Folsing, *Einstein* (1997), 132, 241, and 267–278; Frenkel and Yavelov, *Einstein* (1990), ch. 4。

63. 爱因斯坦在 1909 年 3 月写给阿尔伯特·戈克尔（Albert Gockel）的信，参阅 item 144, in *Collected Papers (Translation),* vol. 5, 102。

64. 爱因斯坦在 1907 年 12 月写给哈比希特的信，参阅 item 69 in *Collected Papers (Translation),* vol. 5, 47。爱因斯坦在 1908 年 11 月 1 日之后写给劳布的信，参阅 item 125 in *Collected Papers (Translation),* vol. 5, 90。"我目前正与洛伦兹通信讨论辐射问题，这个问题非常有趣。我最敬佩他，可以说，我爱他。"爱因斯坦在 1909 年 5 月 19 日写给劳布的信，参阅 item 161 in *Collected Papers (Translation),* vol. 5, 120–122, on 121。

65. C. Vigreux and L. Brillie, "Pendule avec dispositif electro-magnetique pour le reglage de sa marche," patent 33815.

66. Einstein, "How I Created the Theory" (1982). 比较一下爱因斯坦在 1924 年发表的评论："经过 7 年徒劳无果的思考（1898—1905），我突然想到了解决办法，我们的空间和时间的概念和规律只有在与我们的经验有明确关系的情况下才会有效，而且可能会因为我们的经验而发生改变。我修改了同时性的概念，使它更加有延展性，于是我就得出了狭义相对论。" Einstein, *Collected Papers (Translation),* vol. 2, 264.

67. Joseph Sauter, "Comment j'ai appris à connaître Einstein," printed in Fluckiger, *Albert Einstein in Bern* (1972), 156; Fölsing, *Albert Einstein* (1997), 155–156.

68. 爱因斯坦在 1905 年 5 月写给哈比希特的信，参阅 document 27, in *Collected Papers (Translation),* vol. 5, 19–20, on 20。

69. Einstein, "Conservation of Motion" [1906] in *Collected Papers (Translation),* vol. 2, 200–206, on 200.

70. Cohn, "Elektrodynamik" (1904).

71. Einstein, "Relativity Principle" [1907], document 47, in *Collected Papers,* vol. 2, 432-488, on 435; *Collected Papers (Translation),* 252-311, on 254 (translation modified). 关于爱因斯坦在 1907 年 9 月 25 日写给斯塔克的信，参阅 document 59 in *Collected Papers,* vol. 5, 74-75。关于科恩的物理学，参见 Darrigol, *Electrodynamics* (2000), 368, 382, and 386-392。

72. Abraham, *Theorie der Elektrizität: Elektromagnetische Theorie der Strahlung* (Leipzig, 1905), 366-79; cited in Darrigol, *Electrodynamics* (2000), 382.

73. Warwick, "Cambridge Mathematics" (1992, 1993).

74. Cited in Galison, "Minkowski" (1979), 98, 112-113.

75. Galison, "Minkowski" (1979), 97.

76. 关于闵可夫斯基的观点认可度的综述，参阅 Walter, "The non-Euclidean style" (1999)。

77. Cited in Galison, "Minkowski" (1979), 95.

78. Einstein, "The Principle of Relativity and Its Consequences in Modern Physics" [1910], document 2, in *Collected Papers (Translation),* vol. 3, 117-143, on 125.

79. Einstein, "The Theory of Relativity" [1911], document 17, in *Collected Papers (Translation)*, vol. 3, 340-350, on 348 and 350.

80. 关于相对论讲座后的讨论，参阅 document 18, in *Collected Papers (Translation)*, vol. 3, 351-358, on 351-352。

81. 关于相对论讲座后的讨论，参阅 document 18, in *Collected Papers (Translation)*, vol. 3, 351-358, on 356-358; 也可查阅下文中的相关注释 *Collected Papers*, vol. 3, on 448-449。Poincare, *La Science* (1905), on 165.

82. Laue, *Relativitätsprinzip* (1913), 34.

83. Planck, *Eight Lectures* (1998), 120; translation modified slightly following Walter, "Minkowski" (1999), 106. 关于普朗克的话和爱因斯坦的职业生涯，参阅 Illy, "Albert Einstein," 76。

84. Einstein, "On the Principle of Relativity" [1914], document 1, in *Collected Papers*, vol. 6, 3-5, on 4; *Collected Papers (Translation)*, vol. 6, 4.

85. Cohn, "Physikalisches" (1913), 10; Einstein, "On the Principle of Relativity" [1914], document 1, in *Collected Papers (Translation)*, vol. 6, 4.

86. 更准确地说，这个简单的三角形定量地显示了在两个参照系内时间测量值之间的关系。Δt 是光经过距离 h 所需的时间，由此 $h = c\Delta t$。想象一下，光子钟以速度 v 向右移动，光脉冲的

倾斜路径在时间 $\Delta t'$ 内所经过的距离为 D，由此 $D = c\Delta t'$。在光束到达顶部镜子的时间 $\Delta t'$ 中，光束的发射点已经向右移动了 b，即等于时钟的速度乘以时间 $\Delta t'$，计算公式为 $b = v\Delta t'$。因此，我们得到了一个直角三角形［见图 5-9（b）］，它的各边的值均已知，应用毕达哥拉斯定理，即 $D^2 = b^2 + h^2$。将 D、b 和 h 的值带入这个公式后，我们得出 $(c\Delta t')^2 = (v\Delta t')^2 + (c\Delta t)^2$。从等式的两侧分别减去 $(v\Delta t')^2$，简化方程，由此得到 $\Delta t'/\Delta t = 1/\sqrt{(1 - v^2/c^2)}$。这个结果至关重要，因为它揭示了静止的时钟在静止参照系中发出"嘀嗒"声所需的时间 t（指移动距离为 h 的光）比它以速度 v 移动所经过的距离要长。由于 v/c = 光速的 4/5，则比值 $1/\sqrt{(1 - v^2/c^2)}$ 为 5/3；使用静止的时钟对一个以五分之四光速运动的时钟进行测量，被测时钟转得慢，系数为 5/3。当然，根据爱因斯坦的说法，"静止"和"运动"是完全相对的。

87. Howeth, *History* (1963).Roussel, *Premier Livre*(1922), esp. 150-152. Boulanger and Ferrie, *La Telegraphie* (1909), date the Eiffel Tower radio station to 1903. Ferrié, "Sur quelques nouvelles applications de la Télégraphie" (1911), esp. 178.Rothé, *Les Applications de la Télégraphie* (1913). 以上参考文献显示，无线电时钟同步的规划在无线电工作开始时就启动了，并且还有关于无线电通信时钟同步的详细程序的讨论。

88. 马克思·雷托弗尔（Max Reithoffer）和弗朗茨·莫拉韦茨（Franz Morawetz）的"一种用电波远程控制点钟的装置"在 1906 年 8 月 20 日提交了专利申请，编号为 37912。

89. Depelley, *Les Cables sous-marins* (1896), 20.

90. Poincaré, "Notice sur la télégraphie sans fil" [1902].

91. Amoudry, *Le Général Ferrié* (1993), 83-95.

92. 国际时间会议，参阅 *Annales du Bureau des Longitudes* 9, D17。

93. 关于 1909 年 3 月 8 日召开的无线电报技术部际委员会第 7 次会议，参阅 MS 1060, II F1, Archives of the Paris Observatory。

94. Poincaré "La Mécanique nouvelle" (1910), 4, 51, 53-54.

95. 法国公共教育部部长在 1909 年 7 月 17 日致信巴黎天文台台长，表示批准了庞加莱的提案；1909 年 6 月 26 日无线电报技术部际委员会第 10 次会议的会议记录也有记载。书信和会议记录都收录在 documents MS 1060, II F1, Archives of the Paris Observatory.

96. Poincaré, "La Mécanique Nouvelle" [1909], 9. 这本手稿的副本日期为 1909 年 7 月 24 日，保存在 Archives de l'Académie des Sciences。

97. Poincaré, "La Mécanique Nouvelle," Tuesday 3 August 1909.

98. Amoudry, *Général Ferrié* (1993), 109; 参阅 Comptes rendus de l'Académie des Sciences report 31 January [1910].

99. *Scientific American* 109, 13 December 1913, 455; 另见 Joan Marie Mathys, "The Right Place at the Right Time," unpubl. MA thesis,Marquette University, 30 September 1991.

100. Lallemand, "Projet d'organisation d'un service international de l'heure" (1912). 关于埃菲尔铁塔－阿灵顿交易所，参阅 Amoudry, *Général Ferrié* (1993), 117; Joan Marie Mathys (unpublished MA thesis, 1991); *Scientific American* 109, 13 December 1913, 445。

101. Howse, *Greenwich* (1980), 155.

102. 关于 1911 年 3 月 21 日法国部际委员会的第 11 次会议和 1911 年 11 月 21 日的第 13 次会议，参阅 MS 1060, II F1, Archives of the Paris Observatory。

103. Léon Bloch, *Le Principe de la relativité* (1922), 15-16.Pestre, *Physique et Physiciens* (1984), 18, 56, and 117. 多米尼克·佩斯特（Dominique Pestre）认为布洛赫和他的兄弟是当时法国的物理学家，在他们编写的教科书中，积极看待 20 世纪初的新物理学，并且在写作时专门使用了一系列渐进式的概括内容，论述了从具体到抽象的概念。对于他们更注重实验的同事来说，这些教科书极具吸引力。

104. Bureau des Longitudes, *Réception des signaux horaires: Renseignements météorologiques, seismologiques, etc., transmis par les postes de télégraphie sans fil de la Tour Eiffel, Lyon, Bordeaux, etc.* (Bureau des Longitudes, Paris, 1924), 83-84.

105. 校正有很多种形式，并且包括由于卫星的运动、卫星轨道所在高度的较低引力场以及地球自转而产生的影响。多普勒频移的相对论量为 $v2/2c2$，对于卫星的速度来说，大约是每天 700 万分之一秒。因为光速比卫星的速度快得多，所以不需要考虑广义相对论的大部分原理，但广义相对论中的等效原理至关重要。根据等效原理，没有办法区分盒子发生自由落体的物理现象与该盒子在没有引力场的作用下所发生的物理现象。要确保分析严谨，就需要考虑以下因素：卫星的轨道并不始终位于同一个引力场中，地球观测者可能在地球表面移动，地球表面的引力场完全不同，太阳的引力场对地球时钟和卫星时钟的影响不同，以及光的表观速度因地球的引力场而变化。

106. *Los Angeles Times,* 12 May 1992, "Men Arrested in Space Satellite Hacking Called Peace Activists," Metro part B, 12.

107. Taylor, "Propaganda by Deed" (n.d.), 5, in "Greenwich Park Bomb file," Cambridge University archives. Serge F. Kovaleski, "1907 Conrad Novel May Have Inspired Unabomb Suspect," *Washington Post,* 9 July 1996, A1.

108. 这一点在多篇文章中被多次指出，爱因斯坦在文中确实提到了"洛伦兹理论"，但没有脚注。Infeld, *Albert Einstein* (1950), 23; Holton, *Thematic Origins* (1973);Miller, *Einstein's Relativity* (1981), and idem, "The Special Relativity Theory" (1982), 3-26.

109. Myers, "From Discovery to Invention" (1995), 77.

110. 专利审查员需要根据法律判断专利申请是否具有原创性。在瑞士，新颖性被赋予了特殊的含义。"如果申请人在瑞士提交专利注册申请时，他的发现已经广为人知，精通技术的人已经有可能对这个发现进行开发，则该发现就不视为新发现。"值得注意的是，专利审查员还要将该发现与邻国进行对比。在法国，专利审查员可基于先前研究的传播报道而以缺乏原创性为由拒绝专利申请；在德国，如果一项发明曾被在 20 世纪的官方出版物中报道过，或者它的用途已众所周知，可能由其他技术人员使用，也可以驳回申请。根据 1900 年前后的专利手册，瑞士的法律与法国更加接近；在瑞士，原创性是指一项发明在瑞士实际上并不为人所知，无论它是否已被外国出版物报道。

111. Schanze, *Patentrecht* (1903), 33.

112. 同上，第 33 至 34 页。

113. Einstein, "The World as I See It," in idem, *Ideas and Opinions* (1954), 10.

第 6 章　寻找时间的位置

1. Einstein, "On the Relativity Principle and the Conclusions Drawn From It" [1907], document 47, in *Collected Papers,* vol. 2, 432-488; in *Collected Papers (Translation),* vol. 2, 252-255.

2. 在 1906 年推导 $E = mc^2$ 时，爱因斯坦确实引用了庞加莱关于能量惯性的研究，参阅 "The Principle of Conservation of Motion of the Center of Gravity" [1906], document 35, in *Collected Papers (Translation),* vol. 2, 200-206); "On the Inertia of energy" [1907], document 45, in *Collected Papers (Translation),* vol. 2, 238-250。然而，当爱因斯坦再次写到能量惯性时，他又忽略了庞加莱。

3. Poincaré, "La Mécanique Nouvelle" [1909], 9. 手稿副本日期为 1909 年 7 月 24 日，保存于 Archives de l'Académie des Sciences。

4. Faguet, *Après l'Ecole* (1927), 41.

5. Einstein, "On the Development of our Views Concerning the Nature and Constitution of Radiation," document 60, in *Collected Papers (Translation),* vol. 2, 379.

6. "Discours du Duc M. de Broglie" in Poincaré, *Livre du centenaire* (1935), 71-78, on 76.

7. General conclusions by Poincare, in Langevin and de Broglie, *Theorie du rayonnement* (1912), 451.

8. 我重新翻译了这段引文，并纠正了似乎隐藏在第二文献中的虚假增补内容。"反对相对论 (*gegen die Relativitaetstheorie*)" 这几个字根本没有出现在原文中。关于爱因斯坦在 1911 年 11 月 15 日写给仓格尔的信，参阅 item 305, in *Collected Papers,* vol. 5, 249-250。

9. 引自庞加莱写给外斯的信。相关书信保存于 Henri Poincare Archive Zurich。

10. Darboux, "Eloge historique" [1913], lxvii.

11. Poincaré, "Space and Time" (1963), 18 and 23.

12. 同上，第 24 页。

13. Poincaré, "Moral Alliance," *Last Essays* (1963), 114-117, on 114, 117; on the last days of Poincaré, Darboux, "Éloge" (1916). 有关庞加莱参与政治的精彩讨论，参阅 Laurent Rollet, *Henri Poincaré. Des Mathématiques à la Philosophie. Étude du parcours intellectuel, social et politique d'un mathématicien au début du siècle*, unpublished doctoral dissertation, University of Nancy 2, 1999, esp. 283-284。

14. "Discours du Prince Louis de Broglie" (1955), 66.

15. Poincaré, *Foundations of Science* (1982), 352 . 略做修改。

16. 同上，第 232 页。

17. Sherman, *Telling Time* (1996).

18. "Lettre de M. Pierre Boutroux a M. Mittag-Leffler" [18 June 1913], in Poincaré, *Oeuvres*, vol. 11 (1956), 150.

19. Both quotations, cf. Einstein, *Ideas and Opinions* (1954), 274.

20. 关于爱因斯坦科学的宗教精神，参阅 *Mein Weltbild* [1934], reprinted in idem, *Ideas and Opinions* (1954), 40。

21. Editors' introduction to vol. 2, Einstein, *Collected Papers*, xxv-xxvi.

22. 爱因斯坦在 1917 年 5 月 21 日写给施利克的信，参阅 *Collected Papers (Translation)*, vol. 8, 333。有关爱因斯坦对形而上学的重视随着时间的推移而改变的论述，参阅 Holton, *Thematic Origins* (1973)。

23. Favarger, *L'Électricité* (1924), 10.

24. 同上，第 11 页。

25. 人们普遍认为，爱因斯坦的相对论是"无以太"测量的最终结果，而且测量值日益精准；也许最有学术价值的尝试是把爱因斯坦的观点仅仅当作早期以太电子理论的变体，参阅 Edmund Whittaker, *History of the Theories of Aether* (1987), 40。这本书在"庞加莱和洛伦兹的相对论"一章中有如下评论："爱因斯坦在 1905 年发表了一篇论文，阐述了并在一定程度上扩展了庞加莱和洛伦兹的相对论，引起了人们的关注。他主张光速恒定的基本原理。这在当时获得了普遍认可，却遭到后代作家的严厉批评。"另见 Holton, *Thematic Origins* (1973), esp. ch. 5 and Miller, *Einstein,s Relativity* (1981)。

26. Schaffer, "Late Victorian metrology" (1992), 23-49; Wise, "Mediating Machines" (1988); Galison, *Image and Logic* (1997).

27. 关于爱因斯坦于 1953 年 4 月 3 日在普林斯顿写给索洛文的信，参阅 Einstein, *Letters to Solovine* (1987), 143。翻译略做修改。

28. 关于爱因斯坦在 1955 年 3 月 21 日写给贝索的儿子和妹妹的信，参阅 *Albert Einstein Michele Besso Correspondance* (1972), 537–539。

　　考虑到环保的因素，也为了节省纸张、降低图书定价，本书编辑制作了电子版的参考文献。请扫描下方二维码，直达图书详情页，点击"阅读资料包"获取。

未来，属于终身学习者

我们正在亲历前所未有的变革——互联网改变了信息传递的方式，指数级技术快速发展并颠覆商业世界，人工智能正在侵占越来越多的人类领地。

面对这些变化，我们需要问自己：未来需要什么样的人才？

答案是，成为终身学习者。终身学习意味着永不停歇地追求全面的知识结构、强大的逻辑思考能力和敏锐的感知力。这是一种能够在不断变化中随时重建、更新认知体系的能力。阅读，无疑是帮助我们提高这种能力的最佳途径。

在充满不确定性的时代，答案并不总是简单地出现在书本之中。"读万卷书"不仅要亲自阅读、广泛阅读，也需要我们深入探索好书的内部世界，让知识不再局限于书本之中。

湛庐阅读 App: 与最聪明的人共同进化

我们现在推出全新的湛庐阅读 App，它将成为您在书本之外，践行终身学习的场所。

- 不用考虑"读什么"。这里汇集了湛庐所有纸质书、电子书、有声书和各种阅读服务。
- 可以学习"怎么读"。我们提供包括课程、精读班和讲书在内的全方位阅读解决方案。
- 谁来领读？您能最先了解到作者、译者、专家等大咖的前沿洞见，他们是高质量思想的源泉。
- 与谁共读？您将加入优秀的读者和终身学习者的行列，他们对阅读和学习具有持久的热情和源源不断的动力。

在湛庐阅读 App 首页，编辑为您精选了经典书目和优质音视频内容，每天早、中、晚更新，满足您不间断的阅读需求。

【特别专题】【主题书单】【人物特写】等原创专栏，提供专业、深度的解读和选书参考，回应社会议题，是您了解湛庐近千位重要作者思想的独家渠道。

在每本图书的详情页，您将通过深度导读栏目【专家视点】【深度访谈】和【书评】读懂、读透一本好书。

通过这个不设限的学习平台，您在任何时间、任何地点都能获得有价值的思想，并通过阅读实现终身学习。我们邀您共建一个与最聪明的人共同进化的社区，使其成为先进思想交汇的聚集地，这正是我们的使命和价值所在。

CHEERS

湛庐阅读 App
使用指南

读什么
- 纸质书
- 电子书
- 有声书

怎么读
- 课程
- 精读班
- 讲书
- 测一测
- 参考文献
- 图片资料

与谁共读
- 主题书单
- 特别专题
- 人物特写
- 日更专栏
- 编辑推荐

谁来领读
- 专家视点
- 深度访谈
- 书评
- 精彩视频

HERE COMES EVERYBODY

下载湛庐阅读 App
一站获取阅读服务

Einstein's Clocks and Poincaré's Maps: Empires of Time

Copyright © 2003 Peter Galison

All rights reserved.

浙江省版权局图字．11-2024-209

图书在版编目（CIP）数据

爱因斯坦的时钟与庞加莱的地图 /（美）彼得·伽里森著；杜秋颖译 . — 杭州：浙江科学技术出版社，2024. 7. — ISBN 978-7-5739-1300-5

Ⅰ . P19-49

中国国家版本馆 CIP 数据核字第 2024ZW6657 号

书　　名	爱因斯坦的时钟与庞加莱的地图
著　　者	[美]彼得·伽里森
译　　者	杜秋颖

出版发行　浙江科学技术出版社

地址：杭州市环城北路 177 号　邮政编码：310006

办公室电话：0571－85176593

销售部电话：0571－85062597

E-mail:zkpress@zkpress.com

印　　刷　唐山富达印务有限公司

开　　本	710mm×965mm　1/16	印　　张	20
字　　数	340 千字		
版　　次	2024 年 7 月第 1 版	印　　次	2024 年 7 月第 1 次印刷
书　　号	ISBN 978-7-5739-1300-5	定　　价	119.90 元

责任编辑　余春亚	责任美编　金　晖
责任校对　张　宁	责任印务　田　文